普通高等院校"十三五"规划实验教材

光电信息技术综合实验教程

主 编 王 筠

副主编 童爱红 冯国强

　　　　吉紫娟 郑秋莎

参 编 李建明 李志浩 汪川惠

华中科技大学出版社

中国·武汉

内 容 简 介

本书分基础篇和应用篇。基础篇共 8 章,内容涵盖光电信息技术综合实验预备知识,应用光学的 7 个实验项目(如几何像差的现象及规律等),物理光学的 10 个基础实验项目(如用迈克尔逊干涉仪测波长等),激光原理的 5 个实验项目(如 He-Ne 激光器谐振腔调整及纵横模观测等),光电技术的 10 个实验项目(如硅光电池特性测试实验等),信息光学的 6 个实验项目(如反射式全息照相),光纤通信的 8 个实验项目以及电磁场与电磁波仿真 8 个实验项目,共计 54 个实验项目。应用篇共 3 章,内容主要涉及传感器技术、热辐射与红外扫描成像、光谱应用综合实验等专业实验。

图书在版编目(CIP)数据

光电信息技术综合实验教程/王筠主编. —武汉:华中科技大学出版社,2018.12(2024.7 重印)
普通高等院校"十三五"规划实验教材
ISBN 978-7-5680-4732-6

Ⅰ.①光…　Ⅱ.①王…　Ⅲ.①光电子技术-信息技术-实验-高等学校-教材　Ⅳ.①TN2-33

中国版本图书馆 CIP 数据核字(2018)第 269090 号

光电信息技术综合实验教程　　　　　　　　　　　　　　　　　　　　王　筠　主编
Guangdian Xinxi Jishu Zonghe Shiyan Jiaocheng

策划编辑:汪　富
责任编辑:邓　薇
封面设计:刘　卉
责任监印:周治超
出版发行:华中科技大学出版社(中国·武汉)　　　电话:(027)81321913
　　　　　武汉市东湖新技术开发区华工科技园　　　邮编:430223
录　　排:武汉楚海文化传播有限公司
印　　刷:武汉邮科印务有限公司
开　　本:787mm×1092mm　1/16
印　　张:17
字　　数:424 千字
版　　次:2024 年 7 月第 1 版第 3 次印刷
定　　价:42.00 元

普通高等院校"十三五"规划实验教材

编审委员会

（排名不分先后）

编写委员会

（排名不分先后）

前　言

近年来,随着信息技术的高速发展,制造业由自动化过渡到智能化,因此其对光电信息产业的需求越来越紧迫。国内许多高校相继开办了光电信息科学与工程等电子信息类本科专业,为光电信息产业培养了大批急需人才。但是,仍然存在企业用人难、毕业生就业难的两难问题。随着我国供给侧结构改革以及"中国制造2025"的实施,国家对高等教育人才培养的模式和内容提出了更高要求,将提高学生动手能力放在首位,已成为应用型本科院校教学改革的方向。因此,如何利用实验教学环节来提高学生动手能力就显得格外重要。

为此,我们组织了我院(湖北第二师范学院物理与机电工程学院)长期从事实验教学和实习实训的近十位教师,共同编写了这本《光电信息技术综合实验教程》,以适应光电信息技术迅猛发展的要求,同时也开启了基于MOOC的实验混合式教学改革的探索。

本书以提高学生动手能力为主要培养目标,重点培养其职业胜任能力。在编写过程中,参考了大量实验教学参考书和我院实验中心已有的实验仪器设备操作手册,以及一些具有创意性、创新性的实验等。

本书分基础篇和应用篇。基础篇共8章,内容涵盖应用光学、物理光学、激光原理、光电技术、信息光学、光纤通信等实验项目,最后还有电磁场与电磁波仿真实验。应用篇共3章,内容主要涉及传感器技术、热辐射与红外扫描成像、光谱应用综合实验等专业实验。

本书目的之一是使学生掌握光电应用技术的基本实验方法与操作技能,对常用激光技术和光电检测技术的工作原理、物理结构、测量光/电路和实际应用等形成感性认识。目的之二是加深学生对几种常见的光电器件、设备等的选型、调光/电路设计方法的理解,培养学生的动手能力。目的之三是使学生能够根据实验目的、内容及仪器设备条件,开展相应的应用设计,确定实验步骤、测取所需数据,进行分析并得出必要结论,培养学生运用激光和光电检测技术分析和解决问题的初步能力,为学生今后在工程实际中设计出性能优良的光电器件或设备,实现创新设计制作打下初步基础。

参与本书编写的教师有我院光电信息科学与工程系的吉紫娟、王筠、郑秋莎、冯国强、李志浩、童爱红、李建明等。其中,吉紫娟负责第2章、第7章的编写,郑秋莎负责第4章的编写,冯国强负责第5章的编写,王筠负责前言、第1、3、6、8、9、10、11章的编写及全书的统稿。

本书由我院肖明院长主审。本书编写还得到我院实验中心主任罗海峰和黄靓的大力支持和帮助,在此一并表示衷心的感谢。

本书可作为高等院校光电信息科学与工程专业、光学专业、光学仪器专业以及相关专业本科生实验教材。由于编者水平有限,书中难免会有错误和不足之处,敬请广大读者批评指正,以便我们再版时修正。

编　者

2018年6月

目　　录

第 2 篇 应 用 篇

第1篇
基　础　篇

本篇是光电信息技术综合实验教程的基础篇,涵盖第1~8章内容。这8章内容主要包括应用光学、物理光学、激光原理、光电技术、信息光学、光纤通信等专业核心课程的基础性、验证性实验和电磁场与电磁波仿真实验。

本篇第1章主要介绍光电信息技术综合实验预备知识;第2~8章每章开头都详细介绍了实验预备知识和实验要求,这样的安排十分有利于学生进行针对性的阅读,并能够在对应的实验中应用相应的知识。

第1章　光电信息技术综合实验预备知识

1.1　光电信息技术实验教学的基本要求

实验是根据研究目的,运用一定的物质手段,通过干预和控制研究对象来观察和探索研究对象有关规律和机制的一种研究方法,是人们认识自然和进行科学研究的重要手段。

学生要进行实验,除了要具备必要的理论知识,通常还要经历实验准备、实验实施和实验结果处理这三个阶段,且缺一不可。

1. 实验的准备阶段

实验的成功很大程度上取决于实验的准备阶段。在这个阶段,学生需要进行实验预习,并完成实验预习报告。同时,学生必须通过研读实验教材来完成实验预习工作,期间必须弄清楚下面四项工作。

(1)明确实验目的。知道为什么要开展这个实验。

(2)理解实验原理。知道实验的基本原理是什么,为后面完成或设计完成这个实验的基本方法和基本步骤做准备。

(3)理解实验步骤或设计实验方法及其步骤。在设计实验方法及其步骤时,必须根据实验室能够提供的仪器、设备及材料进行,否则无法实现最终结果。

(4)准备实验仪器、设备及材料。根据实验教材或设计的实验方法及其步骤,列出所有需要使用的仪器、设备、材料的清单,为正式开展实验做好准备。

2. 实验的实施阶段

实验的实施阶段是学生在前面准备阶段的基础上,根据仪器、设备的操作规程,进行安装与调试,然后观察实验现象,并记录相关数据的过程。在这个过程中,学生如遇到任何问题,应及时询求实验指导教师的帮助,并将实验记录数据等实验结果报送到实验指导教师处,由指导教师检查合格并签字后,将使用过的仪器、设备、材料等整理归顺,将报废的耗材等放置到指定的收集盒中。

3. 实验结果的处理阶段

学生在完成实验操作并取得实验数据后,要对实验数据做进一步的整理,进行误差分析,并对产生误差的原因展开讨论,提出减小误差的建议。最后须认真完成实验报告。

撰写实验报告也是一种实验能力和科研能力的培养方法,实验报告内容包括:①实验项目和目的;②实验原理,包括理论根据、必要的公式及原理示意图;③实验装置,包括装置、测试仪器和测试物;④实验步骤,要写出实验测试方法、调试过程和发现的现象,特别鼓励捕捉新的实验现象;⑤数据处理,包括实验数据分析、计算;⑥结论和讨论,总结已达到的目的,讨论测量误差,并分析观察到的实验现象,得出科学的结论;⑦解答思考题,应从实验的观点来回答,不能单纯地从理论上回答。

1.2　光电信息技术综合实验基本规则

1.实验规则及注意事项

为了确保光电信息技术综合实验的顺利进行,保障人身安全,避免损坏仪器设备,达到实验目的,要求学生必须严格遵守以下实验规则及注意事项。

(1)在实验之前,学生必须阅读实验指导书中所要求的实验准备内容,查阅必要的参考资料,明确实验目的,了解实验内容的详细步骤,在此基础上完成实验预习报告后方能进行实验。

(2)实验进行过程中,必须严格按照指导老师制定的步骤或者实验预习中制定的设计方案进行实验,不得自行随意进行,否则可能造成实验仪器不可逆的损坏以及不必要的严重后果。

(3)要爱护实验仪器,不允许将其他与实验无关的仪器、设备在未经许可的情况下与实验仪器进行连接。

(4)所有与实验仪器相关的线缆必须在断电的情况下正确连接好,严禁带电插拔所有电缆线、连接线。

(5)实验时要集中精力,认真实验。遇到问题及时找指导老师解决,不得自作主张。

(6)一旦发生意外事故,或者实验时出现可能对人体造成伤害或者对实验设备造成损毁的事故时,应立即切断电源,并如实向指导老师汇报情况,待故障排除之后方可继续进行实验。

2.光学元件和仪器的维护要求

透镜、棱镜等光学元件,大多数是用光学玻璃制成的。它们的光学表面都经过了仔细的研磨和抛光,有些还镀有一层或几层薄膜。实验对这些元件或其材料的光学性能(如折射率、反射率、透射率等)都有一定的要求。它们的力学性能和化学性能可能很差,若使用或维护不当,会降低其光学性能甚至损坏报废。造成损坏的常见原因有摔坏、磨损、污损、发霉、腐蚀等。

为了安全使用光学元件和仪器,必须遵守以下规则。

(1)在没有了解清楚仪器的使用方法前切勿乱拧螺丝、碰动仪器或随意接通电源,必须在了解仪器的操作和使用方法后方可使用。

(2)轻拿轻放,勿使仪器或光学元件受到冲击或震动,特别要防止摔落。不使用的光学元件应随时装入专用盒内并放入平台的箱子内。

(3)切忌用手接触元件的光学表面,以免手指带有汗渍、油脂类分泌物污染该光学表面,影响其光学性质。如必须用手拿光学元件时,只能接触其磨砂面,如透镜的边缘、棱镜的上下底毛面等,如图1-1所示。

(4)光学表面上如有灰尘,用实验室专用的柔软脱脂棉毛刷轻轻掸除或用橡皮球吹掉,严禁用嘴去吹。必要时可用脱脂棉球蘸上酒精乙醚混合液轻轻擦拭,切忌用布直接擦拭。

(5)光学表面上若有轻微的污痕或指印,用清洁的镜头纸轻轻拂去,但不要加压擦拭,更不准用手帕、普通纸片、衣服等擦拭。若表面有较严重的污痕或指印,应由实验室人员用丙

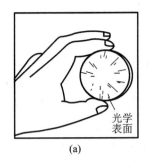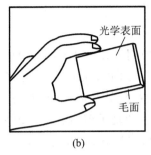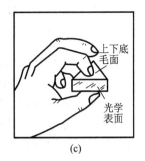

图 1-1　光学元件手拿方法

(a)拿透镜的正确姿势;(b)拿平面镜的正确姿势;(c)拿棱镜的正确姿势

酮或酒精清洗。所有镀膜面均不能接触或擦拭。

(6)防止唾液或其他溶液溅落在光学表面上。

(7)调整光学仪器时,要耐心细致,一边观察一边调整,动作要轻、慢,切勿调整过头,以免影响精度;严禁盲目和粗鲁操作,切忌拆卸仪器,乱拧旋钮。

(8)要讲究清洁卫生,文明礼貌,不得大声喧哗,更不能打闹嬉笑。

(9)仪器用毕后应放回箱内或加罩,防止灰尘污染。

1.3　光电信息技术综合实验平台介绍

1.光学平台

本光学平台可供开展 26 项实验,涵盖几何光学、波动光学和信息光学的基础实验项目,大部分实验有测量要求,少部分仅观察现象。

2.光学系统像差理论综合实验平台

实际光学系统所成的像,都不可能完全符合理想情况,所谓像差也就是实际光学系统和理想光学系统成像的差别。像差的大小反映了光学系统成像质量的优劣。通过本实验系统,学生可了解并掌握像差产生的原因,观察各种像差,学会减少像差的办法,从而加深对概念的理解,学习掌握光学系统像差测量的原理和方法。

3.光纤信息实验系统

SGQ-3 实验系统主要是为光纤光学、光纤传感及光通信等相关学科设计的,是学生学习并了解光纤光学作为前沿科学在近代科技发展中所起的重要作用的工具。通过实验,学生可掌握相关基本原理和基本操作,为以后的学习奠定基础。

4.光电耦合开关实验仪

本仪器利用光电耦合器来实现光电开关功能,测量物体转速,使学生了解和掌握光电耦合器的原理及使用方法。本实验仪涉及的知识点有反射式光电开关、对射式光电开关、光调制解调的知识。

5.线阵CCD原理及应用实验仪

本实验仪器可以使学生直观理解彩色和黑白线阵 CCD 的原理,能够通过提供的软件和手动搭建实验器材使学生更进一步了解线阵 CCD 的几种典型应用,学生还可以通过提供的二次开发包扩展更多的开发性实验。

6. 光电创新综合实训平台

本实训平台是针对光电器件应用设计而开发的,提供多种光电器件的应用模块、设计模块、各种数字表头以及设计中所需要的电子元器件,并配备各种电源接口。学生可以根据所提供的实验模块开展各种实验,或者根据所提供的设计方案及元器件进行二次开发,从而极大激发学生的创新意识和培养学生的动手能力。本实训平台涉及的知识点有光敏电阻、硅光电池、红外发射二极管、红外接收二极管、PSD传感器、热释电传感器、光电耦合开关、太阳能充电、颜色识别、光纤位移、光纤微弯、光调制解调、LED光源驱动、单片机等。

7. 激光原理与技术综合实验仪(GCS-HNGD-Ⅱ)

本实验装置包括He-Ne半外腔激光器组件、光学导轨组件、偏振器组件、可变光阑组件、激光腔片组件、激光功率指示计组件、共焦球面扫描干涉仪组件、高斯光束变换透镜组件、相机组件、光束分析与测量软件,以及配备的笔记本或者台式计算机、示波器等。

本实验仪涉及的知识点有激光器谐振腔、激光模式(纵模、横模)、F-P共焦球面扫描干涉仪、模式竞争、高斯光束变换、变倍扩束系统、最佳工作电流、激光发散角、激光偏振态、激光光场分布、激光束腰等。

8. 半导体泵浦激光原理实验仪

使用本实验仪的实验以808 nm半导体泵浦$Nd:YVO_4$激光器为研究对象,让学生自己动手,调整激光器光路,以产生1064 nm激光。在腔中插入KPT晶体产生532 nm倍频光,学生可观察倍频现象,测量倍频效率、相位匹配角等基本参数,从而了解激光原理及激光技术。

9. 应用光谱学实训系统

使用本实训系统的实验以LED、卤素灯等为主要对象,以光谱分析为基本方法研究色度学的基本概念,对色坐标、三基色、刺激值、色纯度等做了深入分析,并在此基础上扩展了透过率测量、反射率、荧光测量等实际应用。本实训系统涉及的知识点有色坐标、色温、主波长、CIE标准色度、发光二极管、透射光谱、反射光谱、荧光光谱、原子发射光谱、光谱分辨率等。

第 2 章　应用光学实验

2.1　概述

应用光学是光电信息科学与工程专业核心课程之一,也是光学工程学科的基础。随着光学学科的飞速发展,应用光学的内涵也在扩展,正逐步涵盖某些现代光学的基础内容。应用光学包括几何光学、典型光学系统和像差理论三大部分,其后继课程是光学系统设计。

几何光学以高斯光学理论为核心内容,包括光线光学的基本概念与成像理论、球面和平面光学系统及其成像原理、理想光学系统原理、光能和光束限制等内容。典型光学系统包括了眼睛、显微镜与照明系统、望远镜与转像系统、摄影光学系统和投影光学系统等。像差理论涵盖光学系统的轴上点像差、轴外点像差和色差的形成原因、概念、现象、基本计算、典型结构的像差特征和校正像差的基本方法。

本章着眼于应用光学的基本理论知识,使学生能综合了解应用光学的主要内容和典型光路。本章选择了 7 个实验,主要涉及以像差理论为依据,实现简单系统的光学装调;设计并使用常用的光学方法,进行光学系统参数的测量;用给定光学元件设计并搭建典型光学系统等。

本章通过实验将理论与实际相结合,加强学生对光学基本知识的理解,提高学生综合分析、解决问题的能力。

2.2　实验预备知识

本节主要介绍光学实验中经常用到的理论知识和调节技术,以便初学者在做实验过程中能灵活掌握并运用相关知识。

1. 光路调试的基本技术

1) 选择合适的光学元件

根据设计好的光路选择合适的光学元件(光学元件的孔径、焦距、放大倍率、透过率、表面精度等)和光具架调节机构等,以便把这些光学元件按光路图要求方便、准确地定位到适当的空间位置上。

光学元件应安装在具有调节机构(包括调节维数、调节范围和调节精度等)的光具架上。光具架的调节机构应平衡、定位稳定。使用前应轻轻晃动光具架的各个接合部,检查是否稳定。调整光路前应先将所有的微调螺丝调至中间位置,使之留有足够的调节余量。

2) 光学元件等高同轴的调整

光学实验中经常要用一个或多个透镜成像。为了获得质量好的像,必须使各个透镜的主光轴重合(即共轴),并使物体位于透镜的主光轴附近。此外,透镜成像公式中的物距、像距等都是沿主光轴计算长度的,为使测量准确,必须使透镜的主光轴与带有刻度的标尺平行。为了达到上述要求的调节统称为共轴调节。调节方法如下。

（1）粗调。将光源、物和透镜靠拢，调节它们的方向和高低左右位置，凭眼睛观察，使它们的中心处在一条和标尺平行的直线上，使透镜的主光轴与标尺平行，并使物（或物屏）、成像平面（或像屏）与平台垂直。这一步因单凭眼睛判断，调节效果与学生的经验有关，故称为粗调。通常应再进行细调（要求不高时可只进行粗调）。

（2）细调。这一步骤要靠其他仪器或成像规律来判断和调节。不同的装置可能有不同的具体调节方法。下面介绍物与单个凸透镜共轴的调节方法。使物体与单个凸透镜共轴实际上是指将物上的某一点调到主光轴上。要解决这一问题，首先要知道如何判断物上的点是否在凸透镜的主光轴上。这根据凸透镜成像规律即可判断。如图 2-1 所示，当物 AB 与像屏之间的距离 b 大于 $4f'$ 时，将凸透镜沿光轴移到 O_1 或 O_2 位置都能在屏上成像，一次成大像 A_1B_1，一次成小像 A_2B_2。若物点 A 位于光轴上，则两次像 A_1 和 A_2 点都在光轴上而且重合。若物点 B 不在光轴上，则两次像的 B_1 和 B_2 点一定都不在光轴上而且不重合。但是，小像的 B_2 点总是比大像的 B_1 点更接近光轴。据此可知，若要将 B 点调到凸透镜光轴上，只需记住像屏上小像的 B_2 点位置（屏上贴有坐标纸供记录位置时作参照物），调节凸透镜（或物）的高低左右，使 B_1 点向 B_2 点靠拢。这样反复调节几次直到 B_1 点和 B_2 点重合，即说明 B 点已调到凸透镜的主光轴上了。

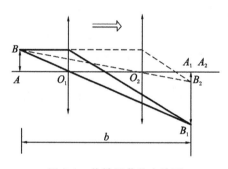

图 2-1　共轴调节的光路图

若要调多个凸透镜共轴，应先将物上 B 点调到一个凸透镜的主光轴上。然后，根据轴上物点的像总在轴上的原理，逐个增加待调凸透镜，调节它们，使之逐个与第一个凸透镜共轴。

3）焦平面位置的确定

在光学实验中，经常需要将某些元件精确调整到光束会聚点即焦平面或傅里叶变换平面位置，通常的方法是在凸透镜后放置一毛玻璃或纸屏，用人眼观察会聚光斑的大小，当会聚光斑最小时即认为毛玻璃或纸屏所在的位置就是会聚点的位置。

2. 消视差

光学实验中经常要测量像的位置和大小。经验告诉我们，要测准物体的大小，必须将量度标尺与被测物体紧贴在一起。如果标尺远离被测物体，读数将随眼睛位置的不同而有所改变，难以测准，如图 2-2 所示。

可是，在光学实验中，被测物往往是一个看得见摸不着的像，怎样才能确定标尺和待测像已经紧贴在一起呢？利用视差现象可以解决这个问题。为了认识视差现象，可做一简单实验：

双手各伸出一只手指，使一指在前，一指在后，相隔一定距离且两指平行。用一只眼睛观察，当左右（或上下）晃动眼睛时（眼睛移动方向应与被观察手指垂直），就会发现两指之间

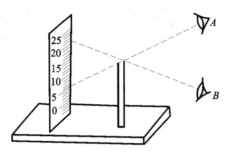

图 2-2　眼睛位置与测量结果

有相对移动,这种现象称为"视差"。而且还会看到离眼近者,其移动方向与眼睛移动方向相反;离眼远者,其移动方向与眼睛移动方向相同。若将两指紧贴在一起,则无上述现象,即无视差。

　　由此,可以利用视差现象来判断待测像与标尺是否紧贴。若待测像和标尺间有视差,说明它们没有紧贴在一起,应该稍稍调节像或标尺的位置,并同时微微晃动眼睛观察,直到它们之间无视差后方可进行测量。这一调节步骤,常称为"消视差"。在光学实验中,消视差常常是测量前必不可少的操作步骤。

2.3　实验

实验 2-1　几何像差的现象及规律

　　光学系统像差大小显示了其成像质量的优劣。当成像光束孔径角或成像范围增大时,就会产生球差、彗差、像散、场曲和畸变等单色像差。当光学系统采用白光或者复色光成像时,还会产生位置色差和倍率色差等。像差知识是几何光学和光学设计学习的重点和难点。

　　本实验可让学生了解并掌握像差产生的原因,观察各种像差,学会减少像差的办法,从而加深对像差概念的理解。

【实验预习】

(1)七种几何像差的概念及产生的原因。
(2)单色像差与色差的区别。
(3)七种几何像差对成像造成的影响。

【实验目的】

(1)了解平行光管的结构及工作原理。
(2)掌握平行光管的使用方法。
(3)掌握各种几何像差产生的条件及其规律,观察各种像差现象。

【实验原理】

　　光学系统成的像与理想像的差异称为像差,只有在近轴区且以单色光所成的像才是理想的,此时视场趋近于 0,孔径趋近于 0。但实际上,光学系统均需对有一定大小的物体,以一定的宽光束进行成像,故实际像已不具备理想成像的条件及特性,即像并不完善。像差是由透镜球面本身的特性所决定的,即使透镜折射率非常均匀,球面加工非常完美,像差仍会存在。

几何像差主要有七种:球差、彗差、像散、场曲、畸变、位置色差及倍率色差。前五种为单色像差,后两种为色差。

1. 球差

球差是轴上点的像差,随着孔径的变化而变化,如图 2-3 所示。如果系统中存在球差,则将影响成像的清晰程度,使像模糊。

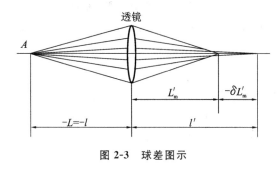

图 2-3　球差图示

2. 彗差

彗差是轴外像差之一,体现轴外物点发出的宽光束,经系统成像后的失对称情况。彗差既与孔径相关,又与视场相关。若系统存在较大彗差,则将导致轴外像点成为彗星状的弥散斑,影响轴外像点的清晰程度,如图 2-4 所示。

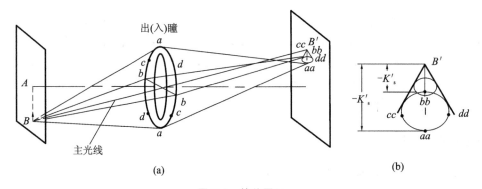

(a)   (b)

图 2-4　慧差图示

3. 像散

像散用偏离光轴较大的物点发出的邻近主光线的细光束,经光学系统后,其子午焦线与弧矢焦线间的轴向距离表示,为 $x'_{ts} = x'_t - x'_s$,其中 x'_t、x'_s 分别表示子午焦线至理想像面距离和弧矢焦线至理想像面距离,如图 2-5 所示。

当系统存在像散时,不同的像面位置会得到不同形状的物点像。若光学系统对直线成像,则由于像散的存在,其成像质量与直线的方向有关。例如,若直线在子午面内,其子午像是弥散的,而弧矢像是清晰的;若直线在弧矢面内,其弧矢像是弥散的,而子午像是清晰的;若直线既不在子午面内,也不在弧矢面内,则其子午像和弧矢像均不清晰,故而影响轴外像点的成像清晰度。不仅细光束有像散,宽光束一样有像散。

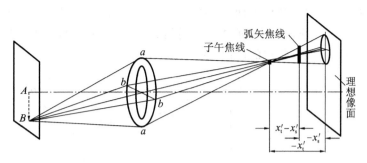

图 2-5　像散图示

4. 场曲

使垂直光轴的物平面成曲面像的像差称为场曲,如图 2-6 所示。子午细光束的交点沿光轴方向到高斯像面的距离,称为细光束的子午场曲;弧矢细光束的交点沿光轴方向到高斯像面的距离,称为细光束的弧矢场曲。即使像散消失了(即子午像面与弧矢像面相重合),场曲依旧存在(像面是弯曲的)。

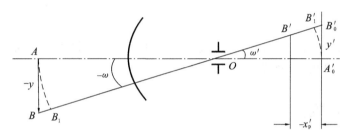

图 2-6　场曲图示

场曲是视场的函数,随视场的变化而变化。当系统存在较大场曲时,就不能使一个较大平面同时成清晰像。例如,若对边缘调焦清晰了,则中心就模糊,反之亦然。

5. 畸变

畸变描述的是主光线像差。不同视场的主光线,通过光学系统后,与高斯像面的交点高度并不等于理想像高,其差别就是系统的畸变,如图 2-7 所示。畸变仅是视场的函数,不同的视场的实际垂轴放大倍率不同,畸变也不同。由于畸变是垂轴像差,因此它只改变轴外物点在理想像面上的成像位置,使像的形状产生失真,但不影响像的清晰度。

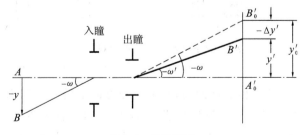

图 2-7　畸变图示

6. 位置色差

轴上点两种色光成像位置的差异称为位置色差,如图 2-8 所示。位置色差是轴上点像差,在近轴区就已产生,对目视仪器而言,常对红光及蓝光较正位置色差。由于通过同一孔径的透镜的光线,经光学系统后,与光轴有不同的交点;不同色光的光线也与光轴的交点不相同;故而在任何像面位置,物点的像都是一个彩色的散斑。

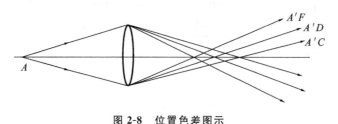

图 2-8　位置色差图示

7. 倍率色差

所谓倍率色差,是指轴外物点发出的两种色光的主光线,在消单色像差的高斯像面交点高度之差。当系统存在较大的倍率色差时,物体会呈现彩色的边缘,影响成像清晰度。

【实验装置】

平行光管、球差镜头、彗差镜头、像散镜头、场曲镜头、畸变镜头、CMOS 数字相机色光滤色片、色差镜头、计算机、机械调整件等。

【实验内容与步骤】

1. 轴上点球差的观测

(1)参考示意图 2-9,搭建观测轴上光线球差的实验装置。

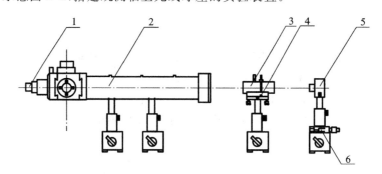

图 2-9　轴上光线球差星点法观测示意图

1—光纤光源;2—平行光管;3—球差镜头;4—可调节棱镜支架;5—CMOS 数字相机;6—一维平移台

(2)调节各个光学元件与相机靶面同轴,沿光轴方向前后移动相机,找到通过球差镜头后星点像中心光最强的位置。具体操作步骤:先取下星点板,使人眼可直接看到通过平行光管和被测镜头后的会聚光斑。调节被测镜头和相机的高度及位置,使平行光管、被测镜头和相机靶面共轴,且会聚光斑打在相机靶面上。装上 25 μm 的星点板,微调相机位置,使得相机上光斑亮度最强。

(3)前后轻微移动相机,观测星点像的变化,可看到球差的现象。

2.轴外点像差的观测

（1）将示意图 2-9 中的球差镜头换成轴外像差镜头（彗差镜头、像散镜头、场曲镜头），并放置在旋转台上,搭建观测轴外光线像差（彗差,像散,场曲）的实验装置。

（2）调节各个光学元件与相机靶面同轴,沿光轴方向前后移动相机,找到通过像差镜头后,星点像中心光最强的位置。

（3）轻微调节像差镜头下方的旋转台,使像差镜头与光轴成一定夹角,观测相机中星点像的变化。

3.位置色差的观测

（1）将示意图 2-9 中的球差镜头换成色差镜头,搭建观测位置色差的实验装置。

（2）调节平行光管、被测镜头和相机,使它们在同一光轴上。微调相机位置,使得相机上光斑亮度最强。此时在平行光管上加上蓝光（F）滤色片,可看见视场变暗,此时调节相机下方的平移台,使相机向被测镜头方向移动,直到观测到一个会聚的亮点,记下此时平移台上螺旋丝杠的读数 L'_F。此时将 F 光滤色片换成绿光（D）滤色片,然后调节平移台,使相机向远离被测镜头方向移动,又可观测到一个会聚的亮点,记下此时平移台上螺旋丝杠的读数 L'_D。再将 D 光滤色片替换为红光（C）滤色片,再次调节平移台,使相机继续向远离镜头方向移动,又可观测到一个会聚的亮点,记下此时平移台上螺旋丝杠的读数 L'_C。

【数据记录与处理】

1.数据记录

将实验中测得的相应数据分别记录在表 2-1 中,注意单位统一为 mm。

表 2-1　测量数据记录表

蓝光（F）成像位置 L'_F	绿光（D）成像位置 L'_D	红光（C）成像位置 L'_C	$\Delta L'_{FD} = L'_F - L'_D$	$\Delta L'_{DC} = L'_D - L'_C$	$\Delta L'_{FC} = L'_F - L'_C$

2.数据处理

（1）计算位置色差的平均值 $\Delta L'_{FC}$。

（2）将观测到的各种像差的效果图截屏、打印、粘贴,并写明是何种像差。

【问题思考】

（1）透镜应怎样调才能观察到彗差现象?

（2）正、负透镜及双胶合透镜产生的球差各有什么特点?

（3）什么是畸变?常见的畸变有哪两种形式?请画图说明。

实验 2-2　分光计的调节和三棱镜折射率的测定

分光计是精确测定光线偏转角的仪器,可以用于测量材料的折射率、光源的光谱,在光谱学、材料特性、偏振光的研究、棱镜特性、光栅特性的研究中都有广泛的应用。

【实验预习】

(1)反射法测三棱镜顶角 α 的原理。

(2)最小偏向角法测三棱镜折射率的原理。

【实验目的】

(1)了解分光计的结构,掌握调节和使用分光计的方法。

(2)掌握测定棱镜角的方法。

(3)用最小偏向角法测定三棱镜的折射率。

【实验原理】

1.反射法测三棱镜顶角 α

三棱镜如图 2-10 所示,AB 和 AC 是透光的光学表面,又称折射面,其夹角 α 称为三棱镜的顶角;BC 为毛玻璃面,称为三棱镜的底面。图 2-11 所示为反射法测顶角 α 的原理图。

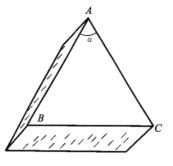
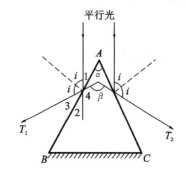

图 2-10　三棱镜示意图　　　　图 2-11　反射法测顶角 α

将三棱镜放到载物平台上,使平行光管射出的光束同时投射到棱镜的两个光学面 AB 和 AC 上,光线分别由 AB 面和 AC 面反射,转动望远镜观察 AB 面反射的狭缝像,使之与分划板竖直线重合,读出望远镜方位角 T_1 和 T'_1。同样望远镜正对 AC 面的反射光时,读取另一组数值 T_2 和 T'_2,则由图 2-11 看出,三棱镜的顶角为

$$\alpha = \frac{1}{4}(|T_1 - T_2| + |T'_1 - T'_2|) \tag{2-1}$$

2.最小偏向角法测三棱镜的折射率

假设有一束单色平行光 LD 入射到棱镜上,经过两次折射后沿 ER 方向射出,则入射光线 LD 与出射光线 ER 间的夹角 δ 称为偏向角,如图 2-12 所示。

转动三棱镜,改变入射光对光学面 AC 的入射角,出射光线的方向 ER 也随之改变,即偏向角 δ 发生变化。沿偏向角减小的方向继续缓慢转动三棱镜,使偏向角逐渐减小;当转到某

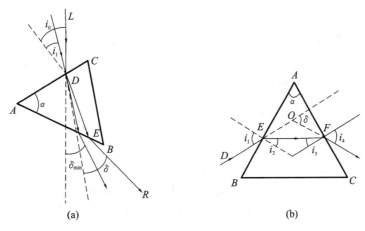

图 2-12　测定最小偏向角的光路示意图

个位置时,偏向角达到最小值 δ_{min},若再继续沿此方向转动,偏向角又将逐渐增大。可以证明棱镜材料的折射率 n 与顶角 α 及最小偏向角的关系为

$$n=\frac{\sin\frac{1}{2}(\delta_{min}+\alpha)}{\sin\frac{\alpha}{2}} \tag{2-2}$$

实验中,利用分光镜测出三棱镜的顶角 α 及最小偏向角 δ_{min},代入式(2-2)中即可算出棱镜材料的折射率 n。

【实验装置】

分光计(JJY 型 1′)、双面反射镜、钠光灯、三棱镜。

1.分光计的结构

JJY 型分光计的结构简图如图 2-13 所示,它由四部分组成:望远镜、载物平台、平行光管和读数系统。

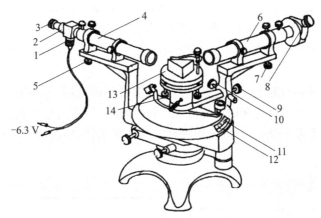

图 2-13　分光计装置简图

1—照明小灯;2—分划镜套筒;3—目镜;4—望远镜镜筒;5—望远镜倾角螺丝;6—平行光管;

7—平行光管倾角螺丝;8—狭缝宽度调节钮;9—游标盘锁紧螺丝;10—游标盘微调螺丝;

11—游标盘;12—刻度圆盘;13—载物平台;14—载物平台水平调节螺丝

1）望远镜

望远镜用来观察和确定光线行进的方向，它由物镜、目镜组、分划板、照明灯等组成。目镜组又由场镜和目镜组成。JJY型分光计的目镜组是阿贝自准式。在场镜前有一刻有两条水平线（下边的一条水平线通过直径）和一条竖直线（与水平线正交并通过直径）的分划板。在分划板靠近场镜的一侧下方贴一全反射小棱镜，小棱镜紧贴分划板的一侧刻有一透光的十字窗（十字水平线与分划板上面的水平线对称），棱镜下方照明灯发出的光线照亮十字窗，从目镜中观察到一个明亮的十字，如图2-14(a)所示。若在物镜前放一平面镜，前后调节目镜（连同分划板）与物镜间的距离，根据自准直关系，当分划板位于物镜的焦平面处，亮十字的光经物镜投射到平面镜，反射回来的光经物镜后再在分划板上方成像。若平面镜与望远镜的光轴垂直，则此像的水平线应落在分划板上方的水平线处，如图2-14(b)所示。

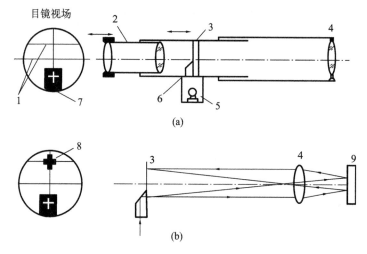

(a)

(b)

图2-14　望远镜原理光路图

1—准线；2—目镜；3—分划板；4—物镜；5—照明小灯；6—小棱镜；7—十字窗；8—反射镜；9—平面镜

2）载物平台

载物平台用来放置光学元件，如棱镜、平面镜、光栅等。如图2-15所示，其平面下方有三个调节螺丝，可调节平台的水平。松开平台下的固定螺丝，可使平台沿轴升降，以适应高低不同的被测对象。

3）平行光管

平行光管的作用是产生平行光。管的一端装有会聚透镜，另一端装有一套筒，其顶端为一宽度可调的狭缝。改变狭缝和透镜的距离，当狭缝位于透镜的焦平面上时，就可使照在狭缝的光经过透镜后成为平行光，射向位于平台上的光学元件，如图2-16所示。

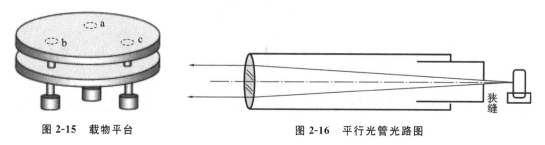

图2-15　载物平台　　　　　图2-16　平行光管光路图

4)读数系统

读数系统由圆环形刻度盘和与之同心的游标盘组成,如图 2-17 所示。沿游标盘相距 180°对称安置了两个角游标。载物平台可与游标盘锁定,望远镜可与刻度盘锁定。望远镜对载物平台的转角可借助两个角游标读出。刻度盘分度值为 0.5°,小于 0.5°的角度可由角游标读出。角游标共有 30 个分度,最小分度值为 1′。角游标读数原理及方法与直游标(卡尺)类似。设置对称的两个游标是为了消除刻度盘几何中心与分光计中心转轴不同心而带来的系统误差。

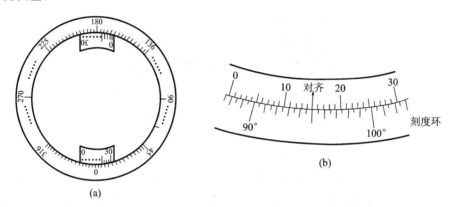

图 2-17 读数系统
(a)刻度盘;(b)游标盘

2.分光计的调整

分光计常用于测量入射光与出射光之间的角度,为了能够准确测得此角度,必须满足两个条件:①入射光与出射光(如反射光、折射光等)均为平行光;②入射光与出射光都与刻度盘平面平行。为此必须对分光计进行调整,使其达到:望远镜聚焦无穷远处(即可适于观察平行光);望远镜与平行光管等高,并均与分光计的中心转轴相垂直;平行光管射出的是平行光等。具体调整方法如下:

1)粗调

根据目测粗略估计,调节望远镜和平行光管的倾角螺丝,使其大致呈水平状态;调节载物平台下的三个螺丝使平台也基本水平。打开分光计电源,调节目镜对分划板的距离,看清分划板上的刻线和十字窗的亮线。将双面反射镜放到载物平台上,并与望远镜筒基本垂直,由于望远镜视场较小,开始时在望远镜中可能找不到十字窗的像。可用眼睛从望远镜旁观察,判断从双面镜反射的十字像是否能进入望远镜。再将平台转过 180°,带动平面镜转过同样角度,同样观察到十字像。若两次看到的十字像偏上或偏下,则适当调节望远镜的倾角螺丝和平台下的螺丝,使两次的反射像都能进入望远镜。这一步很重要,是后面调节的基础。

2)望远镜调焦于无限远

用自准直法调整望远镜,用望远镜观察,找到反射的十字像后,调节望远镜分划板对物镜的距离,使反射的十字像清晰,移动眼睛观察十字像与分划板上的刻线间是否有相对位移(即视差)。若有视差,需反复调节目镜对分划板、分划板对物镜的距离,直到无视差,这说明望远镜的分划板平面、物镜焦平面、目镜焦平面重合,望远镜已聚焦于无穷远处(即平行光已聚焦于分划板平面),能观察平行光了。

3）调节望远镜光轴与分光计中心转轴垂直

为了既快又准确地达到调节要求，先将双面反射镜放置在载物平台中心，镜面平行于b、c 两个调节螺丝的连线，且镜面与望远镜基本垂直（可转动平台以达到上述要求），如图2-18(a)所示。调节螺丝 a 和望远镜的倾角螺丝，使双面镜的正反两面的反射像都成像在望远镜中分划板上方与十字窗对称的水平线上，这时望远镜光轴就垂直于仪器的中心转轴了。然后把双面镜转 90°，再将双面镜与平台仪器一起转动 90°，如图 2-18(b)所示。这次只调螺丝 b 或 c，方法同前，使双面镜正反两面的反射像都在正确位置上。

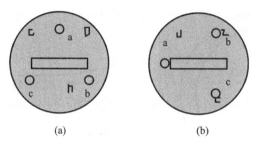

(a)　　　　　　　　　(b)

图 2-18　反射镜面调节

实际调节时，先观察十字像的成像位置，如果转动平台，从双面镜正、反两面反射回来的十字像，都成像在分划板上方水平线的同一侧（上方或下方），且与水平线距离大致相同，说明平台与转轴基本垂直，而望远镜光轴不垂直于转轴，可调节望远镜的倾角螺丝；如果两面反射的十字像一次在水平线上方，另一次在下方，位置又基本对称，则主要是载物平台不垂直于转轴造成的，主要调节平台的调节螺丝。实际情况多为两种因素兼有，则用渐近法，逐次逼近，即先调节平台螺丝，使十字像与分划板上方水平线间距离缩小一半，再调整望远镜倾角螺丝，使十字像与该水平线重合，如图 2-19 所示。平台转过 180°后，再调另一面，这样反复调节，逐次逼近，即可较快达到调整要求。

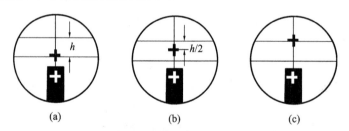

(a)　　　　　　　(b)　　　　　　　(c)

图 2-19　亮十字像与分划板准线的位置关系

4）调节平行光管

用已调好的望远镜作为基准，正对平行光管观察。用光照亮狭缝，调节平行光管狭缝与会聚透镜的距离，在望远镜中能看到清晰的狭缝的像，移动眼睛观看，狭缝像与分划板无视差，这时平行光管发出的光就是平行光。然后调节平行光管的倾角螺丝，使狭缝在分划板处的像居中、上下对称，如图 2-20 所示。调节完成后，则平行光管光轴与望远镜光轴重合，并均垂直于转轴。测量时狭缝要细，这样读数位置较准确。平行光管调节的总体要求就是狭缝清晰，居中，缝宽适当，无视差。经过以上调整，分光计达到了良好的使用状态。

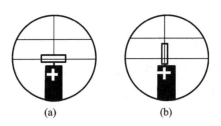

图 2-20 狭缝像与分划板位置

至此分光计已全部调整好,使用时必须注意分光计上除刻度圆盘制动螺丝及其微调螺丝外,其他螺丝不能任意转动,否则将破坏分光计的工作条件,需要重新调节。

【实验内容与步骤】

1.分光计的调整

(1)观察分光计,了解其结构,对照仪器结构图和实物熟悉调节装置的位置,掌握各调节螺丝的作用。

(2)按照前面所述调整方法,将分光计调至:

①双面镜反射回来的十字像清晰,与叉丝无视差;

②双面镜正、反两面反射回来的十字像均与上叉丝重合,且转动平台过程中十字像沿上叉丝移动;

③狭缝像清晰,与叉丝无视差,且其中点与中心叉丝等高。

2.用反射法测定三棱镜顶角

如图 2-21 所示,将三棱镜放置在载物台上,并使三棱镜的顶角对准平行光管,开启钠光灯,使平行光照射在三棱镜的 AC、AB 面上,旋紧游标盘制动螺丝,固定游标盘位置,放松望远镜制动螺丝,转动望远镜(连同刻度盘)寻找 AB 面反射的狭缝像,使分划板上竖直线与狭缝像基本对准后,旋紧望远镜螺丝,用望远镜微调螺丝使竖直线与狭缝完全重合,记下此时两对称游标上指示的读数 T_1 和 T'_1。转动望远镜至 AC 面进行同样的测量,得 T_2 和 T'_2,将测量值代入公式(2-1),可得三棱镜的顶角 α 为

$$\alpha=\frac{1}{4}(|T_1-T_2|+|T'_1-T'_2|)$$

重复测量 4 次,将测量数据记录在表 2-2 中。

3.测定三棱镜对单色光的最小偏向角 δ_{min},计算其折射率 n

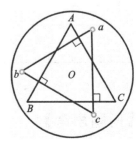

图 2-21 三棱镜放置法

将三棱镜按图 2-21 所示放在载物平台上,用钠灯照亮平行光管狭缝,如图 2-12(b)所示。出射平行光由 DO 方向照射到棱镜 AB 光学面上,经棱镜二次折射由 AC 光学面出射,用眼睛观察,微微转动游标盘(带动载物平台一起转动),观察到出射光 OF。再用望远镜观察该光线,继续缓慢转动游标盘,使其向偏向角小的方向移动,当看到光线移至某一位置而向反向移动,则逆转处即为最小偏向角的位置。用望远镜分划板竖直线对准出射光,记录两游标所示方位角度数 T_3 和 T'_3。移去三棱镜,将望远镜对准平行光管,使望远镜分划板竖直线与狭缝像重合,记录两个游标的示数 T_4 和 T'_4。则由公

式(2-3)计算出 $\delta_{\min}$ 的值。

$$\delta_{\min} = \frac{1}{2}(|T_3 - T_4| + |T'_3 - T'_4|) \tag{2-3}$$

重复测量 6 次,将测量所得数据记录在表 2-3 中。

根据 $\delta_{\min}$ 的平均值和顶角 α 平均值,由公式(2-2)计算三棱镜的折射率 $n = \dfrac{\sin\frac{1}{2}(\bar{\delta}_{\min} + \bar{\alpha})}{\sin\frac{\bar{\alpha}}{2}} = $ _____。

注意:转动过程中游标若跨过了 0°线,读数应相应加上或减去 360°。

【数据记录与处理】

1.用反射法测定三棱镜顶角

表 2-2 为反射法测三棱镜顶角 α 的数据记录表。

表 2-2　反射法测三棱镜顶角 α 的数据记录表

次　　数	角　坐　标					
	T_1	T'_1	T_2	T'_2	α	$\bar{\alpha}$
1						
2						
3						
4						

2.测最小偏向角 $\delta_{\min}$

表 2-3 为测三棱镜最小偏向角 $\delta_{\min}$ 的数据记录表。

表 2-3　测三棱镜最小偏向角 $\delta_{\min}$ 的数据记录表

次　　数	角　坐　标					
	T_3	T'_3	T_4	T'_4	$\delta_{\min}$	$\bar{\delta}_{\min}$
1						
2						
3						
4						
5						
6						

将表 2-2、表 2-3 中数据代入公式(2-2),计算得到三棱镜折射率 $n = $ _____。

【问题思考】

(1)调节分光计时所使用的双面反射镜起了什么作用?能否用三棱镜代替此平面镜来调整望远镜?

(2)如果调节时从望远镜中观察到平面镜的两个反射像如图 2-22 所示,怎样调节能最快将十字叉丝像与上十字线重合?写出调节步骤。

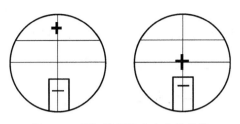

图 2-22　望远镜视场中十字叉丝像

【拓展】

若将钠灯换成汞灯,可分别测定棱镜对汞灯光谱中各单色谱线的最小偏向角,进而计算出棱镜对各色光的折射率,并加以比较,说明折射率与光波波长间的关系。如果将光源换为白炽灯,则可观察白炽灯光谱,可与汞灯光谱进行比较。

实验 2-3　薄透镜焦距的测量

【实验预习】

(1)透镜成像的公式是什么?

(2)透镜的光心在什么位置? 能确定吗? 若不能确定,对物距和像距的测量会有什么影响?

(3)物距-像距法、共轭法和自准直法这三种测量透镜焦距的方法有何区别?

【实验目的】

(1)通过实验进一步理解透镜的成像规律。

(2)掌握测量透镜焦距的几种方法。

(3)掌握和理解光学系统光路调节的方法。

【实验原理】

1.薄透镜成像原理及其成像公式

在近轴光线条件下,薄透镜的成像公式为

$$\frac{1}{u}+\frac{1}{v}=\frac{1}{f} \tag{2-4}$$

式中:u——物距;

　　　v——像距;

　　　f——焦距。

对于凸透镜、凹透镜而言,u 恒为正值。成实像时,v 为正;成虚像时,v 为负。凸透镜 f 恒为正,凹透镜 f 恒为负。

2.测量凸透镜焦距的原理

1)物距-像距法

根据成像公式,直接测量物距和像距,并求得透镜的焦距。

2）共轭法（位移法）

如图 2-23 所示，物屏和像屏距离为 $L(L > 4f)$，凸透镜在 O_1、O_2 两个位置，分别在像屏上成放大和缩小的像。由凸透镜成像公式，成放大的像时，$\dfrac{1}{u} + \dfrac{1}{v} = \dfrac{1}{f}$；成缩小的像时，

$\dfrac{1}{u+D} + \dfrac{1}{v-D} = \dfrac{1}{f}$。又由于 $u+v=L$，可得 $f = \dfrac{L^2 - D^2}{4L}$。

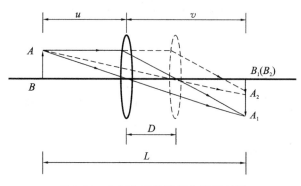

图 2-23　共轭法测凸透镜焦距原理图

3）自准直法

从位于凸透镜 L 焦平面上的物体 AB（实验中用一个圆内三个圆心角为 60° 的扇形）上各点发出的光线，经透镜折射后成为平行光束，由平面镜 M 反射回去仍为平行光束，经透镜会聚成一个倒立等大的实像于原焦平面上，这时像的中心与透镜光心的距离就是焦距 f，如图 2-24 所示。

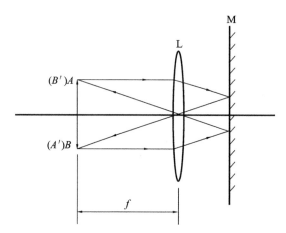

图 2-24　自准直法测凸透镜焦距原理图

3. 测量凹透镜焦距的原理

1）自准直法

通常凹透镜所成的是虚像，像屏接收不到，只有与凸透镜组合起来才可能成实像。凹透镜的发散作用同凸透镜的会聚特性结合得好时，屏上才会出现清晰的像，如图 2-25 所示。测凹透镜焦距的自准直法就成为测凸、凹透镜组特定位置时的自准直法了。

来自物点 S 的光线经凸透镜成像于 P 点，在 L_1 和点 P 间置一凹透镜 L_2 和平面镜 M，仅移动 L_2 使得由平面镜 M 反射回去的光线再经 L_2、L_1 后成像 S' 于物点 S 处。对于 L_1 和 L_2 组

成的透镜组而言,S 点则为其焦点,在 L_2 与 M 间的光线也一定为平行光。对于 L_2 而言,从 M 反射回去的平行光线入射 L_2 成虚像于凹透镜的焦点 P,它与光心 O_2 的距离就为该凹透镜的焦距 f。

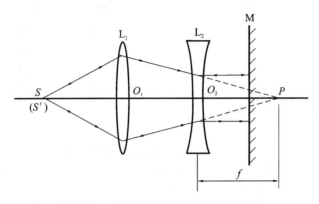

图 2-25　自准直法测凹透镜焦距原理图

2)物距-像距法

将凹透镜与凸透镜组成透镜组,就可以用物距-像距法测凹透镜的焦距。如图 2-26 所示,先用凸透镜 L_1 使物 AB 成缩小倒立的实像 $A'B'$,然后将待测凹透镜 L_2 置于凸透镜 L_1 与像 $A'B'$ 之间,如果 $O'B' < |f_2|$(f_2 为凹透镜焦距),则通过 L_1 的光束经过 L_2 折射后,仍能成一实像 $A''B''$。对凹透镜 L_2 来讲,$A'B'$ 为虚物,物距 $u = -|O'B'|$,像距 $v = |O'B''|$,代入成像公式(2-4)即能计算出凹透镜焦距 f_2。

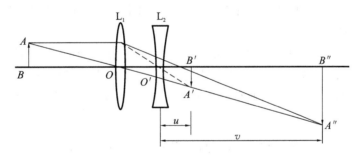

图 2-26　物距-像距法测凹透镜焦距光路图

【实验装置】

光学平台、溴钨灯、薄凸透镜、平面镜、物屏、二维调节架、二维平移底座、三维平移底座等。薄透镜焦距测量实验装置图如图 2-27 所示。

【实验内容与步骤】

1.必做部分

(1)在光学平台上,调节实验中用到的透镜、物和像屏的中心,使之位于平行于光学平台的同一直线上,即共轴调节。

①粗调。让所需调整仪器彼此靠近,通过眼睛观察和判断,将透镜、物、像屏的几何中心调至等高位置上,并使其所在平面彼此平行,这就达到了彼此平行且中心等高。

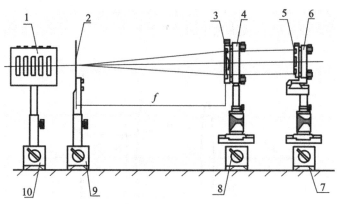

图 2-27　薄透镜焦距测量实验装置图

1—白光光源 S(GY-6A);2—物屏 P(SZ-14);3—凸透镜 L($f'=190$ mm);4—二维架(SZ-07)或透镜架(SZ-08);

5—平面镜 M;6—二维调节架(SZ-16);7~10—各种底座

②细调。依靠仪器和光学成像规律来鉴别和调节。可以利用多次成像的方法,即只有当物的中心位于光轴上时,多次成像时像的中心才会重合在一起。也可分别利用自准直法测凸透镜和凹透镜焦距的原理,调节透镜高低使得所成像与物互补即中心重合。

(2)用共轭法测凸透镜的焦距。固定物屏与像屏之间的距离为 L,粗略估计凸透镜焦距 f,使 L 满足 $L>4f$,但不宜过大,否则成像不清,略大一些即可。在物屏与像屏之间移动透镜,记下成放大像与缩小像时透镜的位置,算出两位置之差 D 的值。由共轭成像关系可得出计算焦距 f 的公式。由 D 和 L 可算出 f,而不必测物距和像距,这样就避免了因凸透镜光心位置的不确定带来物距和像距的测量误差。取 3 个不同的 L,分别各测 1 次。将所测得的数据填入表 2-4,并计算出焦距 f。

(3)用自准直法测凸透镜的焦距。自准直法测凸透镜焦距就是用平面镜取代像屏,调整物与透镜的距离,直到在物屏上成一个清晰、倒立且与物等大的像(即像与物互补形成一个完整的圆),重复测量 3 次。将所测得的数据填入自行设计的表格,并计算出焦距 f。

2.选做部分

测量凹透镜的焦距。试根据实验原理,采用透镜组合的方法,测量凹透镜的焦距。

【数据记录与处理】

1.数据记录

表 2-4 为共轭法测凸透镜焦距的数据记录和处理表格。其他测量方法请自行设计表格。

表 2-4　共轭法测凸透镜焦距

次　数	L/mm	D/mm	f/mm
1			
2			
3			

测量的平均值 $\bar{f}=$ _____ 。

2.误差分析

根据上述实验过程和得到的实验数据进行误差分析。

【问题思考】

(1)共轭法测凸透镜焦距时,物屏、像屏间的距离 L 为什么要略大于 4 倍焦距?

(2)采用自准直法测量时,当物屏与透镜之间的间距小于 f 时,也可能成像,且将平面镜移去,像依然存在,这是什么原因造成的?

(3)共轭法与物距-像距法相比,有何优点?

(4)日常生活中常用眼镜的度数值来表示该眼镜片的焦距,其换算方法:眼镜的度数等于镜片焦距(以 m 为单位)的倒数乘以 100。例如焦距为 0.5 m 的凹透镜所对应的度数为 −200度,也就是通常所说的 200 度近视眼镜片。你能否利用前面所述实验原理,测出老花镜和近视眼镜镜片的度数呢?

实验 2-4　自组望远镜

【实验预习】

(1)望远镜的结构及分类。

(2)望远镜的成像原理。

(3)望远镜的特性参数。

【实验目的】

(1)掌握望远镜的构造、放大原理,以及其正确的使用方法。

(2)设计、组装望远镜。

(3)测量望远镜的视觉放大率。

【实验原理】

1.人眼的分辨本领和光学仪器的视觉放大率

人眼的分辨本领是描述人眼刚能区分非常靠近的两个物点的能力的物理量。人眼瞳孔的直径为 2.5～4 mm,一般正常人的眼睛能分辨在明视距离(25 cm)处相距为 0.05～0.07 mm的两点,这两点对人眼的所张的视角约为 1′,称为分辨极限角。当微小物体或远处物体对人眼所张的视角小于此最小极限角时,人眼将无法分辨它们,需借助光学仪器(如放大镜、显微镜、望远镜等)来增大物体对人眼所张的视角。在用显微镜或望远镜作为助视仪器观察物体时,其作用都是将被观测物体对人眼的张角(视角)加以放大,这就是助视光学仪器的基本工作原理。

现在讨论在人眼前配置助视光学仪器的情况。若同一目标,通过光学仪器和眼睛构成的光具组,在视网膜上成像高度为 y';若把同一目的物放在助视仪器原来所成像平面上,而用肉眼直接观察,在视网膜上所成像的高度为 y,则 y' 与 y 之比称为助视仪器的放大本领(视觉放大率),如图 2-28 所示。

在图 2-28 中,AB 表示在明视距离处的物,H、H' 为助视仪器的主点,ω_0 为直接观察时

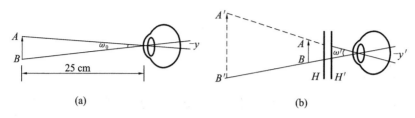

图 2-28　视觉放大率光路图

在明视距离处 AB 的视角，ω' 为通过助视仪器所成像于明视距离处的视角，在人眼视网膜上的像长分别为 l 和 l'，则仪器的视觉放大率 Γ 表示为

$$\Gamma = \frac{y'}{y} = \frac{\tan\omega'}{\tan\omega_0} \approx \frac{\omega'}{\omega_0} \tag{2-5}$$

2. 望远镜及其视觉放大率

望远镜是帮助人眼观望远距离物体的仪器，也可作为测量和瞄准的工具。望远镜也是由物镜和目镜组成的，其中对着远处物体的一组叫作物镜，对着眼睛的一组叫作目镜，物镜焦距较长，目镜焦距较短。物镜用反射镜的，称为反射式望远镜；物镜用透镜的，称为折射式望远镜。

因被观测物体离物镜的距离远大于物镜的焦距（$l>2f'_0$），所以物体将在物镜的后焦面附近形成一个倒立的缩小实像。与原物体相比，实像靠近了眼睛很多，因而视场增大了。然后实像再经过目镜而被放大，由目镜所成的像，可以在明视距离到无限远之间的任何位置上。因此，望远镜的功能是对远处物体成视觉放大的像。望远镜的基本光路图如图 2-29 所示。

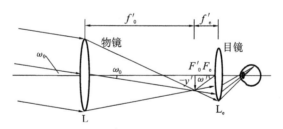

图 2-29　望远镜的基本光路图

在图 2-29 中，F_e 为目镜的物方焦点，F'_0 为物镜的像方焦点，ω_0 为明视距离处物体对眼睛所张的视角，ω' 为通过光学仪器观察时在明视距离处的成像对眼睛所张的视角。远处物体发出的光束经物镜后被会聚于物镜的焦平面 F'_0 上，成一缩小倒立的实像 $-y'$，像的大小取决于物镜焦距及物体与物镜间的距离。当焦平面 F'_0 恰好与目镜的焦平面 F_e 重合在一起时，会在无限远处成一放大的倒立的虚像，用眼睛通过目镜观察时，将会看到这一放大且可移动的倒立虚像。若物镜和目镜的像方焦距为正（两个都是会聚透镜），则为开普勒望远镜；若物镜的像方焦距为正（会聚透镜），目镜的像方焦距为负（发散透镜），则为伽利略望远镜。

望远镜的视觉放大率为

$$\Gamma = \frac{\omega'}{\omega_0} = \frac{y'/f'_e}{-y'/f'_0} = -\frac{f'_0}{f'_e} \tag{2-6}$$

可见，物镜的焦距 f'_0 越长、目镜的焦距 f'_e 越短，则望远镜的视觉放大率越大。对开普勒望远镜（$f'_0>0,f'_e>0$），放大率 Γ 为负值，系统成倒立的像；而对伽利略望远镜（$f'_0>0$，

$f'_e<0$），放大率 Γ 为正值，系统成正立的像。在实际观察时，物体并不真正位于无穷远处，像也不成在无穷远处，但式（2-6）仍近似适用。

由于不同距离的物体在物镜焦平面附近不同的位置成像，而此成像又必须在目镜焦距的范围内，并且接近目镜的焦平面，因此观察不同距离的物体时，需要调节物镜和目镜之间的距离，即改变镜筒的长度，称为望远镜的调焦。

在光学实验中，经常用目测法来确定望远镜的视觉放大率。目测法指用一只眼睛观察物体，另一只眼睛通过望远镜观察物体的像，同时调节望远镜的目镜，使两者在同一个平面上且没有视差，此时望远镜的视觉放大率即为 $\Gamma=\dfrac{y_2}{y_1}$，其中 y_2 是在物体所处平面上被测物体的虚像的大小，y_1 是被测物体的大小，只要测出 y_2 和 y_1 的比值，即可得到望远镜的视觉放大率。

【实验装置】

光学平台、标尺、凸透镜、二维调节架（SZ-07）、三维调节架（SZ-16）、二维平移底座（SZ-02）、三维平移底座（SZ-01）、升降调整座（SZ-03）、普通底座（SZ-04）、正像棱镜（保罗棱镜系统）、白炽灯光源、45°玻璃架。

【实验内容与步骤】

1. 组装望远镜并测定其视觉放大率

（1）用自准直法或共轭法分别测出两个透镜的焦距，并确定物镜和目镜的组成。

（2）在光学平台上组装望远镜，观察并分析其成像规律。

（3）画出光路图，并测定计算所组装望远镜的视觉放大率。

2. 组装成正像的望远镜

（1）开普勒望远镜所成的像是倒立的。若要观察正像，一是可以使用伽利略望远镜，二是可以借助直角棱镜（保罗棱镜、正像棱镜）。

（2）了解保罗棱镜系统的结构，并组装成正像的望远镜。

3. 实验提示

（1）查阅资料，熟悉望远镜和显微镜的工作原理及它们之间的区别。了解物镜与目镜的选择及其对视觉放大率的影响。

（2）视觉放大率的测量，一般采用目测法。即在无限远处（约 1.5 m 即可）放标尺，将望远镜对标尺调焦，并对准两个橙色指标间的 E 字，用一只眼睛通过目镜观察标尺的倒立放大的虚像（像高为 5 cm），另一只眼睛直接看标尺，调整目镜使两者重叠而无视差。经适应性练习，在视觉系统获得被望远镜放大的和直观的标尺的叠加像，再测出放大的橙色指标内直观标尺的长度，则像高 y_2 和物高 y_1 之比即为测得的视觉放大率。

【数据记录与处理】

1. 数据记录

表 2-5 为实验数据记录表。

表 2-5　实验数据记录表

测 量 次 数	物高 y_1/mm	像高 y_2/mm	视觉放大率 $\Gamma = \dfrac{y_2}{y_1}$/mm
1			
2			
3			
4			
5			

2.数据处理

(1)计算测得的视觉放大率的平均值 $\overline{\Gamma}$。

(2)计算测得的平均视觉放大率与理论视觉放大率 $\Gamma = -\dfrac{f'_0}{f'_e}$ 之间的绝对误差及相对误差。

(3)画出开普勒望远镜的设计光路图。

【问题思考】

(1)伽利略望远镜与开普勒望远镜在结构形式上有什么区别？

(2)用作图的方法解释保罗棱镜转像原理。

(3)说明在开普勒望远镜中的孔径光阑及入射光瞳、出射光瞳的位置。

实验 2-5　自组投影仪

【实验预习】

投影仪的基本原理,其光路的组成。

【实验目的】

(1)理解投影仪的基本原理,知道投影仪的光路组成。

(2)学会自组装投影仪。

【实验原理】

投影仪由照明系统和成像系统两部分组成。其中照明系统主要由光源、聚光透镜组成,成像系统主要由投影片、成像透镜、银幕组成。要达到好的投影效果,照明系统和成像系统必须合理配置,以获得最大的光照效率,同时使图像得到均匀照明。为达到该目的,投影仪、幻灯机采用柯拉照明方式(柯拉照明方式是蔡司公司的工程师在 19 世纪末为解决显微镜成像照明而发明的):①将被投影画幅(投影片、幻灯片)安置在尽可能靠近聚光透镜的位置;②将光源发光面的像安排在成像物镜(放映物镜)的入射光瞳处(如成像物镜为单透镜,其入射光瞳就在成像物镜处)。故简易投影仪的光路原理如图 2-30 所示。

图 2-30 中 S 为光源、L_1 为聚光透镜(焦距短)、L_2 为成像物镜(焦距长)、H 为银幕(光屏),P 为幻灯片(尽可能靠近 L_1,实际与 L_1 之间有一个小的间距 Δ)。P 经 L_2 成像在 H 处,u_2 为物距,v_2 为像距(即投影距离)。光源 S 经 L_1 成像在 L_2 处,u_1 为物距,v_1 为像距,$v_1 = u_2 + \Delta$。

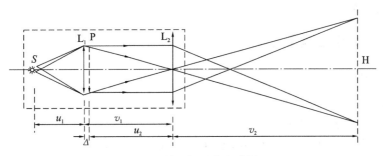

图 2-30　简易投影仪光路原理

【实验装置】

投影仪实验装置图如图 2-31 所示。

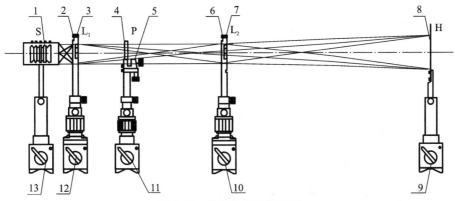

图 2-31　投影仪实验装置图

1—白光源 S(GY-6);2—聚光透镜 L_1(T-GSZ-A07,$f'_1=50$ mm);3,7—透镜架(SZ-08);
4—幻灯片 P(HDP);5—干板架(SZ-12);6—成像物镜 L_2(T-GSZ-A10,$f'_2=190$ mm);
8—白屏 H(SZ-13);9~13—各种底座

【实验内容与步骤】

(1)按图 2-31 排光路,调共轴。

(2)使 L_2 与 H 相距约 1.2 m(对较短平台,可用白墙代屏),前后移动 P,使光源在 H 上成一清晰放大像。

(3)使 L_1 固定在紧靠幻灯片 P 的位置,取下 P,前后移动光源,使其成像于 H 所在平面。

(4)重新装好幻灯片,观察屏上像的亮度和照度的均匀性。

(5)取下 L_1,观察像面亮度和照度均匀性的变化。其中,成像物镜焦距和聚光透镜焦距的选择如下。

成像物镜：
$$f'_2=\frac{MD_2}{(M+1)^2}$$

聚光透镜：
$$f'_1=\frac{D_2}{M+1}-\frac{D_2^2}{(M+1)^2 D_1}$$

式中：$D_2=u_2+v_2$;
　　　$D_1=u_1+v_1$;

M——像的放大率。

【数据记录与处理】

1.自组简易投影仪参数设计

聚光透镜:焦距 $f'_1 = 5$ cm。

成像物镜:焦距 $f'_2 = 19$ cm。

投影距离(即 v_2)可取 $80 \sim 100$ cm,$\Delta \approx 0.5$ cm(也可忽略)。

2.其他参数设计

根据以上参数和透镜成像公式 $\dfrac{1}{u} + \dfrac{1}{v} = \dfrac{1}{f}$,其他各位置参数计算如下:

$u_2 = \dfrac{v_2 f'_2}{v_2 - f'_2} = \underline{\qquad}$ cm,

$v_1 = u_2 + \Delta = \underline{\qquad}$ cm,

$u_1 = \dfrac{v_1 f'_1}{v_1 - f'_1} = \underline{\qquad}$ cm,

放大率 $\beta = \dfrac{v_2}{u_2} = \underline{\qquad}$。

【问题思考】

投影不用聚光透镜,能否得到清晰、照度均匀的图像?

实验 2-6 自组显微镜放大率的测量

【实验预习】

(1)显微镜的结构及分类。
(2)显微镜的成像原理。
(3)显微镜的特性参数。

【实验目的】

(1)理解自组显微镜的基本原理,知道自组显微镜的光路组成。
(2)学会自组装显微镜。

【实验原理】

最简单的显微镜是由两个凸透镜构成的。其中,物镜的焦距很短,目镜的焦距较长。显微镜成像原理如图 2-32 所示。图中的 L_0 为物镜(焦点在 F_0 和 F'_0 处),其焦距为 f'_0;L_e 为目镜,其焦距为 f'_e。将长度为 y_1 的被观测物体 AB 放在 L_0 的焦距外且接近焦点 F_0 处,物体通过物镜成一放大倒立实像(其长度为 y_2),此实像在目镜的焦点以内,经过目镜放大,结果在明视距离 $D(D = 250$ mm)上得到一个放大的虚像(其长度为 y_3)。虚像对于被观测物 AB 来说是倒立的。

由图 2-32 可见,显微镜的放大率为

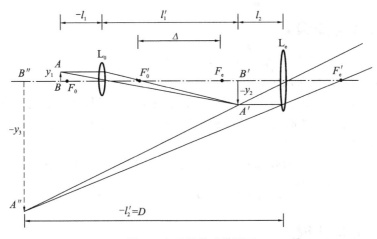

图 2-32　显微镜成像原理

$$\Gamma = \frac{\tan\omega'}{\tan\omega} = \frac{-y_3/D}{y_1/D} = -\frac{y_3}{y_1} \tag{2-7}$$

同时,$\Gamma_e = \dfrac{250}{f'_e}$,为目镜的放大率;$-\dfrac{y_2}{y_1} = -\dfrac{l'_1}{l_1} \approx \dfrac{\Delta}{f'_0} = \beta_0$(因 l'_1 比 f'_0 大得多),为物镜的放大率。Δ 为显微物镜焦点 F'_0 到目镜焦点 F_e 之间的距离,称为物镜和目镜的光学间隔。因此式(2-7)可改写为

$$\Gamma = \frac{250}{f'_e} \cdot \frac{\Delta}{f'_0} = \Gamma_e \beta_0 \tag{2-8}$$

由式(2-8)可见,显微镜的放大率等于物镜放大率和目镜放大率的乘积。在 f'_0、f'_e、Δ 和 D 已知的情形下,可以利用式(2-8)算出显微镜的放大率。

【实验装置】

图 2-33 为自组显微镜实验装置图。

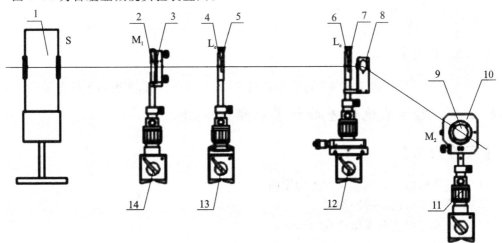

图 2-33　自组显微镜实验装置图

1—钠灯 S;2—1/10 mm 微尺 M_1;3、5、6—透镜架(SZ-07、SZ-08);4—物镜 L_0($f'_0 = 45$ mm);

7—目镜 L_e($f'_e = 29$ mm);8—45°玻璃架(SZ-45);9—毫米尺 M_2;

10—双棱镜架(SZ-41);11～14—各种底座(SZ-02、SZ-03)

【实验内容与步骤】

(1)参照图 2-32 和图 2-33 布置各器件,调等高同轴。

(2)将透镜 L_0 与 L_e 的距离定为 $\Delta=24$ cm。

(3)沿米尺靠近光源移动微尺 M_1,从显微镜系统中得到微尺清晰的放大像。

(4)在 L_e 之后置一与光轴成 45°角的玻璃架(SZ-45),距此玻璃架 25 cm 处,放置一白光源(图中未画出)照明的毫米尺 M_2。

(5)微动物镜前的微尺,消除视差,读出未放大的 M_2 30 mm 所对应的 M_1 的格数 a;显微镜的测量放大率 $M=\dfrac{30\times10}{a}$;显微镜的计算放大率 $M'=\dfrac{25\Delta}{f'_0 f'_e}$。

【数据记录与处理】

(1)将 M_1 上的格数的测量值 a 读出,并代入公式 $M=\dfrac{30\times10}{a}$,得到显微镜的测量放大率,并计算测量放大率平均值 $\overline{M}$。表 2-6 为测量数据记录表。

表 2-6　测量数据记录表

测 量 次 数	a	测量放大率 $M=\dfrac{30\times10}{a}$
1		
2		
3		
4		
5		

(2)由公式 $M'=\dfrac{25\Delta}{f'_0 f'_e}$ 得出其计算放大率。并且,可求得如下参数:①绝对误差 $\overline{M}-M'$;②相对误差 $\dfrac{\overline{M}-M'}{M'}\times100\%$。

【问题思考】

如果实验中不调节物镜前的微尺来消除视差,能否得到清晰、照度均匀的图像?

实验 2-7　光学系统像差的计算机模拟实验

【实验预习】

(1)七种几何像差的概念及产生的原因。

(2)单色像差与色差的区别。

(3)七种几何像差对成像造成的影响。

【实验目的】

(1)掌握各种几何像差产生的条件及其基本规律。

(2)观察各种像差现象的计算机模拟效果图。

【实验原理】

如果成像系统是理想光学系统,则同一物点发出的所有光线通过系统以后,应该聚焦在理想像面上的同一点,且高度同理想像高一致。但实际光学系统成像不可能完全符合理想情况,物点光线通过光学系统后在像空间形成具有复杂几何结构的像散光束,该像散光束的位置和结构通常用几何像差来描述。

【实验装置】

计算机主机及显示器一套、像差模拟软件。

【实验内容】

本实验主要是应用像差模拟软件,在计算机上观测球差、彗差及像散的光场分布图及三维效果图,以使学生更加深刻地理解各种单色像差的概念及其对光学系统的影响。图 2-34 所示为像差模拟效果图。

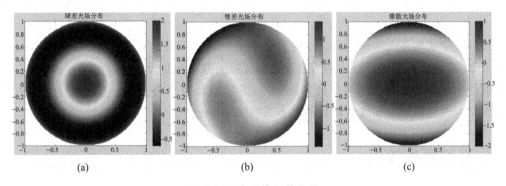

(a)　　　　　　　　　　　(b)　　　　　　　　　　　(c)

图 2-34　像差模拟效果图

(a)球差模拟效果图;(b)彗差模拟效果图;(c)像散模拟效果图

【数据记录与处理】

将用计算机软件模拟出来的各种像差的效果图截屏粘贴在实验报告中,并写明是何种像差。

【问题思考】

(1)解释各种像差的光场分布的含义并说明它们对光学系统产生的影响。

(2)什么是像散? 其对光学系统成像产生什么影响?

(3)什么是彗差? 分为哪几类? 其对光学系统成像产生什么影响?

第3章 物理光学实验

3.1 概述

物理光学的研究对象是光的基本属性、传播规律及其与物质间的相互作用。物理光学可分为波动光学和量子光学两部分。波动光学研究光的波动性,量子光学研究光的量子性。

本章只涉及波动光学实验部分,主要有光的干涉、衍射、偏振,光在各向同性介质中的传播规律(反射、折射、吸收、色散和散射等规律),光在各向异性介质中的传播规律等实验。

20 世纪 60 年代出现的激光,使得物理光学有了突飞猛进的发展,一批新的分支学科相继发展起来,如激光技术、信息光学(又称为傅里叶光学)、光电技术等,这些内容涉及的实验将在本书的后面章节介绍。本章重点介绍 11 项物理光学实验,包括 8 学时的设计、研究性实验。

物理光学实验是大学理工科学生进行科学光学实验训练的重要基础课程,在前面章节基础上,本章的学习不仅可以使学生进行光学实验的方法和实验技能得到进一步训练,而且还能够使学生深入掌握光路调整的其他原理、方法以及数据处理的一些重要方法(如列表法、作图法、逐差法和一元线性函数的最小二乘法等)的运用。

3.2 实验预备知识

物理光学实验通常是在防震光学工作台上用各种不同光学元件搭建的光路系统。其中,防震光学工作台包括防震光学平台(GSZ-2B 型光学平台)、光具座等。光路系统包括光源(激光器、溴钨灯、低压钠灯、低压汞灯等)、光学元件(见表 3-1)等。

1.光源

(1)激光器。

激光器是能发射激光的装置。1960 年梅曼等人制成了第一台红宝石激光器;1961 年贾文等人制成了 He-Ne 激光器。实验室中常用的激光器有 He-Ne 激光器和半导体激光器,其中 He-Ne 激光器发出的激光波长是 632.8 nm。

激光有很多特性,如激光是单色的相干光;激光是高度集中的;激光对组织的生物效应有热效应、光化学效应、压强作用、电磁场效应和生物刺激效应。压强作用和电磁场效应主要由中等功率以上的激光所产生,光化学效应在低功率激光照射时特别重要,热效应存在于所有的激光照射,而生物刺激效应只发生在弱激光照射时。

(2)溴钨灯。

溴钨灯是白炽灯,是可见的近红外波段的理想光源,并且是使用广泛的一种灯。当灯点亮后,在适当的温度条件下,从灯丝蒸发出来的钨在泡壁区域内与溴钨反应,形成挥发性的溴钨化合物。

（3）低压钠灯。

低压钠灯是利用低压钠蒸气放电发光的电光源,在它的玻璃外壳内涂以红外线反射膜,是光衰较小和发光效率最高的电光源。低压钠灯发出的是单色黄光,用于对光色没有要求的场所。

（4）低压汞灯。

低压汞灯指汞蒸气压力为 1.3～13 Pa(0.01～0.1 mmHg),主要发射波长在紫外区 253.7 nm 的汞蒸气弧光灯。

2. 光学元件

在表 3-1 中列出的是 GSZ-2B 型光学平台附件,即光学元件列表清单。

表 3-1　光学元件列表清单

序号	名　称	型号	序号	名　称	型号
1	三维平移底座		27	透镜（f =45、50、70、150、190、225、300、100 mm）	
2	二维平移底座				
3	升降调节座		28	球面镜（f = 500 mm）	
4	通用底座		29	平面镜（$\phi 36 \times 4$）	
5	旋转透镜架		30	分束器（$\phi 30 \times 4$）	7：3,5：5
6	二维架		31	菲涅耳双镜	
7	透镜架		32	三棱镜（60°）	
8	延伸(过渡)架		33	反射光栅（1200 L/mm）	
9	光栅转台		34	透射光栅（20 L/mm）	
10	干板架		35	正交光栅（50 L/mm）	
11	白屏		36	网格字	
12	物屏		37	微尺分划板 1/10 mm	
13	载物台		38	毫米尺（l =30 mm）	
14	测微狭缝		39	θ 调制板	
15	测节器(节点架)		40	劳埃德镜	
16	正像棱镜		41	偏振片	
17	带三脚架标尺		42	多孔板	
18	测微目镜架		43	1/4 波片（λ =632.8 nm）	
19	双棱镜调节架		44	双棱镜	
20	激光器架		45	幻灯片	
21	光学测角台		46	频谱滤波器、零级滤波器	
22	冰洲石镜		47	小工艺品	全息用
23	方形毛玻璃架		48	牛顿环	
24	纸架		49	45°玻璃架	
25	透镜（f =4.5、6.2 mm）	扩束器	50	双缝	
26	目镜和物镜（f= 29、105 mm）		51	白板（70 mm×50 mm）	

序　号	名　　称	型　号	序　号	名　　称	型　号
52	透光十字		55	全波片	
53	白光源(12 V,35 W)		56	读数显微镜	
54	半波片		57	气室、血压表和橡胶球	

3.3　实验

实验 3-1　杨氏双缝干涉实验

【实验预习】

(1)杨氏双缝干涉的原理。
(2)产生干涉的条件。
(3)分波阵面法干涉的方法。

【实验目的】

(1)理解干涉的原理。
(2)掌握分波阵面法干涉的方法。
(3)掌握干涉的测量,并且利用干涉法测光的波长。

【实验原理】

杨氏双缝干涉原理图如图 3-1 所示,其中 S、S_1 和 S_2 为单缝,P 为观察屏。如果 S 在 S_1 和 S_2 的垂直中线上,则可证明 S 的光线到 S_1 和 S_2 双缝的光程差为

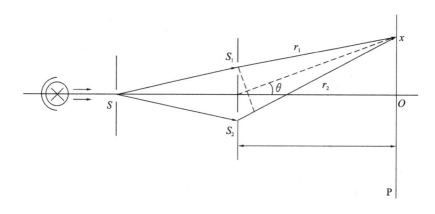

图 3-1　杨氏双缝干涉原理图

$$\delta = r_2 - r_1 = d\sin\theta = \frac{xd}{D} \tag{3-1}$$

式中:d——双缝间距;

θ——衍射角；

D——双缝至观察屏的间距。

$$\delta = \frac{xd}{D} = \begin{cases} k\lambda, 明纹 \\ (k+\frac{1}{2})\lambda, 暗纹 \end{cases} \tag{3-2}$$

由干涉原理可得,相邻明纹或相邻暗纹的间距可以证明是相等的,因此 $\lambda = \frac{\Delta xd}{D}$,用厘米尺测出 D,用测微目镜测双缝间距 d 和相邻条纹的间距 Δx,计算可得光波的波长。

【实验装置】

杨氏双缝干涉实验装置图如图 3-2 所示。

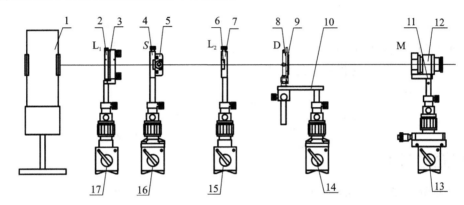

图 3-2 杨氏双缝干涉实验装置图

1—钠灯(GY-5B,加圆孔光阑);2—透镜 L_1(T-GSZ-A07,$f' = 50$ mm);3—二维架(SZ-07);4、7—透镜架(SZ-08);5—测微狭缝 S(SZ-27B);6—透镜 L_2(T-GSZ-A09,$f' = 150$ mm);8—双棱镜调节架(SZ-41);9—单缝 D(T-GSZ-A32);10—延伸架(SZ-09);11—测微目镜架(SZ-36);12—测微目镜 M(XW-1);13—三维平移底座(SZ-01);14、16—二维平移底座(SZ-02);15、17—升降调节座(SZ-03)

【实验内容与步骤】

(1)根据图 3-2 安排实验光路,狭缝要铅直,并与双缝和测微目镜分划板的毫尺刻线平行。双缝与目镜距离适当,以获得适于观测的干涉条纹。

(2)调单缝、双缝、测微目镜平行且共轴,调节单缝的宽度、三者之间的间距,以便在目镜中能看到干涉条纹。

(3)用测微目镜测量干涉条纹的间距 Δx 以及双缝的间距 d,用米尺测量双缝至目镜焦面的距离 D,计算钠黄光的波长 λ,并记录结果。

(4)观察单缝宽度改变、三者间距改变时干涉条纹的变化,分析变化的原因。

【数据记录与处理】

1.数据记录表格

杨氏双缝干涉实验测量数据记录表如表 3-2 所示。

表 3-2　杨氏双缝干涉实验测量数据记录表

次　　数	$\Delta x/\text{mm}$	d/mm	D/mm	$\lambda=\dfrac{\Delta x d}{D}/\text{nm}$
1				
2				
3				
4				
5				

注意：为减小测量误差，不直接测相邻条纹的间距 Δx，而要测 n 个条纹的间距再取平均值。

2.数据处理

(1)求测得钠光波长平均值：$\bar\lambda=$ ＿＿＿＿＿＿＿。

钠黄光波长公认值（或称标准值）：589.3 nm。

(2)绝对误差：$\Delta\lambda=589.3-\bar\lambda=$ ＿＿＿＿＿＿＿。

(3)相对误差：$\dfrac{\Delta\lambda}{589.3}\times100\%=$ ＿＿＿＿＿＿＿。

【问题思考】

(1)若狭缝宽度变宽，条纹如何变化？

(2)若双缝与屏幕间距变小，条纹如何变化？

(3)在做实验时，若按要求安装好实验装置后，在光屏上却观察不到干涉图样，可能的原因是什么？

实验 3-2　牛顿环测量透镜曲率半径

牛顿环是一种分振幅等厚干涉现象，它在光学加工中有着广泛的应用，例如测量光学元件的曲率半径等，这种方法是光学法的一种，适用于较大曲率半径的测量。

【实验预习】

(1)等厚干涉的基本原理。

(2)牛顿环的定义。

【实验目的】

(1)学会用牛顿环测量透镜的曲率半径的原理和方法。

(2)学会读数显微镜的调整和使用。

【实验原理】

用一块曲率半径很大的平凸透镜，将其凸面放在另一块光学平板玻璃上即构成牛顿环装置（见图 3-3）。这时在透镜凸面和平板玻璃之间形成从中心向四周逐渐增厚的空气层。当一束单色光垂直入射到平凸透镜上，入射光经空气层上下表面反射的两相干光束存在光程差,在透镜凸面上相遇而发生干涉。由于光程差取决于空气层的厚度,所以厚度相同处呈现同一干涉条纹,显然这些干涉条纹是以接触点为中心的一系列明暗相间的同心圆环,称为牛顿环(见图 3-4),是等厚干涉条纹。如图 3-3 所示,在 P 点处两相干光的光程差为

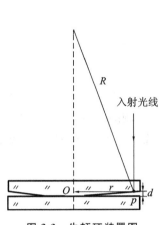

图 3-3 牛顿环装置图

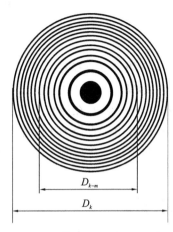

图 3-4 牛顿环

$$\delta = 2d + \frac{\lambda}{2} \tag{3-3}$$

式中:d——P 处空气层厚度;

$\frac{\lambda}{2}$——光波在平面玻璃界面反射时产生半波损失而带来的附加光程差。

设 R 为平凸透镜球面的曲率半径,r 为 P 点所在环的半径,它们与厚度 d 之间的几何关系为

$$R^2 = (R-d)^2 + r^2 = R^2 - 2Rd + d^2 + r^2 \tag{3-4}$$

因为 $R \gg d$,所以 $d^2 \ll 2Rd$。略去 d^2 项,式(3-4)变为

$$d \approx \frac{r^2}{2R} \tag{3-5}$$

若 P 处恰为暗环,则 δ 必满足下式:

$$\delta = (2k+1)\frac{\lambda}{2} \quad (k=0,1,2,\cdots) \tag{3-6}$$

式中:k——干涉条纹的级次。

综合式(3-3)、式(3-5)、式(3-6),得到第 k 级暗环半径为

$$r_k = \sqrt{kR\lambda} \tag{3-7}$$

由式(3-7)可知,只要入射光波长 λ 已知,测出第 k 级暗环半径 r_k 即可得出 R 值。但是利用此测量关系式时往往误差很大,这是因为透镜凸面和平板玻璃平面不可能是理想的点接触,接触压力会引起弹性形变,使接触处变为一个圆面;或者,由于灰尘存在,平凸透镜凸面和平面玻璃之间有间隙,从而引起附加光程差,中央的暗斑可变成亮斑或半明半暗。这样使得环中心和级次 k 都无法确定。比较准确的方法是测量距中心较远两个干涉环的直径,以其平方差来计算 R 值。

由式(3-7)得第 k 级暗环半径满足

$$r_k^2 = kR\lambda$$

第 $(k-m)$ 环半径满足

$$r_{k-m}^2 = (k-m)R\lambda$$

两式相减,得

$$R = \frac{r_k^2 - r_{k-m}^2}{m\lambda}$$

$$R = \frac{D_k^2 - D_{k-m}^2}{4m\lambda} \tag{3-8}$$

式中:D_k——第 k 级环的直径;

　　D_{k-m}——第 $(k-m)$ 级环的直径。

显然,由式(3-8)可知,在测量中只要能正确数出所测各环的环数差 m 而无须确定各环究竟是第几级,而且由于直径的平方差等于弦的平方差,因此实验中可以不必严格确定出环的中心,这样经过上述变换后利用式(3-8)计算可以消除由于中心和级次无法确定而引起的系统误差。

【实验装置】

读数显微镜(JCD 型)、牛顿环装置、钠光灯、升降台。

图 3-5 所示为 JCD 型读数显微镜简图。

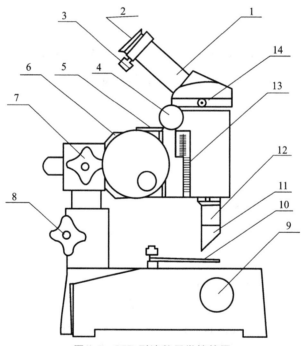

图 3-5　JCD 型读数显微镜简图

1—目镜接筒;2—目镜;3、13—锁紧螺钉;4—调焦手轮;5—标尺;6—测微鼓轮;

7、8—锁紧手轮;9—反光镜旋轮;10—压片;11—反光镜组;12—物镜组

【实验内容与步骤】

实验光路如图 3-6 所示,经钠光灯发出波长 $\lambda = 5893\text{Å}$ 的单色光射向显微镜半反镜 F,由 F 反射而接近垂直地入射到牛顿环装置 N 上,形成的干涉条纹利用读数显微镜 M 进行观察和测量。

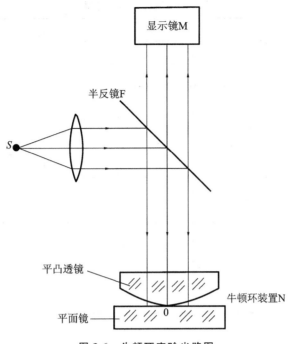

图 3-6　牛顿环实验光路图

（1）打开钠光灯电源。摆正读数显微镜位置,并使半反镜 F 对准入射光,即看到读数显微镜视场中充满黄光。调整读数显微镜筒居标尺中央附近。

（2）直接用眼睛观察牛顿环,再将牛顿环装置放在读数显微镜平台上,使牛顿环环心位于镜筒下方。

（3）调节读数显微镜:调节目镜,使分划板十字叉丝清晰;旋转调焦手轮,使镜筒从靠近牛顿环装置处缓慢上升,观察视场直到出现清晰的牛顿环,并使叉丝与环纹之间无视差。

（4）观察视场,若各待测环左右都清晰可测,即可开始测量。转动读数显微镜测微鼓轮,从环中心(第 0 级暗环)向左移动读数显微镜,同时数出经过叉丝的暗环数,直至第 25 环的环左边外侧,然后向右移动镜筒,移动过程中依次读出并记录下第 25 环到第 21 环的环左边位置、第 20 环到第 16 环的环左边位置,将数据依次填入表 3-3 中。继续向右移动镜筒,记录下第 16 环到 20 环的环右边位置、第 21 环到第 25 环的环右边位置,并将数据依次填入表 3-3 中。测量时应将叉丝交点对准第 0 级暗环纹中央。

【数据记录与处理】

本实验的实验数据记录表如表 3-3 所示。

（1）根据测量结果用逐差法处理数据,按式(3-8)计算 R 及平均值 $\bar{R}$。

（2）计算曲率半径的不确定度 Δ_R。

$$\frac{\Delta_R}{R} = \sqrt{\left(\frac{S}{D_k^2 - D_{k-m}^2}\right)^2 + \left(\frac{\Delta m}{m}\right)^2}$$

式中:Δm 取 0.2 mm(考虑因叉丝对准条纹中心欠准而产生的误差,取条纹宽的 1/10)。

（3）写出结果表示式 $R = R \pm \Delta_R$。

表 3-3　实验数据记录表

环数 k	25	24	23	22	21
环左边位置/mm					
环右边位置/mm					
直径 D_k/mm					
D_k^2/mm²					
环数 $k-m$	20	19	18	17	16
环左边位置/mm					
环右边位置/mm					
直径 D_{k-m}/mm					
D_{k-m}^2/mm²					
$D_k^2 - D_{k-m}^2$/mm²					
R/mm					
$\bar{R}$/mm					

【注意事项】

(1)读数显微镜调焦时,应使镜筒由下而上调节,避免损伤待测元件。

(2)为避免由于读数显微镜螺旋空程而引入的隙动差,测量过程中测微鼓轮只能沿单向转动,不能回转。

【问题思考】

(1)读数显微镜应如何调节?

(2)实验中为何用式(3-8)而不是式(3-7)计算 R?

实验 3-3　菲涅耳双棱镜干涉

自 1801 年英国科学家杨氏双缝干涉实验后,光的波动说开始为许多学者接受,但仍有不少反对意见。有人认为杨氏条纹不是干涉所致,而是双缝的边缘效应。二十多年后,法国科学家菲涅耳(A. J. Fresnel)做了几个新实验,令人信服地证明了光的干涉现象的存在,其实验之一就是 1826 年进行的双棱镜实验。该实验不借助光的衍射而形成分波面干涉,用毫米级的测量得到纳米级的精度,其物理思想、实验方法与测量技巧至今仍然值得我们学习。

【实验预习】

(1)光的干涉原理

(2)杨氏双缝干涉实验原理。

【实验目的】

(1)观察和研究双棱镜产生的干涉现象。

(2)测量干涉滤光片的透射波长 λ_0。

【实验原理】

如图 3-7 所示,图中双棱镜 AB 是一个分割波前的分束器,从单色光源 M 发出的光波经透镜 L 会聚于狭缝 S,使 S 成为具有较大亮度的线状光源。当狭缝 S 发出的光波投射到双棱镜 AB 上经折射后,其波前分割成两部分,形成沿不同方向传播的两束相干柱波。通过双棱镜观察这两束光,就好像它们是由虚光源 S_1 和 S_2 发出的一样,故在两束光相互交叠区域 P_1P_2 内产生干涉。如果狭缝的宽度较小且双棱镜的棱脊和光源狭缝平行,就可以在观察白屏 P 上观察到平行于狭缝的等间距干涉条纹。

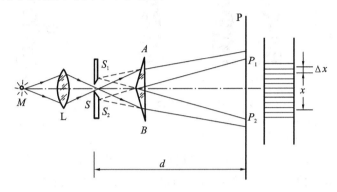

图 3-7　双棱镜干涉实验装置图

设 d' 为两虚光源 S_1 和 S_2 间的距离,d 是虚光源所在平面至观察白屏 P 的距离,且 $d' \ll d$,干涉条纹间距为 Δx,则实验所用光波波长 λ 可由下面公式表示为

$$\lambda = \frac{d'}{d} \Delta x \qquad (3-9)$$

由式(3-9)知,只要测出 d'、d 和 Δx 就可以算出入射光波的波长 λ。但是,由于干涉条纹宽度 Δx 很小,所以必须使用测微目镜进行测量。两虚光源间的距离 d' 可用一已知焦距为 f' 的会聚透镜 L' 置于双棱镜与测微目镜之间,如图 3-8 所示,由透镜两次成像法求得。只要使测微目镜到狭缝的距离 $d > 4f'$,前后移动透镜,就可以在 L' 的两个不同位置上从测微目镜中看到两个虚光源 S_1 和 S_2 经透镜所成的实像 S_1' 和 S_2',其中一组为放大的实像,另一组为缩小的实像。如果分别测得两放大像的间距 d_1 和两缩小像的间距 d_2,则根据下式

$$d' = \sqrt{d_1 d_2} \qquad (3-10)$$

即可求得两虚光源之间的距离 d'。

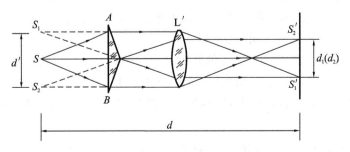

图 3-8　实验光路图

【实验内容与步骤】

菲涅耳双棱镜装置如图 3-9 所示。

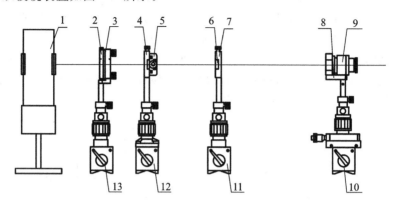

图 3-9 菲涅耳双棱镜干涉实验装置图

1—钠灯 M；2—透镜 L_1（$f_1 = 50$ mm）；3、4—透镜架（SZ-08）；5—测微狭缝 S（SZ-27）；6—双棱镜架（SZ-41）；7—双棱镜 AB；8—测微目镜架（SZ-36）；9—测微目镜 P；10～13—底座；另备凸透镜 L_2（$f_2 = 190$ mm）

（1）将钠灯 M、会聚透镜 L_1、狭缝 S、双棱镜 AB 与测微目镜 P，按图 3-9 所示次序沿米尺安置各器件，调节它们至等高共轴，并使双棱镜的底面与系统的光轴垂直，脊背和狭缝的取向大体平行。

（2）开启钠光源 M，使钠黄光通过透镜 L_1 会聚在狭缝上。用手执白屏在双棱镜后面检查：经双棱镜折射后的光束是否在叠加区 P_1P_2 产生干涉；叠加区能否进入测微目镜；当白屏移动时叠加区是否逐渐向左、右或上、下偏移。

（3）减小狭缝宽度，一般情况下可从测微目镜观察到不太清晰的干涉条纹；绕系统光轴缓慢向左或右旋转双棱镜 AB，将显现出清晰的干涉条纹。这时棱镜的棱脊与狭缝的取向严格平行；为便于测量，在看到清晰的干涉条纹后，应将双棱镜或测微目镜前后移动，使干涉条纹的宽度适当，同时只要不影响条纹的清晰度，可适当增加缝宽，以保持干涉条纹有足够的亮度。

注意：双棱镜和狭缝的距离不宜过小，因为减小它们的距离，S_1 和 S_2 间距也将减小，这对 d' 的测量不利。

（4）用测微目镜测量干涉条纹的间距 Δx。为了提高测量精度，可测出 n 条（10～20 条）干涉条纹的间距，再除以 n 即可。测量时先使目镜叉丝对准某亮纹的中心，然后旋转测微螺旋，使叉丝移过 n 个条纹，读出两次读数。重复测量几次，求出 Δx。用米尺量出狭缝到测微目镜叉丝平面的距离 d，测量几次，取其平均值。

（5）用透镜两次成像法测两虚光源的间距 d'。保持狭缝与双棱镜原来的位置不变，在双棱镜和测微目镜之间放置一已知焦距为 f' 的会聚透镜 L'，移动测微目镜使它到狭缝的距离大于 $4f'$，分别测得两放大像的间距 d_1 和两缩小像的间距 d_2，各测几次，取其平均值，再计算 d'。

（6）根据所测得的 $\Delta \overline{x}$、$\overline{d'}$、$\overline{d}$ 值，求出钠黄光的波长。

（7）计算波长测量值的标准不确定度。

【数据记录与处理】

(1)条纹间距 Δx 的平均值 $\Delta \bar{x} =$ _____ 。

(2)狭缝至测微目镜的距离 $d =$ _____ 。

(3)对于两个虚光源 S_1 和 S_2 经透镜所成的实像 S_1' 和 S_2',其中一组为放大的实像,另一组为缩小的实像。如果分别测得两放大像的间距 $d_1 =$ _____ 和两缩小像的间距 $d_2 =$ _____ ,可求得两虚光源之间的距离 $d' = \sqrt{d_1 d_2} =$ _____ 。

(4)钠黄光的波长 $\lambda = \dfrac{d'}{d} \Delta x =$ _____ 。

注意:使用测微目镜时,首先要确定测微目镜读数装置的风格精度;要注意避免产生回程误差。

【问题思考】

(1)如果给你多块双棱镜,你能否从其外形以及棱镜所产生的干涉条纹来比较它们质量的优劣?

(2)如果狭缝方向与棱脊稍不平行,就看不见干涉条纹,为什么?

实验 3-4　劳埃德镜干涉

【实验预习】

(1)光的干涉原理。

(2)杨氏双缝干涉实验原理。

【实验目的】

(1)进一步了解双缝干涉的基本原理及实验方法。

(2)掌握劳埃德镜干涉的调节和测量方法。

【实验原理】

如图 3-10 所示,图中 MN 为平面镜,S 为光源,S' 是 S 经平面镜反射所成的光源像;S、S' 组成双缝干涉,间距为 d,在距双缝为 l 的屏 P 上即可观察到双缝干涉条纹。

可以证明干涉条纹的间距: $\Delta x = \dfrac{l\lambda}{d}$ 。

如果测出干涉条纹及间距 Δx,S、S' 间距 d,双缝到屏的间距 l,则光波波长 $\lambda = \dfrac{d}{l} \Delta x$ 。

【实验装置】

图 3-11 所示为劳埃德镜干涉实验装置简图。

【实验内容与步骤】

(1)调光路、调干涉条纹(d、l 调节);使钠光光束经透镜会聚到狭缝上,通过狭缝,部分光

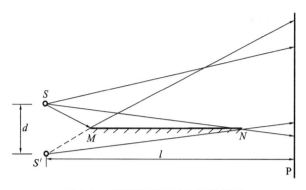

图 3-10　劳埃德镜干涉实验原理图

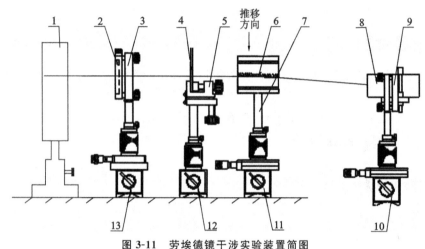

图 3-11　劳埃德镜干涉实验装置简图

1—钠灯;2—透镜($f_1 = 50$ mm);3—二维调节架(SZ-07);4—可调狭缝(SZ-27);5—三维调节干板架(SZ-18);

6—劳埃德镜支架;7—劳埃德镜;8—测微目镜架(SZ-36);9—测微目镜;10～13—底座

束掠入射劳埃德镜,被镜面反射,另一部分直接与反射光会合发生干涉,用测微目镜接收干涉条纹,同时调节缝宽、入射角使镜面与铅直狭缝平行,以改善条纹的质量。

(2)调节 d、l 得到可测的清晰的干涉条纹。

(3)测出 5 个相邻干涉条纹的间距,算得一个相邻条纹的间距 Δx。

(4)参考实验 3-3 中相关部分,用两次成像法测得 $d = \sqrt{d_1 d_2}$,用厘米尺测 l;用实验 3-3 的方法测出条纹间距 Δx,狭缝与其虚光源的距离 d 以及狭缝与目镜分划板的距离 l。

(5)由 $\lambda = \dfrac{d}{l} \Delta x$ 计算光波波长。

【注意事项】

(1)光源 S 与平面镜 MN 的间距要恰当(包括垂直距离、水平距离)。

(2)平面镜与测微目镜要垂直。

(3)狭缝(光源 S)的宽度要恰当。

【数据记录与处理】

(1)条纹间距 Δx 的平均值 $\Delta \overline{x} = $ ＿＿＿＿＿＿＿。

(2)狭缝至目镜分划板的距离 $l =$ _____。

(3)两个虚光源像之间的距离 $d' =$ _____。

(4)两个虚光源的间距 $d = \dfrac{u}{v} d' =$ _____。

(5)钠黄光的波长 $\lambda = \dfrac{d}{l} \Delta x =$ _____。

【问题思考】

(1)干涉条纹分布情况如何,为何? 当观察屏与平面镜接触时,0 级干涉条纹如何?

(2)能否用一次成像测 d? 改变入射角,干涉条纹如何变化?

实验 3-5　用迈克尔逊干涉仪测波长

迈克尔逊干涉仪是 1883 年美国物理学家迈克尔逊和莫雷合作,为研究"以太"漂移而设计制造出来的精密光学仪器。它利用分振幅法产生双光束以实现干涉。在近代物理和近代计量技术中,如在光谱线精细结构的研究和用光波标定标准米尺等实验中,都有着重要的应用。利用该仪器的原理,已研制出多种专用干涉仪。

【实验预习】

(1)迈克尔逊干涉的原理。

(2)等倾干涉与等厚干涉的原理。

(3)迈克尔逊干涉产生的条纹的特点。

(4)分振幅法干涉的方法。

【实验目的】

(1)掌握迈克尔逊干涉仪的调节和使用方法。

(2)调节和观察迈克尔逊干涉仪产生的干涉图,加深对各种干涉条纹特点的理解。

(3)应用迈克尔逊干涉仪测定 He-Ne 激光器的波长。

【实验原理】

1. 迈克尔逊干涉仪的工作原理

迈克尔逊干涉仪的工作原理如图 3-12 所示,其中 G_1 的第二面上涂有半反半透膜,能够将入射光分成振幅几乎相等的反射光、透射光,所以 G_1 称为分光板(又称为分光镜)。光经 M_1 反射后由原路返回再次穿过分光板 G_1 后成为 1 光,到达观察点 E 处;光被 M_2 反射后按原路返回,在 G_1 的第二面上形成 2 光,也被返回到观察点 E 处。由于 1 光在到达 E 处之前穿过 G_1 三次,而 2 光在到达 E 处之前穿过 G_1 一次,为了补偿两光的光程差,在 M_2 所在的臂上再放一个与 G_1 的厚度、折射率严格相同的 G_2 平面玻璃板,以满足 1、2 两光在到达 E 处时无光程差,称 G_2 为补偿板。由于 1、2 光均来自同一光源 S,所以两光是相干光。M_2 通过 G_1 的第二面,在 G_1 的附近(上部或下部)形成一个平行于 M_1 的虚像 M_2',因而,在迈克尔逊干涉仪中,自 M_1、M_2 的反射相当于自 M_1、M_2' 的反射。也就是说,在迈克尔逊干涉仪中产生的干涉相当于厚度为 d 的空气薄膜所产生的干涉。

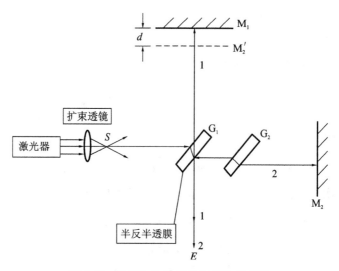

图 3-12 迈克尔逊干涉仪的工作原理图

2.等倾干涉原理

如图 3-13 所示,波长为 λ 的光束 y 经间隔为 d 的上下两平面 M_1 和 M_2' 反射,反射后的光束分别为 y_1 和 y_2。设 y_1 经过的光程为 l,y_2 经过的光程为 $l+\Delta l$,Δl 即这两束光的光程差($\Delta l = AB + BD$),如果入射角为 θ,则 $\Delta l = 2d\cos\theta$,有

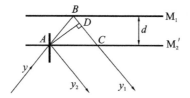

图 3-13 等倾干涉光路图

$$\begin{cases} \Delta l = 2d\cos\theta = k\lambda,\text{亮条纹} \\ \Delta l = 2d\cos\theta = (2k+1)\lambda/2,\text{暗条纹} \end{cases} \qquad (3\text{-}11)$$

式中:k——整数,称为干涉级序数,与某条干涉条纹对应。

当 M_1、M_2' 上下表面平行时,可以观察到明暗相间的圆形条纹,这种干涉叫等倾干涉。M_1 镜每移动(增加或减少)$\lambda/2$ 距离,视场中心就"吐出"一个环纹或"吞进"一个环纹。视场中干涉条纹变化或移过的数目 N 与 M_2 移动距离 Δd 间的关系为

$$\Delta d = N\frac{\lambda}{2} \qquad (3\text{-}12)$$

上式表明,已知 M_2 移动的距离,在实验时只要数出"吐出"或"吞进"的条纹个数,就可确定光的波长。

$$\lambda = \frac{2\Delta d}{N} \qquad (3\text{-}13)$$

【实验装置】

迈克尔逊干涉仪、He-Ne 激光器、扩束透镜、升降台等。

【实验内容与步骤】

1.仪器的调整

(1)点亮 He-Ne 激光器,取下扩束透镜,使激光束经分光板 G_1 分束,由 M_1、M_2 反射后,照射在 E 处与光路垂直放置的观察屏(毛玻璃)上,即呈现两组分立的光斑。

(2)调节 M_1、M_2 两镜后面的螺丝,以改变 M_1、M_2 镜面的方位,使屏上两组光点完全重合。

(3)装上扩束透镜,屏上即可出现干涉条纹。

(4)缓慢细心地调节 M_2 镜旁的微调螺旋,使条纹呈同心圆环干涉图样。

2.测 He-Ne 激光的波长

(1)慢慢地转动微动手轮,可以在毛玻璃屏上看到中心条纹向外一个个冒出(或缩入中心)。

(2)开始计数前,记录 M_1 镜的位置读数 d_1。

(3)继续转动微动手轮(必要时也可旋动粗调手轮,但必须同向转动),数到条纹向外冒出(或向中心缩入)50 个时,停止转动,再记录 M_1 镜的位置读数 d_2。

重复上述测量 5 次,将全部数据记于表 3-4 中。

【数据记录与处理】

1.数据记录表格

本实验的实验数据记录表如表 3-4 所示。

表 3-4 实验数据记录表

次 数	d_1/mm	d_2/mm	$\Delta d = \mid d_2 - d_1 \mid$ /mm	$\lambda = \dfrac{2\Delta d}{50}$ /nm
1				
2				
3				
4				
5				

2.数据处理

(1)测得 He-Ne 激光波长平均值:$\bar{\lambda} = \dfrac{1}{5} \sum \lambda_i =$ _____ 。

He-Ne 激光波长公认值(或称标准值):632.8 nm。

(2)绝对误差:$\Delta\lambda = 632.8 - \bar{\lambda} =$ _____ 。

(3)相对误差:$\dfrac{\Delta\lambda}{632.8} \times 100\% =$ _____ 。

【问题思考】

(1)怎样利用干涉条纹的"吐出"和"吞进"来测定光波的波长?

(2)调节干涉条纹时,如果确使两组光点重合,但条纹并不出现,试分析可能产生的原因。

(3)调节迈克尔逊干涉仪时,看到的亮点为什么是两排而不是两个? 两排亮点是怎样形成的?

实验 3-6　干涉法测空气折射率

【实验预习】

(1)迈克尔逊干涉光路的原理。

(2)什么是非定域干涉条纹,什么是等倾干涉条纹,什么是等厚干涉条纹?

【实验目的】

(1)掌握迈克尔逊干涉光路的原理和调节方法。

(2)学会调出非定域干涉条纹、等倾干涉条纹、等厚干涉条纹。

(3)学习利用迈克尔逊干涉光路测量常温下空气的折射率。

【实验原理】

1.迈克尔逊干涉光路

具有最简单形式的迈克尔逊干涉仪光路图如图 3-14 所示。从点光源 S 发出的光束,被精制的厚度和折射率均匀的玻璃板(分束器)G 分成两路,射向互相垂直的两个平面镜 M_1 和 M_2。被平面镜反射后,又回到分束器有镀膜的半反射面。在这两束光形成的干涉场内产生的是非定域干涉条纹,用毛玻璃屏 FG 接收。

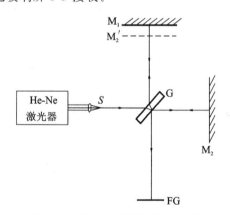

图 3-14　迈克尔逊干涉仪光路图

2.干涉图样

M_2' 是 M_2 被 G_1 反射后成的虚像,从观察者看来,两相干光束是从 M_1 和 M_2' 反射而来的,因此可以把它们产生的干涉等效为 M_1 和 M_2' 之间的空气薄膜所产生的干涉来分析研究。

1)点光源的非定域干涉

如图 3-15 所示,激光束经短焦距凸透镜会聚后可得点光源 S,它发出球面波经 G_1 分束

及 M_1、M_2 反射后射向屏 H 的光可以看成是由虚光源 S_1、S_2' 发出的。其中 S_1 为点光源 S 经 G_1 及 M_1 反射后成的像,S_2' 为点光源 S 经 M_2 及 G_1 反射后成的像(等效于点光源 S 经 G_1 及 M_2' 反射后成的像)。这两个虚光源 S_1、S_2' 发出的球面波,在它们能相遇的空间里处处相干,即各处都能产生干涉条纹。因此在这个光场中的任何地方放置毛玻璃屏都能观察到干涉条纹,称这种干涉为非定域干涉。

S_1、S_2' 与屏 H 的相对位置不同,干涉条纹的形状也不同。当屏 H 与 S_1、S_2' 的连线垂直(此时 M_1、M_2' 大体平行)时将得到圆条纹,圆心在 S_1、S_2' 连线和屏 H 的交点 O 处。当屏 H 与 S_1、S_2' 连线的垂直平分线垂直(此时 M_1、M_2' 与屏 H 的距离大体相等,且它们之间有一小夹角)时将得到直线条纹,其他情况下将得到椭圆、双曲线干涉条纹。

下面分析非定域圆条纹的特性,如图 3-16 所示。

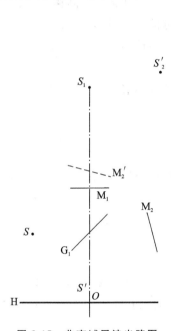

图 3-15 非定域干涉光路图

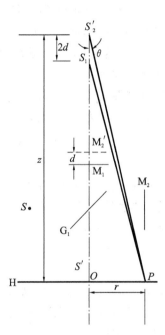

图 3-16 非定域圆条纹的特性分析图

S_1、S_2' 到屏上任一点 P 的光程差为

$$\Delta L = \overline{S_2'P} - \overline{S_1P}$$

当 $r \ll z$ 时,有

$$\Delta L = 2d\cos\theta$$

由于 θ 比较小,所以有

$$\cos\theta \approx 1 - \frac{\theta^2}{2},\ \theta \approx \frac{r}{z}$$

所以

$$\Delta L = 2d\left(1 - \frac{r^2}{2z^2}\right) \tag{3-14}$$

(1)亮纹条件。当光程差 $\Delta L = k\lambda$ 时,有亮纹,其轨迹为圆。

$$2d\left(1 - \frac{r^2}{2z^2}\right) = k\lambda \tag{3-15}$$

若 z、d 不变,则 r 越小,k 越大,即靠近中心的条纹干涉级次高,靠近边缘(r 大)的条纹干涉级次低。

（2）条纹间距。令 r_k 及 r_{k-1} 分别为两相邻干涉环的半径，根据式（3-15）有

$$2d\left(1-\frac{r_k^2}{2z^2}\right)=k\lambda \tag{3-16}$$

$$2d\left(1-\frac{r_{k-1}^2}{2z^2}\right)=(k-1)\lambda \tag{3-17}$$

两式相减，得干涉条纹间距

$$\Delta r = r_{k-1}-r_k \approx \frac{\lambda z^2}{2r_k d} \tag{3-18}$$

由此可见，条纹间距 Δr 的大小由四种因素决定：

①越靠近中心的干涉圆环（半径 r_k 越小），Δr 越大，即干涉条纹中间稀、边缘密。

②d 越小，Δr 越大，即 M_1 与 M_2' 的距离越小条纹越稀，距离越大条纹越密。

③z 越大，Δr 越大，即点光源 S、接收屏 H 及 M_1（M_2）镜离分束板 G_1 越远，则条纹越稀。

④波长越长，Δr 越大。

（3）条纹的"吞吐"。缓慢移动 M_1 镜，改变 d，可看见干涉条纹的"吞""吐"现象。这是因为对于某一特定级次为 k_1 的干涉条纹（干涉环半径为 r_{k_1}），有

$$2d\left(1-\frac{r_{k_1}^2}{2z^2}\right)=k_1\lambda$$

移动 M_1 镜，当 d 增大时，r_{k_1} 也增大，可以看到条纹"吐"的现象；当 d 减小时，r_{k_1} 也减小，可以看到条纹"吞"的现象。

在圆心处，有 $r=0$，$2d=k\lambda$。若 M_1 镜移动了距离 Δd，所引起干涉条纹"吞"或"吐"的数目 $N=\Delta k$，则有

$$2\Delta d = N\lambda \tag{3-19}$$

因此，若已知波长 λ，就可以从条纹"吞""吐"的数目 N，求得 M_1 镜移动的距离 Δd，这就是干涉测长的基本原理。反之，若已知 M_1 镜的移动距离 Δd 和条纹的"吞"或"吐"数目 N，则由式（3-19）可求得波长 λ。

2）扩展光源的定域干涉

（1）等倾干涉。

当 M_1 与 M_2' 互相平行时，用扩展光源照射。对于倾角相同的各光束，由上下两表面反射而形成的两相干光束，其光程差均为

$$\Delta L = 2d\cos\theta$$

因此形成同一级干涉条纹。用人眼直接观察，或放一会聚透镜在其后焦平面上用屏去观察，可以看到一组同心圆环。每一个圆各自对应一恒定的倾角，所以这种干涉称为等倾干涉。等倾干涉条纹定域于无穷远。在这些同心圆状干涉条纹中，以圆心处级别最高，此时 $\theta=0$，因而有

$$\Delta L = 2d = k\lambda$$

当移动 M_1 镜使 d 增大时，圆心处干涉条纹的级次越来越高，可以看到圆环状条纹一个一个从中心"吐"出来的现象；反之，当 d 减小时，可以看到圆环状条纹一个一个从中心"吞"进去。每"吞"进或者"吐"出一条条纹时，d 就增大或者减小 $\frac{\lambda}{2}$。

比较不同级次的干涉条纹

对第 k 级,有　　　　　　　　　　　　$2d\cos\theta_k = k\lambda$

对第 $k+1$ 级,有　　　　　　　　　　$2d\cos\theta_{k+1} = (k+1)\lambda$

当 θ 比较小时,有 $\cos\theta \approx 1 - \dfrac{\theta^2}{2}$,可得相邻两条纹的角距离为

$$\Delta\theta_k = \theta_k - \theta_{k-1} \approx \frac{\lambda}{2d\theta_k}$$

上式表明:当 d 一定时,越靠近中心的干涉圆环(即 θ_k 越小),$\Delta\theta_k$ 越大,即干涉条纹中间稀、边缘密;当 θ_k 一定时,d 越小,$\Delta\theta_k$ 越大,即干涉条纹随着 d 的减小而变得稀疏。

(2)等厚干涉。

当 M_1 与 M_2' 成一很小的角度 α,且 M_1 与 M_2' 之间所形成的空气层很薄时,用扩展光源照明就会出现等厚干涉条纹。因为等厚干涉条纹定域在镜面附近,若用眼睛直接观察,应将眼睛聚焦在镜面附近。当角度 α 很小时,由上下两表面反射而形成的两相干光束,其光程差仍可近似地表示为 $\Delta L = 2d\cos\theta$。在 M_1 与 M_2' 的相交处,由于 $d=0$,光程差为 $\Delta L = 0$,应该观察到直线状亮条纹。但由于两光束分别是从分束板 G_1 后表面镀的半反半透膜反射、透射的,位相突变情况不同,因此会引起附加光程差。若分束板 G_1 后表面未镀半反半透膜,则有半波损失,M_1 与 M_2' 的相交处的干涉条纹应该是暗纹;若分束板 G_1 后表面镀半反半透膜(银或铝或多层介质膜),则情况比较复杂,M_1 与 M_2' 的相交处的干涉条纹就不一定是最暗的。

由于 θ 是有限的(取决于反射镜对眼睛的张角,一般比较小),所以

$$\Delta L = 2d\cos\theta \approx 2d\left(1 - \frac{\theta^2}{2}\right)$$

在交棱附近,ΔL 中的 $d\theta^2$ 项可以忽略,光程差主要取决于厚度 d,空气层厚度相同的地方光程差相同,所以观察到的条纹是平行于交棱的等间隔分布的直线条纹。而在远离交棱处,$d\theta^2$(与波长大小可比)项的作用不可忽略,而同一条干涉条纹对应的光程差应相等,因此在 θ 较大的地方必须要通过增大 d 来补偿。所以同一条干涉条纹在 θ 逐渐增大的地方必须要向 d 增大的方向移动,使得干涉条纹逐渐变成弧形,而且弯曲的方向是凸向交棱的方向。

3. 干涉法测空气折射率

设 M_2' 是 M_2 在 G 中的虚像。可以认为,FG 接收到的干涉图样是 M_1 和 M_2' 之间的空气膜上下面的反射光相干产生的。如果在图 3-14 的 M_1 和 G 之间放置一个能够控制充、放气的气室,若气室内空气压力改变了 Δp,折射率改变了 Δn,使光程差增大了 δ,就会引起干涉条纹环数 N 的变化。设气室内空气柱长度为 l,则

$$\delta = 2\Delta nl = N\lambda$$

$$\Delta n = \frac{N\lambda}{2l} \tag{3-20}$$

若将气室抽真空(室内压强近似等于 0,折射率 $n=1$),再向室内缓慢充气,同时计数干涉环变化数 N,由式(3-20)可计算出不同压强下折射率的改变值 Δn,则相应压强下空气折射率

$$n = 1 + \Delta n$$

若采取打气的方法增加气室内的粒子(分子和原子)数量,根据气体折射率的改变量与

单位体积内粒子数改变量成正比的规律,可求出相当于标准状态下的空气折射率 n_0。对有确定成分的干燥空气来说,单位体积内的粒子数与密度 ρ 成正比,于是有

$$\frac{n-1}{n_0-1}=\frac{\rho}{\rho_0} \tag{3-21}$$

式中:ρ_0——空气在热力学标准状态($T_0=273\ \text{K}$,$p_0=101.325\ \text{kPa}$)下的密度;

$\quad\ n_0$——标准状态下的折射率;

$\quad\ n$ 和 ρ——相对于任意温度 T 和压强 p 下的折射率和密度。

联系理想气体的状态方程,有

$$\frac{n-1}{n_0-1}=\frac{\rho}{\rho_0}=\frac{pT_0}{p_0T} \tag{3-22}$$

若实验中 T 不变,对上式求 p 的变化所引起的 n 的变化,则有

$$\Delta n=\frac{n_0-1}{p_0}\frac{T_0}{T}\Delta p \tag{3-23}$$

因 $T=T_0(1+\alpha t)$(其中 α 是相对压力系数,$\alpha=\dfrac{1}{273.15}=3.661\times10^{-3}\ ℃^{-1}$,$t$ 是室温,以摄氏温度表示),代入式(3-23),有

$$\Delta n=\frac{n_0-1}{p_0}\frac{\Delta p}{1+\alpha t}$$

于是

$$n_0=1+p_0(1+\alpha t)\frac{\Delta n}{\Delta p} \tag{3-24}$$

将式(3-20)代入式(3-24),得

$$n_0=1+p_0(1+\alpha t)\frac{\lambda}{2l}\frac{N}{\Delta p} \tag{3-25}$$

测出若干不同的 Δp 所对应的干涉环变化数 N,N-Δp 关系曲线的斜率即为 $N/\Delta p$。p_0 和 α 为已知,t 见温度计显示,λ 和 l 为已知,一并代入式(3-25)即可求得相当于热力学标准状态下的空气折射率。

根据式(3-22)求得 p_0,代入式(3-23),经整理,并联系式(3-20),即可得

$$n=1+\frac{\lambda}{2l}\frac{N}{\Delta p}p \tag{3-26}$$

其中,环境气压 p 从实验室的气压计读出。

根据式(3-26),通过实验即可测得实验环境下的空气折射率。

【实验装置】

图 3-17 所示是干涉法测空气折射率实验装置图。

【实验内容与步骤】

1.迈克尔逊干涉光路的调节与干涉条纹的观察

1)调整基本光路

在光学平台上按图 3-17 所示的实验装置图摆好光路。打开激光光源,调好同轴等高。本实验难点之一是光路的调整,下面着重介绍它。光路调整的要求是:①M_1、M_2 两镜相互

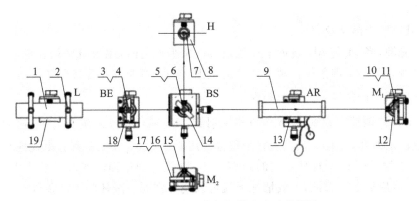

图 3-17　干涉法测空气折射率实验装置图

1—He-Ne 激光器;2—激光器架(SZ-42);3、5—透镜架(SZ-08);4—扩束器 BE;6—分束器 BS;
7—白屏 H(SZ-13);8、19—通用底座(SZ-04);9—气室 AR(SGM-1-05);10、16—二维架(SZ-07);
11、17—平面镜 M_1、M_2;12、15—升降调节座(SZ-03);13、14、18—底座(SZ-02)

垂直;②经过扩束和准直后的光束应垂直入射到 M_1、M_2 两镜的中心部分;③M_1、M_2 两镜到分束镜的距离要接近相等。

具体调整步骤如下。

(1)粗调。扩束镜先不放入光路,调节激光管支架,使光束基本水平出射。接下来,使激光束从垂直放置的反射镜上反射回来的光能沿原路返回出射孔,然后,水平移动反射镜,移动后若光束不再能沿原路返回出射孔,而位于出射孔的上方或下方,说明光束未达到水平入射,应缓慢调整激光管的仰俯倾角,最后使得移动反射镜时反射光总是能沿原路返回出射孔,此时光束水平。激光束经过分束镜后要分别垂直射在 M_1、M_2 反射镜上,在屏上可以看到由 M_1、M_2 镜反射回来又经过分束镜的两列小光斑。

(2)细调。用小纸片挡住 M_1 镜,使由 M_2 镜反射回来又经过分束镜的一列小光斑中最亮的一个能沿原路返回出射孔(其余较暗的与调节无关)。此时,光束已经垂直入射到 M_2 镜上了。同样,用小纸片挡住 M_2 镜,使由 M_1 镜反射回来又经过分束镜的一列小光斑中最亮的一个能沿原路返回出射孔。此时,光束已经垂直入射到 M_1 镜上了。调节时注意尽量使光束照射在镜的中心部分。若不能同时入射到 M_1、M_2 镜的中心,可稍微改变镜的位置,操作要小心,动作要轻慢,防止损坏仪器。此时,显示屏上应该可以看到由 M_1、M_2 镜反射回来又经过分束镜的两列小光斑中最亮的两个光点在屏上重合,一般应该可以看到闪烁现象。这时 M_1、M_2 两镜基本互相垂直。

2)干涉条纹的调节与观察

(1)非定域干涉条纹。

加上扩束镜,使激光光束会聚成一点光源,均匀照亮 M_1、M_2,一般情况下就可以观察到非定域干涉条纹。分别调出非定域同心圆环状、椭圆、双曲线以及直线干涉条纹,观察条纹的粗细、疏密等特征,解释成因,即 M_1、M_2 镜以及屏的位置所需满足的条件。

(2)定域等倾干涉条纹。

把两块毛玻璃重叠放置在扩束镜和分束镜之间,使球面波散射成为扩展光源。当 M_1 与 M_2' 平行且之间的距离较小时,用聚焦到无穷远的眼睛代替屏,可以看到圆环状条纹。如果眼睛上下移动时各圆的大小保持不变,圆心不"吞"也不"吐",而仅仅是圆心随眼睛的移动而移动,这时看到的就是严格的等倾干涉条纹了。观察条纹的粗细、疏密等特征,说明其所需满足的条件。

（3）定域等厚干涉条纹。

用扩展光源，当 M_1 与 M_2' 接近平行但是有一微小夹角时，用眼睛聚焦在镜面附近观察，可以看到直线状等厚干涉条纹。观察条纹的粗细、疏密、弯曲方向等特征并做出解释。

2.用非定域干涉条纹测空气折射率

调节 M_1、M_2 两镜互相垂直，光束垂直入射到 M_1、M_2 的中心，从 M_1、M_2 返回的两个光点要同时返回出射孔，并且要在屏上完全重合。还要注意 M_1、M_2 镜到分束镜的距离要接近相等即要满足 M_1 与 M_2' 平行且之间的距离较小（以便得到粗而疏的圆环状干涉条纹，便于观察测量）。最后加上扩束镜，一般情况下就可以观察到同心圆环状干涉条纹。

（1）将气室的阀门拧紧以防气体在压缩的过程中逸出，记录此时气室的初始压强值 p_1。

（2）缓慢充气使气室内气体的压强变化，注意观察使干涉条纹从中心"涌出"或"缩进"的条数为 40，记录此时气室的末压强值 p_2。

（3）改变气室的初始压强值，重复以上步骤，一共测量 5 组数据，记录在表 3-5 中。

3.定域干涉条纹测空气折射率

（1）按照图 3-17 将各器件夹好，靠拢，调等高。

（2）调激光光束平行于台面，按图 3-17 组成迈克尔逊干涉光路（暂不用扩束器）。

（3）调节反射镜 M_1 和 M_2 的倾角，直到屏上两组最强的光点重合。

（4）加入扩束器，经过微调，使屏上出现一系列干涉圆环。

（5）紧握橡胶球反复向气室充气，至气压表满量程（40 kPa，或 300 mmHg，1 mmHg＝133.3 Pa）为止。记气室压强变化为 Δp。

（6）缓慢松开气阀放气，同时默数干涉环变化数 N，至表针回 0。

（7）计算实验环境的空气折射率

$$n=1+\frac{\lambda}{2l}\frac{N}{\Delta p}p$$

式中：激光波长 λ 和气室空气柱长度 l 为已知，环境气压 p 从实验室的气压计读出。本实验应多次测量，干涉环变化数可估计出一位小数。

【数据记录与处理】

室温 $t＝$ _____ ℃；大气压 $p＝$ _____ Pa；$l＝20$ cm；$\lambda＝632.8$ nm；$N＝40$。

本实验的实验数据记录表如表 3-5 所示。

表 3-5　实验数据记录表

次　　数	p_1/kPa	p_2/kPa	$(p_2-p_1)/kPa$
1			
2			
3			
4			
5			

求出 $N=40$ 时对应的 $\Delta p=p_2-p_1$ 的平均值。

最后代入公式

$$n=1+\frac{\lambda}{2l}\frac{N}{\Delta p}p$$

计算实验时空气折射率 $n_{\text{实验}}=$ _____ ，并与理论值 $n_{\text{理论}}=$ _____ 比较。理论值计算公式为

$$n=1+\frac{2.8793p}{1+0.003671t}\times10^{-9}$$

【注意事项】

(1)实验过程中用到的光学元件都比较精密,不要用手接触光学表面。如果表面有污渍,要用擦镜纸轻轻擦拭。

(2)气室和气压表防止摔坏,以免封闭性减弱。

(3)气压表打气时,不能超出气压表量程范围。

【问题思考】

(1)非定域干涉和定域干涉有何不同? 实验中怎样才能观察到非定域的直条纹和双曲线条纹?

(2)形成等倾干涉和等厚干涉的基本条件是什么? 如何区分?

(3)在迈克尔逊干涉光路中分束板应使反射光和透射光的光强比接近 $1:1$,这是为什么?

(4)如何根据等倾干涉条纹判断 M_1 与 M_2' 的平行度?

(5)非定域干涉形成的圆环状干涉条纹与等倾干涉所形成的圆环状干涉条纹有何不同? 如何区分? 它们与牛顿环在形状、干涉类型与干涉级次上有何异同?

(6)如用白光光源,干涉情况将有何变化? 用平行光的情况又如何呢?

(7)同一气室,在不同温度下,折射率有何变化?

(8)如何解释充气使气室内气体的压强变化时,干涉条纹有些情况下从中心"涌出",而有些情况下从中心"缩进"的现象?

实验 3-7　夫琅禾费单缝衍射测缝宽

【实验预习】

(1)惠更斯-菲涅耳基本原理。

(2)菲涅耳的半波带法。

【实验目的】

(1)观察单缝衍射现象,了解单缝宽度对衍射条纹的影响。

(2)学习一种测量单缝宽度的方法。

(3)通过数据处理,加深对误差传递过程的理解。

【实验原理】

单色平行光垂直照射宽度为 a 的狭缝 AB（见图 3-18，图中将缝宽放大约百倍），按惠更斯原理，AB 面上各子波源的球面波向各方向传播，在出发处，相位相同。其中，沿入射方向传播的球面波经透镜 L 会聚于 P_0 处时，仍然同相，故加强为中央亮纹；与入射方向成 φ 角传播的球面波经 L 会聚于 P_k 处时，其明暗取决于各级次波线的光程差。从 A 点作 AC 垂直于 BC，从 AC 到达 P_k 点的所有波线都是等光程的。沿缝宽各波线之间的光程差取决于从 AB 到 AC 的路程，而最大光程差

$$BC = a\sin\varphi$$

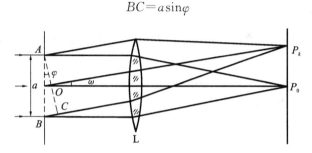

图 3-18　夫琅禾费单缝衍射原理图

若用相距 $\dfrac{\lambda}{2}$ 的许多平行于 AC 的平面分割 BC，同时也就将狭缝面上的波阵面分成一些等面积的部分，即菲涅耳半波带，于是两个相邻半波带的对应点发出的波线到达 AC 面时的光程差均为 $\dfrac{\lambda}{2}$，相位差为 π，经 L 会聚后仍为 π，故强度互相抵消。据此推断：对应某确定的 φ 方向，若单缝波阵面可分成偶数个半波带，P_k 处必为暗条纹；若单缝波阵面可分成奇数个半波带，P_k 处将有明条纹；若半波带在非整数所对应的方位上，则强度在明暗之间。总之，当 φ 满足

$$a\sin\varphi = 2k\frac{l}{2} = kl \quad (k = \pm 1, \pm 2, \cdots) \tag{3-27}$$

时产生暗条纹；当 φ 满足

$$a\sin\varphi = (2k+1)\frac{l}{2} \quad (k = \pm 1, \pm 2, \cdots) \tag{3-28}$$

时产生明条纹，而 0 级明条纹范围通常认为是从

$$a\sin\varphi = \lambda$$

到

$$a\sin\varphi = -\lambda$$

设中央 0 级明条纹线宽度为 e，L 的像方焦距为 f'，对 1 级暗条纹，近似有

$$\lambda f' = a\frac{e}{2} \tag{3-29}$$

据此，若入射光波长 λ 和 f' 为已知，只要测得中央明条纹线宽度 e，即可得狭缝宽度 a。

【实验装置】

图 3-19 所示为夫琅禾费单缝衍射实验装置图。

【实验内容与步骤】

(1)参照图 3-19 沿米尺调节共轴光路。

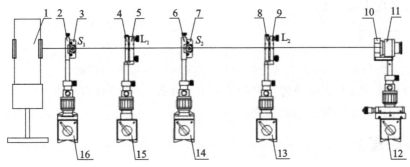

图 3-19 夫琅禾费单缝衍射实验装置

1—钠灯；2、6—透镜架(SZ-08)；3、7—测微狭缝(SZ-27)；4、8—透镜 $L_1(f_1=150\text{ mm})$、$L_2(f_2=300\text{ mm})$；

5、9—二维架(SZ-07)；10—测微目镜架(SZ-36)；11—测微目镜；12～16—各种平移底座(SZ-01、SZ-02、SZ-03)

(2)使狭缝 S_1 靠近钠灯，且位于透镜 L_1 的焦平面上，通过透镜 L_1 形成平行光束，垂直照射狭缝 S_2，用透镜 L_2 将衍射光束会聚到测微目镜的分划板，调节狭缝铅直，并使分划板的毫米刻线与衍射条纹平行，S_1 的缝宽小于 0.1 mm(兼顾衍射条纹清晰与视场光强)。

(3)用测微目镜测量中央明条纹宽度 e，连同已知的 λ(实验所用钠黄光波长为589.3 nm)和 f' 值代入式(3-29)，可算出缝宽 $a=$ _____ mm。

(4)用读数显微镜直接测量缝宽，与上一步的结果做比较。

(5)用测微目镜可验证中央主极大宽度是次极大宽度的 2 倍。

【数据记录与处理】

本实验测量数据记录表如表 3-6 所示。

表 3-6 测量数据记录表

次 数	e/mm	a/mm	$\bar{a}/\text{mm}$
1			
2			
3			

【问题思考】

缝宽 a 满足什么条件时，光的衍射效应明显，而在什么条件下光的衍射效应不明显？请调节狭缝宽度做实验来回答。

实验 3-8 单丝单缝衍射光强分布研究

光的衍射现象是光的波动性的一种表现。衍射现象的存在，深刻说明了光子的运动是受测不准关系制约的。因此研究光的衍射，不仅有助于加深对光的本性的理解，也是近代光学技术(如光谱分析、晶体分析、全息分析、光学信息处理等)的实验基础。衍射导致光强在空间重新分布，利用光电传感元件探测光强的相对变化，是近代技术中常用的光强测量方法之一。

【实验预习】

(1)惠更斯-菲涅耳基本原理。

（2）菲涅耳的半波带法。

【实验目的】

（1）观察单缝衍射现象，研究其光强分布，加深对衍射理论的理解。

（2）学会用光电元件测量单缝衍射的相对光强分布，掌握其分布规律。

（3）学会用衍射法测量狭缝的宽度。

【实验原理】

1. 单缝衍射的光强分布

当光在传播过程中经过障碍物时，如不透明物体的边缘、小孔、细线、狭缝等，一部分光会传播到几何阴影中去，产生衍射现象。如果障碍物的尺寸与波长相近，那么这样的衍射现象就比较容易观察到。单缝衍射有两种：一种是菲涅耳衍射，单缝距离光源和接收屏均为有限远，或者说入射波和衍射波都是球面波；另一种是夫琅禾费衍射，单缝距离光源和接收屏均为无限远或相当于无限远，即入射波和衍射波都可看作平面波。

用散射角极小（<0.002 rad）的激光器产生激光束，通过一条很细的狭缝（宽0.1～0.3 mm），在狭缝后大于0.5 m的地方放上观察屏，就可以看到衍射条纹，它实际上就是夫琅禾费衍射条纹。

当激光照射在单缝上时，根据惠更斯-菲涅耳原理，单缝上每一点都可看成向各个方向发射球面子波的新波源。由于子波叠加的结果，在屏上可以得到一组平行于单缝的明暗相间的条纹。

激光的方向性强，可视为平行光束。宽度为 d 的单缝产生的夫琅禾费衍射图样，其衍射光路图满足近似条件：

$$\sin\theta \approx \theta \approx \frac{x}{D} \quad (D \gg d)$$

产生暗条纹的条件为

$$d\sin\theta = k\lambda \quad (k = \pm 1, \pm 2, \pm 3, \cdots) \tag{3-30}$$

暗条纹的中心位置为

$$x = \frac{k\lambda D}{d} \tag{3-31}$$

两相邻暗条纹之间的中心是明条纹次极大的中心。

由理论计算可得，垂直入射于单缝平面的平行光经单缝衍射后光强分布的规律为

$$I = I_0 \frac{\sin^2\beta}{\beta^2}, \ \beta = \frac{\pi d\sin\theta}{\lambda} \tag{3-32}$$

式中：d——狭缝宽；

　　　λ——波长；

　　　D——单缝位置到光电池位置的距离；

　　　x——从衍射条纹的中心位置到测量点之间的距离，其光强分布如图3-20所示。

当 θ 相同，即 x 相同时，光强相同，所以在屏上得到的光强相同的图样是平行于狭缝的条纹。

当 $\beta = 0$ 时，$x = 0$，$I = I_0$，在整个衍射图样中，此处光强最强，称为中央主极大；中央明条

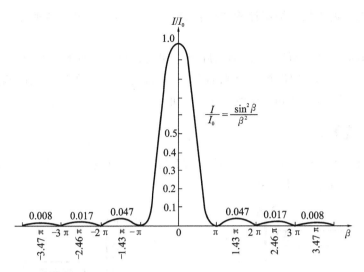

图 3-20　单缝衍射光强分布

纹最亮、最宽,它的宽度为其他各级明条纹宽度的两倍。

当 $\beta=k\pi(k=\pm1,\pm2,\cdots)$,即 $x=\dfrac{k\lambda D}{d}$ 时,$I=0$,在这些地方为暗条纹。暗条纹以光轴为对称轴,呈等间隔、左右对称分布。中央亮条纹的宽度 Δx 可用 $k=\pm1$ 的两条暗条纹间的间距确定,$\Delta x=\dfrac{2\lambda D}{d}$;某一级暗条纹的位置 x 与缝宽 d 成反比,d 大,x 小,各级衍射条纹向中央收缩;当 d 宽到一定程度时,衍射现象便不再明显,只能看到中央位置有一条亮线,这时可以认为光线是沿几何直线传播的。

次极大明条纹与中央明条纹的相对光强分别为

$$\frac{I}{I_0}=0.047,0.017,0.008,\cdots \tag{3-33}$$

2. 衍射障碍宽度 d 的测量

由以上分析,如已知光波长 λ,可得单缝的宽度计算公式为

$$d=\frac{k\lambda D}{x} \tag{3-34}$$

因此,如果测得了第 k 级暗条纹的位置 x,用光的衍射可以得到细缝的宽度 d。同理,如已知单缝的宽度 d,可以得到未知的光波长 λ。

3. 光电检测

光的衍射现象是光的波动性的一种表现。研究光的衍射现象不仅有助于学生加深对光本质的理解,而且能为其进一步学好近代光学技术打下基础。衍射使光强在空间重新分布,利用光电元件测量光强的相对变化,是测量光强的方法之一,也是光学精密测量的常用方法。

在小孔屏位置放上硅光电池和一维光强读数装置,与数字检流计(也称光点检流计)相连的硅光电池可沿衍射展开方向移动,那么数字检流计所显示出来的光电流的大小就与落在硅光电池上的光强成正比,实验装置如图 3-21 所示。根据硅光电池的光电特性可知,光电流和入射光能量成正比,只要工作电压不太小,光电流和工作电压无关,光电特性是线性

关系。所以当光电池与数字检流计构成的回路内电阻恒定时,光电流的相对强度就直接表示了光的相对强度。

由于硅光电池的受光面积较大,而实际要求测出各个点位置的光强,所以在硅光电池前装一细缝光栏(0.5 mm),用以控制受光面积,并把硅光电池装在带有螺旋测微装置的底座上,使其可沿横向移动,这就相当于改变了衍射角。

【实验装置】

单色光源:He-Ne 激光器。衍射器件:可调单缝。接收器件:光传感器、光电流放大器、白屏。光具座:1 m 硬铝导轨。

图 3-21　单缝衍射光强分布实验装置简图

【实验内容与步骤】

按图 3-21 安装好各实验装置。开启光电流放大器,预热 10～20 min。

1. 准备工作

以一维测量架上光电探头的轴线为基准,调节光学系统中各光学元件同轴等高。

(1)转动测量架上的百分鼓轮,将光电探头调到适当位置。

(2)调节激光器水平。

①将移动光靶装入一个有横向调节装置的普通滑座上。移动光靶,使光靶平面和测量架进光口平行。并通过横向调节装置,使靶心对准光电探头进光口正中心。

②接通激光器电源,沿导轨来回移动光靶,调节激光器架上的 6 个方向控制手钮,使得光点始终打在靶心上。

(3)取下光靶,装上白屏。

将狭缝放在有横向调节装置的滑座上,调整狭缝同轴等高,同时将狭缝固定在距离光传感器 850 mm 左右位置(由于光传感器接收面距导轨上的刻度尺有一固定距离,所以在读刻度尺的读数时要加上约 60 mm)。

2. 观察衍射图样

白屏放在光传感器前,观察衍射图样。根据衍射斑的状况,适当调节狭缝宽度;使衍射图样清晰,各级分开的距离适中,便于测量。

3. 测量

(1)取下白屏,接通光电流放大器电源。转动百分鼓轮,横向微移测量架,使衍射中央主极大进入光传感器接收口,左右移动的同时,观察数显值。若数显值为 1,说明光强太强,应:①逆时针调节光电流放大器的增益,建议示值在 1500 左右;②调节光传感器侧面的测微头,减小入射到接收面上的能量。

注意：一旦狭缝的宽度确定，那么在整个数据测量过程中都不得改动。

（2）按直尺、鼓轮上的读数和光电流放大器数字显示，记下光电探头位置和相对光强数值。

（3）在略小于中央主极大处开始记录数据。

选定任意单方向转动鼓轮，每转动 0.1 mm（百分鼓轮上的 10 格），记录 1 次数据，直到测完 0~2 级极大和 1~3 级极小为止。

注意：

（1）在读数前，应绕选定的单方向旋转几圈后再开始读数，避免回程差。

（2）激光器的功率输出或光传感器的电流输出有些起伏，属于正常现象。使用前经 10~20 min 预热，会好些。实际上，接收装置显示数值的起伏变化小于 10% 时，对衍射图样的绘制并无明显影响。

（3）直接测量狭缝宽度 $d_测$。

【数据记录与处理】

1. 数据记录表格

本实验测量数据记录表如表 3-7 所示，$\lambda = 632.8 \times 10^{-9}$ m。

表 3-7　测量数据记录表

坐 标 x/mm	相对强度 I	坐 标 x/mm	相对强度 I	坐 标 x/mm	相对强度 I	坐 标 x/mm	相对强度 I

2. 数据处理

（1）按测得的数据画出相对光强 I 与被测点到中央主极大的距离 x 的函数关系曲线。

（2）从图中找出极大值和极小值的位置，以及各极大值对应的光强值，列入表 3-8 中。

（3）计算 1~3 级暗条纹与中央主极大之间距离的理论值、测量值及测量值的误差。

（4）计算 1~2 级暗明条纹与中央主极大之间距离的相对光强比的理论值和测量值，并计算测量值的误差。

表 3-8　数据处理

项　　目	极　大　值			极　小　值		
级数	0	1	2	1	2	3
坐标位置 x/mm						
相对强度 I						

(5)计算狭缝宽度 d 及其误差。

【问题思考】

(1)激光器输出的光强如有变动,对单缝衍射图样和光强分布曲线有无影响?具体说明有什么影响。

(2)如以矩形孔代替单缝,其衍射图样在长边方向上展开得宽些,还是在短边方向上展开得宽些?为什么?

实验 3-9　光栅衍射实验

光栅是一种重要的分光元件,它可以把入射光中不同波长的光分开,利用光栅分光制成的单色仪和光谱仪已被广泛应用。光栅分为透射光栅和反射光栅两类,本实验使用的是平面透射光栅,它相当于一组数目极多的等宽、等间距的平行排列的狭缝。

目前使用的光栅主要通过以下方法获得:用精密的刻线机在玻璃或镀在玻璃上的铝膜上直接刻划;用树脂在优质母光栅上复制;采用全息照相的方法制作全息光栅。实验室通常使用复制光栅或全息光栅。

光栅作为各种光谱仪器的核心元件,广泛应用于石油化工、医药卫生、食品、生物、环保等国民经济和科学研究的各个领域中。现代高技术的发展,使衍射光栅有了更广泛的重要应用,如 VCD 和 DVD 光头、各种激光器、强激光核聚变、航空航天遥感成像光谱仪、同步辐射光束线等,都需要用到各种特殊光栅。

【实验预习】

光栅衍射基本原理。

【实验目的】

(1)观察光栅的衍射现象及其特点。
(2)用光栅测量未知谱线的光波波长。
(3)测量光栅的特征参量。

【实验原理】

1.光栅和光栅光谱

等间距的多个狭缝组成的光学系统称为光栅。图 3-22 所示为光栅的夫琅禾费衍射光路图。如果入射光为一束包含有几种不同波长的复色光,经光栅衍射后,在透镜的焦平面上,同一级(k)的不同波长的光的明条纹将按一定次序排列,形成彩色谱线,称为该入射光源的衍射光谱。在 $k=0$ 处,各色光叠加在一起呈原色,称中央明条纹。

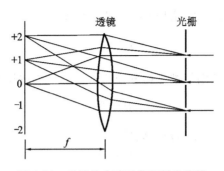

图 3-22　光栅的夫琅禾费衍射光路图

对于普通的低压汞灯,每一级光谱中有四条比较明亮的特征谱线:紫色 $\lambda_1 = 435.8$ nm;绿色 $\lambda_2 = 546.1$ nm;黄色 $\lambda_3 = 577.0$ nm 和 $\lambda_4 = 579.1$ nm。除此之外,还有橙红、蓝色等谱线,只是相对较暗一些。汞灯的部分光栅衍射光谱示意图如图 3-23 所示。

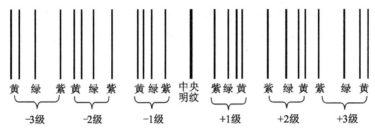

图 3-23　汞灯的部分光栅衍射光谱示意图

2. 光栅方程

设光栅常数为 d,有一束平行光与光栅的法线成 i 角入射到光栅上,产生衍射。对于产生的一条明条纹,其光程差等于波长的整数倍,即

$$d(\sin\varphi \pm \sin i) = k\lambda \tag{3-35}$$

当入射光和衍射光都在光栅法线同侧时,如果入射光垂直入射到光栅上,即 $i = 0$,则

$$d\sin\varphi_k = k\lambda \tag{3-36}$$

式中:k——衍射级次,$k = 0, \pm 1, \pm 2, \pm 3, \cdots$;

φ_k——第 k 级谱线的衍射角。

在较高级次时,各级谱线可能重合。

由式(3-36)可知,如果已知波长和衍射级次,就可根据测得的衍射角,求出光栅常数;反过来,如果知道光栅常数和衍射级次,就可根据测得的衍射角,求出相应光谱线的波长。

3. 光栅的特性

1)光栅的色散率

角色散率 D(简称色散率)是两条谱线衍射角之差 $\Delta\varphi$ 和两者波长之差 $\Delta\lambda$ 之比,即

$$D = \frac{\Delta\varphi}{\Delta\lambda} \tag{3-37}$$

对光栅方程式(3-36)求微分,可得

$$D = \frac{\Delta\varphi}{\Delta\lambda} = \frac{k}{d\cos\varphi} \tag{3-38}$$

由式(3-38)可知,光栅光谱具有如下特点:光栅常数 d 越小,色散率越大;高级数的光谱

比低级数的光谱有较大的色散率;衍射角很小时,色散率 D 可看成常数,此时,$\Delta\varphi$ 与 $\Delta\lambda$ 成正比。

2)光栅的分辨率

光栅分辨率的定义:两条刚能被光栅分开的谱线的平均波长与它们的波长差之比,即

$$R=\frac{\bar{\lambda}}{\Delta\lambda} \tag{3-39}$$

由瑞利判据和光栅光强分布函数可以导出

$$R=kN \tag{3-40}$$

式中:N——被入射平行光照射的光栅缝总条数。

由此可见,为了用光栅分开两条靠得很近的谱线,不仅要光栅缝很密(d 很小),而且要缝很多,入射光孔径很大,把许多条缝都照亮才行。

4.光栅光谱的获得和测量

汞灯发出的光经透镜 L_1 聚焦后通过狭缝,再经 L_2 成为平行光,垂直入射到透射光栅上,再经透镜 L_3 会聚于测微目镜上,可观察到衍射谱线。由于衍射角很小,可近似认为 $\sin\varphi_k=\frac{l_k}{f_3}$,则

$$d\frac{l_k}{f_3}=k\lambda \tag{3-41}$$

式中:d——光栅常数;

l_k——某待测谱线位置到零级谱线的距离;

f_3——透镜 L_3 的焦距;

k——衍射级次;

λ——光波波长。

【实验装置】

实验装置如图 3-24 所示。

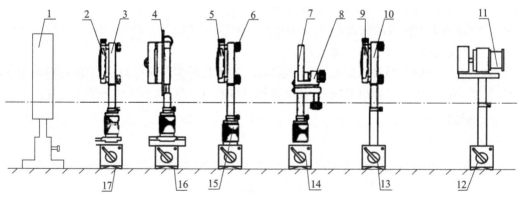

图 3-24　光栅衍射实验装置图

1—汞灯;2—透镜 L_1($f=50\ \text{mm}$);3—二维架(SZ-07);4—可调狭缝;5—透镜 L_2($f=190\ \text{mm}$);

6—二维架(SZ-07);7—光栅($d=1/20\ \text{mm}$);8—二维干板架;9—透镜 L_3($f=225\ \text{mm}$);

10—二维架(SZ-07);11—测微目镜及支架;12～17—底座(SZ-01)

【实验内容和步骤】

1.必做部分

1)光路调节

(1)按要求在光学平台上摆好各光具。

(2)调节光路,使之共轴、等高;并调节各光具之间的距离,使光栅满足夫琅禾费衍射的条件。

(3)调节狭缝宽度,直至在测微目镜中观察到清晰的衍射谱线,并能分辨出绿色、紫色谱线。

2)测量波长

选取+1 级和-1 级衍射待测谱线(绿色谱线和紫色谱线),调节测微目镜的螺旋,测量从中央明纹到待测谱线之间的距离 l_{+1} 和 l_{-1},并取平均值求得 $\bar{l}_1$,将其代入式(3-41)求出 λ。然后选取第二级、第三级衍射谱线,依前法测出汞灯绿色和紫色光谱的波长,将数据填入表 3-9。将测出波长与公认值相比较,计算其误差。

2.选做部分

测量光栅的色散率。先测量第一级衍射绿光和紫光的衍射角之差,按式(3-37)求出光栅的色散率 D_1,再依同样方法求出 D_2 和 D_3,填入表 3-10,然后比较光栅色散率的变化。

【数据记录与处理】

衍射光栅测波长数据记录表如表 3-9 所示,光栅色散率数据记录表如表 3-10 所示。

表 3-9　衍射光栅测波长数据记录表

衍射级 k	谱　　线	l_k'	波长 λ
+1	绿色		
	紫色		
-1	绿色		
	紫色		
±1 级平均值	绿色		
	紫色		

表 3-10　光栅色散率数据记录表

谱　　线	$k=1$			$k=2$			$k=3$		
	$\Delta\lambda$	$\Delta\varphi$	D	$\Delta\lambda$	$\Delta\varphi$	D	$\Delta\lambda$	$\Delta\varphi$	D
绿色									
紫色									

【注意事项】

(1)光栅平面应与入射光方向垂直。

(2)不得用手直接接触光学元件的表面。

(3)眼睛不要直视汞灯。

【问题思考】

(1)光栅光谱和棱镜光谱有什么区别?

(2)光栅平面和入射光不完全垂直时,对实验有何影响?

(3)可调狭缝与透镜 L_2 之间的距离应符合什么条件?

(4)实验中可调狭缝起什么作用?

(5)光栅常数的大小对实验效果有何影响?

(6)导致光栅分辨率不高的主要原因有哪些?

(7)若光栅分辨率不够高,会导致什么样的结果?

(8)测微目镜为何要放在透镜 L_3 的焦平面上?

(9)如果没有本实验装置或分光计,你能否用 He-Ne 激光器和直尺测出光栅常数? 如果能,请简述你的实验方案,并动手试试。

实验 3-10　偏振光的产生和检验

光的偏振是指光的振动方向不变,或电矢量末端在垂直于传播方向的平面上的轨迹呈椭圆或圆的现象。光的偏振最早是牛顿在 1704—1706 年间引入光学的;光的偏振这一术语是马吕斯在 1809 年首先提出的,并且,他是在实验室发现了光的偏振现象;麦克斯韦在1865—1873 年间建立了光的电磁理论,从本质上说明了光的偏振现象。

光的偏振在光学计量、晶体性质的研究和实验应力分析等方面有广泛的应用。

【实验预习】

(1)什么是偏振光? 什么是圆偏振光、椭圆偏振光?

(2)布儒斯特定律和马吕斯定律。

(3)光的双折射现象。什么是 1/4 波片? 什么是 1/2 波片?

【实验目的】

(1)观察光的偏振现象,加深对偏振的基本概念的理解。

(2)了解偏振光的产生和检验方法。

(3)观测布儒斯特角及测定玻璃折射率。

(4)观测椭圆偏振光与圆偏振光。

(5)了解 1/2 波片和 1/4 波片的用途。

【实验原理】

光是电磁波,和其他电磁辐射一样,都是横波。它是由互相垂直的两个振动矢量即电场强度矢量 E 和磁场强度矢量 H 来表征的。因为引起人的视觉反应和光化学反应的是其电场强度矢量,所以通常将矢量 E 称作光矢量。

线偏振光是指在垂直于传播方向的平面内,光矢量只沿一个固定方向振动。

另一种偏振光,它的光矢量随时间做有规则的变化,该矢量末端在垂直于传播方向的平面上的轨迹是椭圆或圆,即椭圆偏振光或圆偏振光。

从一个实际光源发出的光,由于大量原子或分子的热运动和辐射的随机性,光矢量的取向和大小没有哪个方向特别占优势,呈现一种平均状态,这就是自然光。自然光是各方向的振幅相同的光,对自然光而言,它的振动方向在垂直于光的传播方向的平面内可取所有可能的方向,没有一个方向占有优势。若把所有方向的光振动都分解到相互垂直的两个方向上,则在这两个方向上的振动能量和振幅都相等。

介于自然光和线偏振光之间,有较多的光矢量趋向于某方向,就是部分偏振光。

起偏器是将非偏振光变成线偏振光的器件;检偏器是用于鉴别光的偏振状态的器件。

1.起偏和检偏、马吕斯定律

1)起偏和检偏

由二向色性晶体的选择吸收产生偏振。起偏与检偏原理如图 3-25 所示。

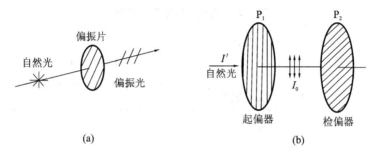

图 3-25　起偏和检偏原理

(a)偏振片起偏;(b)起偏和检偏

2)马吕斯定律

用强度为 I_0 的线偏振光入射,透过偏振片的光强为 I,有

$$I = I_0 \cos^2 \theta \tag{3-42}$$

式(3-42)称为马吕斯定律。θ 是入射光的矢量 $\boldsymbol{E}$ 振动方向和检偏器偏振化方向之间的夹角。以入射光线为轴转动偏振片,如果透射光强 I 有变化,且转动到某位置时 $I=0$,则表明入射光为线偏振光,此时 $\theta=90°$。

2.布儒斯特定律

光以任意角度入射到两种透明介质的分界面上,发生反射和折射时,都会产生部分偏振光。但当光从折射率为 n_1 的介质入射到折射率为 n_2 的介质交界面时(见图 3-26),如果入射角 i_B 满足

$$i_B = \arctan \frac{n_2}{n_1} \tag{3-43}$$

反射光就成为完全偏振光,其振动面垂直于入射面。这就是布儒斯特定律,i_B 叫作布儒斯特角或起偏角。

3.双折射和波片

自然光入射某些各向异性晶体(如冰洲石、石英等),同时分解成两束平面偏振光,以不同速度在晶体内传播的现象,称晶体双折射。如图 3-27 所示,两束折射光分成遵守折射定律的寻常光(o 光)和不遵守折射定律的非寻常光(e 光)。

冰洲石晶体中有一个固定方向(与通过 3 个钝角面会合的顶点,并和这 3 个面成等角的

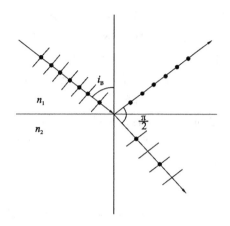

图 3-26　布儒斯特定律光路图

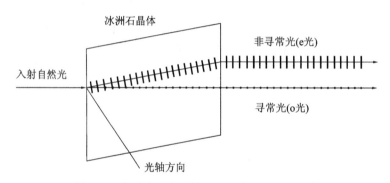

图 3-27　自然光垂直入射冰洲石发生双折射现象

直线相平行的方向)不发生双折射,该方向为晶体的光轴。在晶体内,对 o 光与 e 光分别与光轴所成的 o 光主平面和 e 光主平面而言,o 光振动方向垂直于自己的主平面,而 e 光的振动方向平行于自己的主平面。一般情况下,它们各自的主平面是不重合的,但夹角不大,因此用检偏器测出 o 光和 e 光的振动方向接近垂直。当把晶体磨成表面平行于光轴的晶片,并且自然光垂直其表面入射时,晶体内 e 光与 o 光沿同一方向传播,二者振动方向严格垂直,而传播速度相差最大。

　　若使线偏振光正入射上述晶片,它的光矢量可分解为垂直于光轴振动的 o 光和平行于光轴振动的 e 光(见图 3-28)。二者从晶片出射后有固定的相位差。晶片内这两个相互垂直的方向,因 o 光和 e 光速度不同而分别称为快轴和慢轴。在冰洲石中,$n_e < n_o$,e 光比 o 光快,故称平行于光轴方向的为快轴,垂直于光轴方向的为慢轴。设入射光振幅为 A,振动方向与光轴夹角为 θ,入射后 o 光和 e 光振幅分别为 $A\sin\theta$ 和 $A\cos\theta$,出射时相位差为

$$\Delta = \frac{2\pi}{\lambda}(n_o - n_e)d \tag{3-44}$$

式中:λ——真空中的波长;

　　n_o、n_e——晶体对 o 光和 e 光的折射率;

　　d——晶片厚度。

　　波片又称相位延迟片,是从单轴晶体中切割下来的平行平面板。因为波片内的速度 v_o、v_e 不同,所以 o 光和 e 光通过波片的光程也不同。当两光束通过波片后,o 光的相位相对于 e 光多延迟了 $\Delta = 2\pi(n_o - n_e)d/\lambda$。若满足 $(n_e - n_o)d = \pm\lambda/4$,即 $\Delta = \pm\pi/2$,该玻片称为 1/4

波片；若满足 $(n_e-n_o)d=\pm\lambda/2$，即 $\Delta=\pm\pi$，该玻片称为 1/2 波片；若满足 $(n_e-n_o)d=\pm\lambda$，即 $\Delta=2\pi$，该玻片称为全波片。

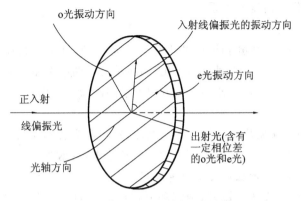

图 3-28　由冰洲石制作的波片示意图

【实验装置】

图 3-29 所示为偏振光的产生与检验实验装置图。除图中所示各光学元件外，还需要激光器、扩束器等。

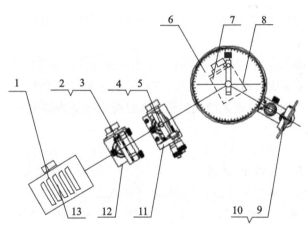

图 3-29　偏振光的产生与检验实验装置图

1—白光源；2—透镜 $L_1(f_1=150\text{ mm})$；3、5—二维架(SZ-07、SZ-08)；
4—测微狭缝(SZ-27)；6—光学测角台(SZ-47)；7、11、12、13—各种平移底座(SZ-02、SZ-03)；
8—黑玻璃镜；9—偏振片；10—旋转透镜架(SZ-06)

【实验内容与步骤】

(1)测布儒斯特角，定偏振片光轴。

如图 3-29 所示，使白光源灯丝位于透镜的焦平面上(此时两底座相距 162 mm)，近似平行的光束通过狭缝，向光学台分度盘中心的黑玻璃镜入射，并在台面上显出指向圆心的光迹。此时转动分度盘，对任意入射角，利用偏振片和 x 轴旋转二维架组成的检偏器检验反射光，转动 360°，观察部分偏振光的强度变化。而当光束以布儒斯特角 i_B 入射时，反射的线偏振光可被检偏器消除(对 $n=1.51$，$i_B\approx57°$ 而言)。该入射角需反复仔细校准。因线偏振光的振动面垂直于入射面，按检偏器消光方位可以定出偏振片的易透射轴。

（2）线偏振光分析。

使钠光通过偏振片起偏振，用装在光学测角台上（对准指标线）的偏振片在转动中检偏振，分析透过光强变化与角度的关系。

（3）椭圆偏振光分析。

使激光束通过扩束器、狭缝和黑镜产生线偏振光，再通过 1/4 波片之后，用装在光学测角台上的偏振片在旋转中观察透射光强变化，判断是否有两明两暗位置（注意与上一实验现象的不同之处）。在暗位置，检偏器的透振方向即椭圆的短轴方向。

（4）圆偏振光分析。

在透振轴正交的两偏振片之间加入 1/4 波片，旋转至透射光强恢复为 0 处，从该位置再转动 45°，即可产生圆偏振光。此时若用检偏器转动检查，透射光强是不变的。

注意：在第（3）和第（4）步骤应使用白屏观察。

（5）利用冰洲石镜及旋转透镜架，观察和分析该晶体的双折射现象。让自然光（例如钠光）通过支架上的一个小孔入射冰洲石晶体，用眼睛在适当距离能够看到光束一分为二；转动支架，又能判别 o 光和 e 光，进而用检偏器确定 o 光和 e 光偏振方向的关系。

【数据记录与处理】

（1）测布儒斯特角，定偏振片光轴。

（2）线偏振光分析。

（3）椭圆偏振光分析。

（4）圆偏振光分析。

（5）利用冰洲石镜及旋转透镜架，观察和分析该晶体的双折射现象。

将以上各部分的数据及观察到的现象记录在自行设计的表格中。

【问题思考】

（1）波长为 λ 的单色自然光，通过 1/4 波片，是否可能成为圆偏振光或椭圆偏振光？

（2）两块偏振片处于消光位置，再在它们之间插入第三块偏振片，且第三块偏振片的透光方向与第一块的透光方向成 45°、30°，哪一次光强大一些？原因是什么？

（3）迎着太阳驾车，路面的反光很耀眼，一种用偏振片做成的太阳镜能减弱甚至消除这种眩光。这种太阳镜较之普通的墨镜有什么优点？应如何设置它的偏振方向？

第4章　激光原理实验

4.1　概述

　　激光原理与技术在现代信息科学,特别是光电信息科学中占有重要地位,具有较强的理论性、实践性。本实验课程的系统学习,可进一步加深学生对专业基本理论的理解,提高学生理论联系实际的能力,奠定学生在实际学习工作中分析问题和解决问题的能力。

　　本实验课程的主要内容有:激光的产生、振荡、传输、模式、调 Q、倍频等技术及其应用。通过实验,学生可掌握基本的实验方法、实验技术及应用;熟悉常用光学和电子器件的配置、调整、组合等实验技术,并能对结果进行综合分析和评价;提高用实验方法综合研究激光问题的能力;并有利于学生建立注重实践、实事求是的科学态度。

4.2　实验

实验 4-1　He-Ne 激光器谐振腔调整及纵横模观测

【实验预习】

激光原理基础知识。

【实验目的】

　　(1)了解激光器的模式结构,加深对模式概念的理解。

　　(2)通过测试分析,掌握模式分析的基本方法。

　　(3)对本实验使用的分光仪器——共焦球面扫描干涉仪,了解其原理、性能,学会正确使用的方法。

【实验原理】

　　激光形成持续振荡的条件是,光在谐振腔内往返一周的光程差应是波长的整数倍,即

$$2\mu l = q\lambda_q \tag{4-1}$$

式中:μ——折射率,对气体 $\mu \approx 1$;

　　　l——腔长;

　　　q——正整数。

　　这正是光波相干的极大条件,满足此条件的光将获得极大增强。每一个 q 对应纵向一种稳定的电磁场分布,叫作一个纵模,q 称作纵模序数。q 是一个很大的数,通常我们不需要知道它的数值,而关心有几个不同的 q 值,即激光器有几个不同的纵模。式(4-1)也是驻波形成的条件,腔内的纵模是以驻波形式存在的,q 值反映的恰是驻波波腹的数目,纵模的频

率为

$$\nu_q = q \frac{c}{2\mu l} \tag{4-2}$$

同样,一般我们不去求它,而关心相邻两个纵模的频率间隔

$$\Delta \nu_{\Delta q=1} = \frac{c}{2\mu l} \approx \frac{c}{2l} \tag{4-3}$$

从式(4-3)中看出,相邻纵模频率间隔和激光器的腔长成反比,即腔越长,相邻纵模频率间隔越小,满足振荡条件的纵模个数越多;相反,腔越短,相邻纵模频率间隔越大,在同样的增益曲线范围内,纵模个数就越少。因而缩短腔长是获得单纵模运行激光器的方法之一。

光波在腔内往返振荡时,一方面有增益,使光不断增强;另一方面也存在多种损耗(如介质的吸收损耗、散射损耗,镜面的透射损耗,放电毛细管的衍射损耗等),使光强减弱。所以,不仅要满足谐振条件,还需要使增益大于各种损耗的总和,才能形成持续振荡,有激光输出。如图 4-1 所示,有 5 个纵模满足谐振条件,其中有 2 个纵模的增益小于损耗,所以,有 3 个纵模形成持续振荡。对于纵模的观测,由于 q 值很大,相邻纵模频率差异很小,一般的分光仪器无法分辨,必须使用精度较高的检测仪器才能观测到。

每一个衍射光斑对应一种稳定的横向电磁场分布,称为一个横模。图 4-2 给出了几种常见的基本横模光斑图样。我们所看到的复杂的光斑是这些基本光斑的叠加。激光的模式用 TEM_{mnq} 来表示,其中,m、n 为横模的标记,q 为纵模的标记。m 是沿 x 轴场强为零的节点数,n 是沿 y 轴场强为零的节点数。

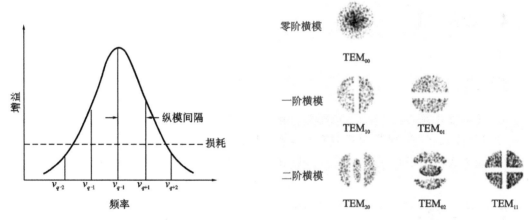

图 4-1　光的增益曲线　　　　　图 4-2　常见横模光斑图样

共焦球面扫描干涉仪是一种分辨率很高的分光仪器,它已成为激光技术中一种重要的测量设备。本实验就是通过它将彼此频率差异甚小(几十兆赫兹至几百兆赫兹),用一般光谱仪器无法分辨的各个不同的纵模、横模展现成频谱图来进行观测的。在本实验中,它起着关键作用。

共焦球面扫描干涉仪是一个无源谐振腔,它由两块球形凹面反射镜构成共焦腔,即两块反射镜的曲率半径和腔长 l 相等($R'_1 = R'_2 = l$)。反射镜镀有高反射率膜。两块反射镜中的一块是固定不变的,另一块固定在环的长度可随外加电压变化而变化的压电陶瓷环上,如图 4-3 所示。图 4-3 中的间隔圈由低膨胀系数材料制成,用以保持两球形凹面反射镜 R'_1 和 R'_2 总是处在共焦状态,图 4-3 中的压电陶瓷环的特性是,若在环的内外壁上加一定数值的

电压,环的长度将随之发生变化,而且长度的变化量与外加电压的幅度呈线性关系,这是扫描干涉仪工作的基本条件。由于长度的变化量很小,仅为波长数量级,所以,外加电压不会改变腔的共焦状态。但是当线性关系不好时,会给测量带来一定误差。

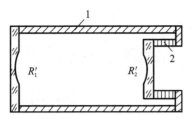

图 4-3　共焦球面扫描干涉仪内部结构示意图

1—间隔圈；2—压电陶瓷环

当一束激光以近光轴方向射入扫描干涉仪后,在共焦腔中经 4 次反射呈 X 形路径,光程约为 $4l$,如图 4-4 所示。光在腔内每走一个周期都会有一部分光从镜面透射出去。如在 A、B 两点,形成一束束透射光 1、2、3…和 1′、2′、3′…我们在压电陶瓷环上加一线性电压,当外加电压使腔长变化到某一长度 l_a,从而使相邻两次透射光束的光程差是入射光中模波长为 λ_a 这条谱线波长的整数倍时,即满足

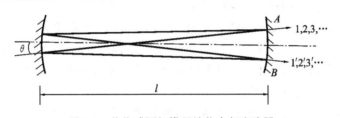

图 4-4　共焦球面扫描干涉仪内部光路图

$$4l_a = k\lambda_a \tag{4-4}$$

模 λ_a 将产生相干极大透射(k 为扫描干涉仪的干涉序数,为一个正整数),而其他波长的模则不能透过。同理,外加电压又可使腔长变化到 l_b,使模 λ_b 极大透过,而 λ_a 等其他模又不能透过。因此,透射极大的波长值与腔长值之间有一一对应关系。只要有一定幅度的电压来改变腔长,就可以使激光器具有的所有不同波长(或频率)的模依次相干极大透过,形成扫描。

【实验装置】

实验装置如图 4-5 所示。实验装置的各组成部分说明如下：

(1)待测 He-Ne 激光器。

(2)激光电源。

(3)小孔光阑。

(4)共焦球面扫描干涉仪。该扫描干涉仪使激光器的各个模按波长(或频率)展开,其透射光中心波长为 632.8 nm。仪器上有四个鼓轮,其中两个鼓轮用于调节腔的上下、左右位置,另外两个鼓轮用于调节腔的方位。

(5)驱动器。驱动器电压除了加在该扫描干涉仪的压电陶瓷环上,还同时输出到示波器的 x 轴作同步扫描。为了便于观察,我们希望能够移动干涉序的中心波长在频谱图中的位置,以使每个序中所有的模式能完整地展现在示波器的荧光屏上。为此,驱动器还增设了一

个直流偏置电路,用以改变扫描电压的起点。

(6)光电二极管。将该扫描干涉仪输出的光信号转变成电信号,并输入到示波器 y 轴。

(7)示波器。用于观测 He-Ne 激光器的频谱图。

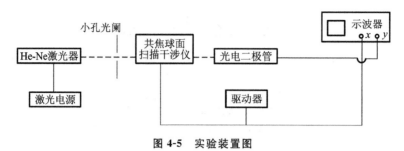

图 4-5　实验装置图

【实验内容与步骤】

(1)按实验装置图 4-5 连接线路。经检查无误,方可进行实验。

(2)开启激光电源。

(3)用直尺测量共焦球面扫描干涉仪光孔的高度。调节 He-Ne 激光器的高低、仰俯,使激光束与光学平台的表面平行,且与扫描干涉仪的光孔大致等高。

(4)使激光束通过小孔光阑。调节扫描干涉仪的上下、左右位置,使激光束正入射到扫描干涉仪中,再细调扫描干涉仪上的四个鼓轮,使其腔镜反射回来的光点回到光阑的小孔附近(不要使光点回到光阑的小孔中),且使反射光斑的中心与光阑的小孔大致重合,这时入射光束与扫描干涉仪的光轴基本平行。

(5)开启扫描干涉仪驱动器和示波器的电源开关。调节驱动器输出电压的大小(即调节"幅度"旋钮)和频率,在光屏上可以看到激光经过扫描干涉仪后形成的光斑。

注意:如果在光屏上形成两个光斑,要在保持反射光斑的中心与光阑的小孔大致重合的条件下,调节扫描干涉仪的鼓轮,使经过扫描干涉仪后形成的两个光斑重合。

(6)降低驱动器的频率,观察光屏上的干涉条纹,调节干涉仪上的四个鼓轮,使干涉条纹最宽。

注意:调节过程中,要保持反射光斑的中心与光阑的小孔大致重合。

(7)将光电二极管对准扫描干涉仪输出光斑的中心,调高驱动器的频率,观察示波器上展现的频谱图。进一步细调扫描干涉仪的鼓轮及光电二极管的位置,使谱线尽量强。

(8)根据干涉序个数和频谱的周性期,确定哪些模属于同一个干涉序。

(9)改变驱动器的输出电压(即调节"幅度"旋钮),观察示波器上干涉序数目的变化。改变驱动器的扫描电压起点(即调节"直流偏置"旋钮),可使某一个干涉序或某几个干涉序的所有模式完整地展现在示波器的荧光屏上。

(10)根据自由光谱范围的定义,确定哪两条谱线之间对应着自由光谱范围 $\Delta\nu_{S.R.}$(本实验使用的扫描干涉仪的自由光谱范围 $\Delta\nu_{S.R.} = 2.5\ GHz$)。测出示波器荧光屏上与 $\Delta\nu_{S.R.}$ 相对应的标尺长度,计算出二者的比值,即示波器荧光屏上 1 mm 对应的频率间隔值。

(11)在同一干涉序内,根据纵模定义,测出纵模频率间隔 $\Delta\nu_{\Delta q=1}$。将测量值与理论值相比较(待测激光器的腔长 l 由实验室给出)。

(12)确定示波器荧光屏上频率增加的方向,以便确定在同一纵模序数内哪个模是基横模,哪些模是高阶横模。

提示:激光器刚开启时,放电管温度逐渐升高,腔长 l 逐渐增大,根据式(4-2),ν_q 逐渐变小。在示波器荧光屏上可以观察到谱线向频率减小的方向移动,所以,其反方向就是示波器荧光屏上频率增加的方向。

(13)测出不同横模的频率间隔 $\Delta\nu_{\Delta m + \Delta n}$,并与理论值相比较,检查辨认是否正确,确定 $\Delta m + \Delta n$ 的数值。

注:谐振腔两个反射镜的曲率半径 R'_1、R'_2 由实验室给出。

(14)观察激光束在远处光屏上的光斑形状。这时看到的应是所有横模的叠加图,需结合图 4-2 中单一横模的形状加以辨认,确定出每个横模的模序,即每个横模的 m、n 值。

【数据记录与处理】

根据实验内容,观测并记录纵模和横模相关信息。

【注意事项】

(1)实验过程中要注意眼睛的防护,绝对禁止用眼睛直视激光束。

(2)开启或关闭扫描干涉仪的驱动器时,必须先将"幅度"旋钮置于最小值(逆时针方向旋转到底),以免损坏扫描干涉仪。

【问题思考】

示波器荧光屏上频率表示什么意思?

实验 4-2　激光的束腰半径大小测量

【实验预习】

激光高斯光束的特征及特征参量。

【实验目的】

(1)熟悉基模光束特性。

(2)掌握高斯光束强度分布的测量方法。

(3)测量高斯光束的远场发散角。

【实验原理】

电磁场运动的普遍规律可用麦克斯韦方程组来描述。对于稳态传输,光频电磁场可以归结为对光现象起主要作用的光矢量所满足的波动方程,在标量场近似条件下,可以简化为亥姆霍兹方程,高斯光束是亥姆霍兹方程在缓变振幅近似下的一个特解,它可以足够好地描述激光光束的性质。使用高斯光束的复参数表示和 ABCD 定律能够统一而简洁地处理高斯光束在腔内、外的传输变换问题。

在缓变振幅近似下求解亥姆霍兹方程,可以得到高斯光束的一般表达式:

$$A(r,z) = \frac{A_0 \omega_0}{\omega(z)} e^{\frac{-r^2}{\omega^2(z)}} \cdot e^{-i\left[\frac{kr^2}{2R(z)} - \Psi(z)\right]}$$

$$(4-5)$$

式中:A_0——振幅常数;

ω_0——场振幅减小到最大值的 $1/e$ 时的 r 值,称为腰斑,它是高斯光束光斑半径的最小值;

$\omega(z)$、$R(z)$、Ψ——高斯光束的光斑半径、等相面曲率半径、相位因子,是描述高斯光束的三个重要参数。

$\omega(z)$、$R(z)$、Ψ 具体表达式分别为

$$\omega(z)=\omega_0\sqrt{1+\left(\frac{z}{Z_0}\right)^2} \tag{4-6}$$

$$R(z)=Z_0\left(\frac{z}{Z_0}+\frac{Z_0}{z}\right) \tag{4-7}$$

$$\Psi(z)=\arctan\frac{z}{Z_0} \tag{4-8}$$

式中:Z_0——瑞利长度或共焦参数(也有用 f 表示),$Z_0=\frac{\pi\omega_0^2}{\lambda}$。

(1)高斯光束在 $z=$ 常数的面内,场振幅以高斯函数 $\mathrm{e}^{-\frac{r^2}{\omega^2(z)}}$ 的形式从中心向外平滑地减小,因而光斑半径 $\omega(z)$ 随坐标 z 按双曲线

$$\frac{\omega^2(z)}{\omega_0^2}-\frac{z}{Z_0}=1 \tag{4-9}$$

规律向外扩展,如图 4-6 所示。

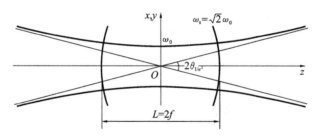

图 4-6　高斯光束光斑半径与坐标的变化规律

(2)在式(4-5)中令相位部分等于常数,并略去 $\Psi(z)$ 项,可以得到高斯光束的等相面方程:

$$\frac{r^2}{2R(z)}+z=常数 \tag{4-10}$$

因而,可以认为高斯光束的等相面为球面。

(3)瑞利长度的物理意义:当 $|z|=Z_0$ 时,$\omega(Z_0)=\sqrt{2}\omega_0$。在实际应用中通常取 $-Z_0\leqslant z\leqslant Z_0$ 范围为高斯光束的准直范围,即在这段长度范围内,高斯光束近似认为是平行的。所以,瑞利长度越长,就意味着高斯光束的准直范围越大,反之亦然。

(4)高斯光束远场发散角 θ_0 的一般定义为当 $z\rightarrow\infty$ 时,高斯光束振幅减小到中心最大值 $1/e$ 处与 z 轴的交角,表示为

$$\theta_0=\lim_{z\rightarrow\infty}\frac{\omega(z)}{z}$$

$$=\frac{\lambda}{\pi\omega_0} \tag{4-11}$$

【实验装置】

He-Ne 激光器,光电二极管,CCD,CCD 光闸,偏振片,计算机。

【实验内容与步骤】

(1)开启 He-Ne 激光器,调整高低和俯仰,使其输出光束与导轨平行,可通过前后移动一个带小孔的支杆实现。

(2)启动计算机,运行 BeamView 激光光束参数测量软件。

(3)He-Ne 激光器输出的光束测定及模式分析。使激光束垂直入射到 CCD 靶面上,在软件上看到形成的光斑图案,在 CCD 前的 CCD 光闸中加入适当的衰减片。可利用激光光束参数测量软件分析激光束的模式,判定其输出的光束为基模高斯光束还是高阶横模式。

(4)He-Ne 激光器输出的光束束腰位置的确定。前后移动 CCD 探测器,利用激光光束参数测量软件观测不同位置的光斑大小,光斑最小位置处即激光束的束腰位置。

【数据记录与处理】

本实验测量数据记录表如表 4-1 所示。每组数据测 7 次,保留 5 个有效数据求平均值,单位是 μm。

表 4-1　测量数据记录表

次　　数	$\omega(z_1)$	$\omega(z_2)$	$\omega(z_3)$	$\omega(z_4)$	$\omega(z_5)$	ω_0
1						
2						
3						
4						
5						
平均值						

【注意事项】

(1)实验过程中要注意眼睛的防护,绝对禁止用眼睛直视激光束。

(2)射入 CCD 的激光不能太强,以免烧坏芯片。

【问题思考】

能不能利用现有的仪器设计另一种方法测量高斯光束的发散角?

实验 4-3　高斯光束的透镜变换实验

【实验预习】

高斯光束特性。

【实验目的】

(1)掌握高斯光束经过透镜后的光斑变化。

（2）理解高斯光束传输过程。

【实验原理】

由实验 4-2 的实验原理可知,高斯光束可以用复参数 q 表示,定义 $\dfrac{1}{q}=\dfrac{1}{R}-\mathrm{i}\dfrac{\lambda}{\pi\omega^2}$,可得到 $q=z+\mathrm{i}Z_0$,因而式(4-5)可以改写为

$$A(r,q)=A_0\frac{\mathrm{i}Z_0}{q}\mathrm{e}^{-kr^2/2q} \tag{4-12}$$

此时,$\dfrac{1}{R}=\mathrm{Re}\left(\dfrac{1}{q}\right)$,$\dfrac{1}{\omega^2}=-\dfrac{\pi}{\lambda}\mathrm{Im}\left(\dfrac{1}{q}\right)$。

高斯光束通过变换矩阵为 $\boldsymbol{M}=\begin{pmatrix} A & B \\ C & D \end{pmatrix}$ 的光学系统后,其复参数会改变,由 q_1 变换为 q_2:

$$q_2=\frac{Aq_1+B}{Cq_1+D} \tag{4-13}$$

因而,在已知光学系统变换矩阵参数的情况下,采用高斯光束的复参数表示法可以简洁快速地求得变换后的高斯光束的特性参数。

【实验装置】

He-Ne 激光器,光学导轨,光电二极管,CCD,CCD 光阑,偏振片,高斯光束变换透镜组件,图像采集卡、BeamView 激光光束参数测量软件。

【实验内容与步骤】

（1）开启 He-Ne 激光器开启,调整高低和俯仰,使其输出光束与导轨平行,可通过前后移动一个带小孔的支杆实现。

（2）启动计算机,运行 BeamView 激光光束参数测量软件。

（3）He-Ne 激光器输出的光束测定及模式分析。使激光束垂直入射到 CCD 靶面上,在软件上看到形成的光斑图案,在 CCD 前的 CCD 光阑中加入适当的衰减片。可利用激光光束参数测量软件分析激光束的模式,判定其输出的光束为基模高斯光束还是高阶横模式。

（4）He-Ne 激光器输出的光束束腰位置确定。前后移动 CCD 探测器,利用激光光束参数测量软件观测不同位置的光斑大小,光斑最小位置处即激光束的束腰位置。

（5）在束腰位置后面 L_1 处放置一透镜,观察经过透镜后激光光束的变化情况,并测量放置透镜后的束腰位置及光斑大小。

（6）利用 $\boldsymbol{M}=\begin{pmatrix} A & B \\ C & D \end{pmatrix}$ 变换矩阵验证。

【数据记录与处理】

自行设计数据记录表格。

【注意事项】

（1）实验过程中要注意眼睛的防护,绝对禁止用眼睛直视激光束。

(2)射入 CCD 的激光不能太强,以免烧坏芯片。

【问题思考】

分析实验的误差来源。

实验 4-4　固体激光器参数测量

【实验预习】

半导体泵浦固体激光器原理与结构。

【实验目的】

(1)了解半导体泵浦固体激光器结构。

(2)以 808 nm 半导体泵浦 Nd:YVO₄激光器为研究对象,调整激光器光路,在腔中插入 KTP 晶体产生 532 nm 倍频激光,观察倍频现象,测量阈值、相位匹配等基本参数。

【实验原理】

光的倍频是一种最常用的扩展波段的非线性光学方法。激光倍频是将频率为 ω 的光,通过晶体中的非线性作用,产生频率为 2ω 的光。

当光与物质相互作用时,物质中的原子会因感应而产生电偶极矩。单位体积内的感应电偶极矩叠加起来,形成电极化强度矢量。电极化强度产生的极化场发射出次级电磁辐射。当外加光场的电场强度比物质原子的内场强小得多时,物质感生的电极化强度与外界电场强度成正比:

$$P = \varepsilon_0 E \tag{4-14}$$

在激光出现之前,当有几种不同频率的光波同时与该物质作用时,各种频率的光都线性独立地反射、折射和散射,满足波的叠加原理,不会产生新的频率。

当外界光场的电场强度足够大(如激光)时,物质对光场的响应与场强具有非线性关系:

$$P = \alpha E + \beta E^2 + \gamma E^3 + \cdots \tag{4-15}$$

式中:$\alpha,\beta,\gamma,\cdots$——与物质有关的系数,且逐次减小,它们数量级之比为

$$\frac{\beta}{\alpha} = \frac{\gamma}{\beta} = \cdots = \frac{1}{E_{原子}} \tag{4-16}$$

式中:$E_{原子}$——原子中的电场,其量级为 10^8 V/cm。但是式(4-16)中的非线性项 E^2、E^3 等均是小量,可忽略,如果 E 很大,非线性项就不能忽略。

考虑电场的平方项

$$E = E_0 \cos\omega t \tag{4-17}$$

$$P^{(2)} = \beta E^2 = \beta E_0^2 \cos^2\omega t = \beta \frac{E_0^2}{2}(1 + \cos 2\omega t) \tag{4-18}$$

式(4-18)中出现直流项和二倍频项 $\cos 2\omega t$,直流项称为光学整流,当激光以一定角度入射到倍频晶体时,在晶体产生倍频光,产生倍频光的入射角称为匹配角。

倍频光的转换效率为倍频光与基频光的光强比,通过非线性光学理论可以得到:

$$\eta = \frac{I_{2\omega}}{I_\omega} \propto \beta L^2 I_\omega \frac{\sin^2(\Delta k l/2)}{(\Delta k l/2)} \tag{4-19}$$

式中：l——晶体长度；

I_ω、$I_{2\omega}$——入射的基频光、输出的倍频光的光强；

$\Delta k = k_\omega - 2k_{2\omega}$，$k_\omega$、$k_{2\omega}$——分别为基频光和倍频光的传播矢量的大小。

在正常色散的情况下，倍频光的折射率 $n_{2\omega}$ 总是大于基频光的折射率，所以相位失配，双折射晶体中 o 光和 e 光的折射率不同，且 e 光的折射率随着其传播方向与光轴间夹角的变化而改变，可以利用双折射晶体中 o 光、e 光间的折射率差来补偿介质对不同波长光的正常色散，实现相位匹配。

【实验装置】

实验装置图如图 4-7 所示。主要元件如下：

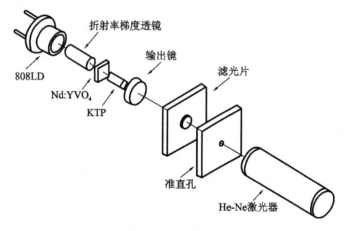

图 4-7　实验装置图

(1)808 nm 半导体激光器，功率≤500 mW；

(2)半导体激光器可调电源，电流为 0～500 mA；

(3)Nd:YVO$_4$ 晶体，规格为 3 mm×3 mm×1 mm；

(4)KTP 倍频晶体，规格为 2 mm×2 mm×5 mm；

(5)输出镜（前腔片），$\varphi 6$，$R=50$ mm；

(6)光功率指示仪，功率为 2 μW～200 mW，6 挡。

实验使用 808LD 泵浦晶体得到 1.064 μm 近红外激光，再用 KTP 晶体进行腔内倍频得到 0.53 μm 的绿激光，长度为 1 mm，掺杂原子分数为 3%、α 轴向切割的 Nd:YVO$_4$ 晶体作为工作介质，入射到内部的光约 95% 被吸收，采用 Ⅱ 类相位匹配 2 mm×2 mm×5 mm 的 KTP 晶体作为倍频晶体，它的通光面同时对 1.064 μm、0.53 μm 高透，采用端面泵浦以提高空间耦合效率，用等焦距为 3 mm 的梯度折射率透镜收集 808LD 激光聚焦成 0.1 μm 的细光束，使光束束腰在 Nd:YVO$_4$ 晶体内部，谐振腔为平凹型，后腔片受热后弯曲。输出镜（前腔片）用 K9 玻璃，R 为 50 mm，对 808.5 nm、1.064 μm 高反，0.53 μm 增透。用 632.8 nm He-Ne 激光器作准直光源。

【实验内容与步骤】

激光器光路调整步骤如下。

（1）将 808LD 固定在二维调节架上，使 He-Ne 激光器 632.8 nm 红光通过白屏小孔聚到折射率梯度透镜上，和小孔及 808LD 在同一轴线上。

（2）将 Nd:YVO₄ 晶体安装在二维调节架上，使红光通过晶体并使返回的光点通过小孔。

（3）将输出镜（前腔片）固定在四维调节架上。调节输出镜使返回的光点通过小孔。对于有一定曲率的输出镜，会有几个光斑，应区分出从球心返回的光斑。

（4）在 Nd:YVO₄ 晶体和输出镜之间插入 KTP 倍频晶体，接通电源，调节多圈电位器。

（5）产生 532 nm 倍频绿激光。调节输出镜、LD 调节架，使 532 nm 绿光功率最大。

【数据记录与处理】

（1）改变半导体输入电流大小，按表 4-2 记录输出光强，取 5 组有效数据，并画出关系曲线。

表 4-2　测量数据记录表(1)

次数	1	2	3	4	5
输入电流 I					
输出光强 P					

（2）改变倍频晶体角度，按表 4-3 记录 5 组数据，确定最佳匹配角。

表 4-3　测量数据记录表(2)

次数	1	2	3	4	5
晶体角度 θ					
输出光强 P					

【注意事项】

（1）实验过程中要注意眼睛的防护，绝对禁止用眼睛直视激光束。

（2）射入 CCD 的激光不能太强，以免烧坏芯片。

【问题思考】

倍频晶体的匹配角跟什么有关？

实验 4-5　光拍法测光速

【实验预习】

了解拍频。

【实验目的】

(1) 掌握光拍频法测量光速的原理和实验方法,并对声光效应有初步了解。

(2) 通过测量光拍的波长和频率来确定光速。

【实验原理】

1. 光拍的形成及其特征

根据振动叠加原理,频差较小、速度相同的两列同向传播的简谐波叠加即形成拍。若有振幅相同为 E_0、圆频率分别为 ω_1 和 ω_2(频差 $\Delta\omega = \omega_1 - \omega_2$ 较小)的两光束:

$$E_1 = E_0\cos(\omega_1 t - k_1 x + \varphi_1) \tag{4-20}$$

$$E_2 = E_0\cos(\omega_2 t - k_2 x + \varphi_2) \tag{4-21}$$

式中:k_1、k_2——波数,$k_1 = 2\pi/\lambda_1$,$k_2 = 2\pi/\lambda_2$;

φ_1、φ_2——初相位。

若这两列光波的偏振方向相同,则叠加后形成总场为

$$E = E_1 + E_2 = 2E_0\cos\left[\frac{\omega_1 - \omega_2}{2}\left(t - \frac{x}{c}\right) + \frac{\varphi_1 - \varphi_2}{2}\right] \times \cos\left[\frac{\omega_1 + \omega_2}{2}\left(t - \frac{x}{c}\right) + \frac{\varphi_1 + \varphi_2}{2}\right] \tag{4-22}$$

的拍频波,称 Δf 为拍频,且 $\Delta f = \dfrac{\omega_1 - \omega_2}{4\pi}$,$\Lambda = \Delta\lambda = \dfrac{c}{\Delta f}$ 为拍频波的波长。

式(4-22)描述的是沿 x 轴方向的前进波,其圆频率为 $(\omega_1 + \omega_2)/2$,振幅为 $2E_0\cos\left[\dfrac{\Delta\omega}{2}\left(t - \dfrac{x}{c}\right) + \dfrac{\varphi_1 - \varphi_2}{2}\right]$。

2. 光拍信号的检测

用光电检测器(如光电倍增管等)接收光拍频波,可把光拍信号变为电信号。因为光电检测器光敏面上光照反应所产生的光电流与光强(即电场强度的平方)成正比,即

$$i_0 = gE^2 \tag{4-23}$$

式中:g——接收器的光电转换常数。

光波的频率 $f_0 > 10^{14}$ Hz;光电检测器的光敏面响应频率一般 $\leqslant 10^9$ Hz。因此检测器所产生的光电流都只能是在响应时间 $\tau\left(\dfrac{1}{f_0} < \tau < \dfrac{1}{\Delta f}\right)$ 内的平均值。

$$\bar{i}_0 = \frac{1}{\tau}\int_\tau i_0\,\mathrm{d}t = \frac{1}{\tau}\int_\tau i_0\,\mathrm{d}t = = gE^2\left\{1 + \cos\left[\Delta\omega\left(t - \frac{x}{c}\right) + \Delta\varphi\right]\right\} \tag{4-24}$$

展开后高频项为零,只留下常数项和缓变项,缓变项即光拍频波信号,$\Delta\omega$ 是与拍频 Δf 相应的角频率,$\Delta\varphi = \varphi_1 - \varphi_2$ 为初相位。

可见光电检测器输出的光电流包含直流和光拍信号两种成分。滤去直流成分,检测器输出频率为拍频 Δf、初相位 $\Delta\varphi = \varphi_1 - \varphi_2$、相位与空间位置有关的光拍信号(见图 4-8)。

3. 光拍的获得

为产生光拍频波,要求相叠加的两光波具有一定的频差。这可通过声波与光波相互作用产生声光效应来实现。介质中的超声波能使介质内部产生应变,从而引起介质折射率的

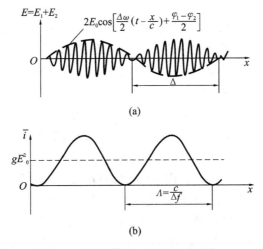

(a)

(b)

图 4-8 拍频波场任一时刻的空间分布

周期性变化,使介质成为一个相位光栅。当入射光通过该介质时发生衍射,其衍射光的频率与声频有关。这就是所谓的声光效应。本实验是用超声波在声光介质与 He-Ne 激光束产生声光效应来实现的。具体方法有两种,分别介绍如下。

1)行波法

如图 4-9(a)所示,在声光介质与声源(压电换能器)相对的端面敷以吸声材料,防止声反射,以保证只有声行波通过介质;当激光束通过相当于相位光栅的介质时,产生对称多级衍射和频移,第 L 级衍射光的圆频率为

$$\omega_L = \omega_0 + L\Omega$$

式中:ω_0——入射光的圆频率;

Ω——超声波的圆频率;

L——衍射极,$L = 0, \pm 1, \pm 2, \cdots$。

利用适当的光路使 0 级与 +1 级衍射光汇合起来,沿同一条路径传播,即可产生频差为 Ω 的光拍频波。

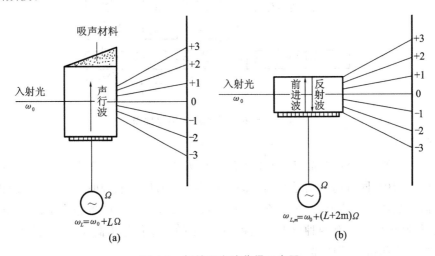

图 4-9 相拍两光波获得示意图

2)驻波法

如图 4-9(b)所示,在声光介质与声源相对的端面敷以声反射材料,以增强声反射。沿超声传播方向,当介质的厚度恰为超声半波长的整数倍时,前进波与反射波在介质中形成驻波超声场,这样的介质也是一个超声相位光栅,激光束通过时也要发生衍射,且衍射效率比行波法要高。第 L 级衍射光的圆频率为

$$\omega_{Lm}=\omega_0+(L+2m)\Omega \tag{4-25}$$

若超声波功率信号源的频率为 $f=\Omega/2\pi$,则第 L 级衍射光的频率为

$$f_{Lm}=f_0+(L+2m)f \tag{4-26}$$

式中:L、$m=0,\pm1,\pm2,\cdots$。可见,除不同衍射级的光波产生频移外,在同一级衍射光内也有不同频率的光波。因此,用同一级衍射光就可获得不同的拍频波。例如,选取第 1 级(或 0 级),由 $m=0$ 和 $m=-1$ 的两种频率成分叠加,可得到拍频为 $2f$ 的拍频波。

本实验采用驻波法。驻波法衍射效率高,并且不需要特殊的光路使两级衍射光沿同向传播,在同一级衍射光中即可获得拍频波。

4.光速 c 的测量

通过实验装置获得两束光拍信号,在示波器上对两光拍信号的相位进行比较,测出两光拍信号的光程差及各自的频率,从而间接测出光速值。

假设两束光的光程差为 L,对应的光拍信号的相位差为 $\Delta\varphi=\varphi_1-\varphi_2$,当两光拍信号的相位差为 2π 时,即光程差为拍频波的波长 $\Delta\lambda$ 时,示波器荧光屏上的两光束的波形就会完全重合。由公式 $c=\Delta\lambda\Delta f=L(2f)$ 便可测得光速值 c,式中 f 为功率信号发生器的振荡频率。

【实验装置】

本实验所用仪器有 CG-Ⅳ 型光速测定仪、示波器和数字频率计各一台。

1.光拍法测光速的电原理

光拍法测光速的电原理如图 4-10 所示。

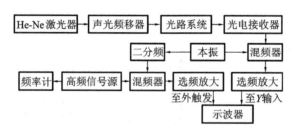

图 4-10　光拍法测光速的电原理图

1)发射部分

长 250 mm 的 He-Ne 激光管输出激光的波长为 632.8 nm、功率大于 1 mW 的激光束,射入声光移频器中,同时高频信号源输出的频率为 15 MHz 左右、功率 1 W 左右的正弦信号加在频移器的晶体换能器上,在声光介质中产生声驻波,使介质产生相应的疏密变化,形成一相位光栅,则出射光具有两种以上的光频,其产生的光拍信号为高频信号的倍频。

2)光电接收和信号处理部分

由光路系统射出的拍频光,经光电二极管接收并转化为频率为光拍频的电信号,输入至

混频器。该信号与本机振荡信号混频,选频放大,输出到示波器的 Y 输入端。与此同时,高频信号源的另一路输出信号与经过二分频后的本振信号混频,选频放大后作为示波器的外触发信号。需要指出的是,如果使用示波器内触发,将不能正确显示两路光波之间的相位差。

3)电源

激光电源采用倍压整流电路,工作电压部分采用大电解电容,使之有一定的电流输出,触发电压采用小容量电容,利用其时间常数小的性质,使该部分电路在有工作负载的情况下形同短路,结构简洁。±12 V 电源采用三端固定集成稳压器件,负载大于 300 mA,供给光电接收器和信号处理部分以及功率信号源。±12 V 降压调节处理后供给斩光器的小电动机。

2.光拍法测光速的光路

图 4-11 所示为 CG-Ⅳ型光速测定仪的结构和光路图。

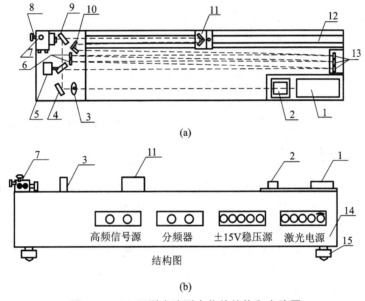

(a)

结构图

(b)

图 4-11　CG-Ⅳ型光速测定仪的结构和光路图

(a)光路图;(b)结构图

1—He-Ne 激光器;2—声光频移器;3—光阑;4—全反射;5—斩光器;6—反光镜;7—光电接收器盒;8—调节装置;9—半反镜;10—反射镜组;11—正交反射镜组;12—导轨;13—反光镜;14—机箱;15—调节螺栓

实验中,用斩光器依次切断远程光路和近程光路,则在示波器显示屏上依次交替显示两光路的拍频信号正弦波形。但由于视觉暂留,我们会"同时"看到它们的信号。调节两路光的光程差,当光程差恰好等于一个拍频波长 $\Delta\lambda$ 时,两正弦波的位相差恰为 2π,波形第一次完全重合,从而 $c=\Delta\lambda\Delta f=L(2f)$。由光路测得 L,用数字频率计测得高频信号源的输出频率 f,根据上式可得出空气中的光速 c。因为实验中的拍频波长约为 1 m,为了使装置紧凑,远程光路采用折叠式,如图 4-11(a)所示。实验用圆孔光阑取出第 0 级衍射光产生拍频波,将其他级衍射光滤掉。

【实验内容与步骤】

(1)调节光速测定仪底脚螺丝,使仪器处于水平状态。

(2)正确连接线路,使示波器处于外触发工作状态,接通激光电源,调节电流至 5 mA,接通 15 V 直流稳压电源,预热 15 min 后,使它们处于稳定工作状态。

（3）使激光束水平通过通光孔与声光介质中的驻声场充分互相作用（已调好不用再调），调节高频信号源的输出频率（15 MHz 左右），使激光器产生二级以上最强衍射光斑。

（4）光阑高度与光路反射镜中心等高，使 0 级衍射光通过光阑入射到相邻反射镜的中心（如已调好不用再调）。

（5）用斩光器挡住远程光，调节全反镜和半反镜，使近程光沿光电二极管前透镜的光轴入射到光电二极管的光敏面上，打开光电接收器盒上的窗口观察激光是否进入光敏面，这时示波器显示屏上应有与近程光束相应的经分频的光拍波形出现。

（6）用斩光器挡住近程光，调节半反镜、全反镜和正交反射镜组，激光束经半反镜与近程光同路入射到光电二极管的光敏面上，这时示波器显示屏上应有与远程光束相应的经分频的光拍波形出现。

注意：（5）、（6）两步应反复调节，直到达到要求为止。

（7）在光电接收器盒上有两个旋钮，调节这两个旋钮可以改变光电二极管的方位，使示波器显示屏上显示的两个波形振幅最大且相等，如果它们的振幅不相等，再调节光电二极管前的透镜，改变入射到光敏面上的光强大小，使近程光束和远程光束的幅值相等。

（8）缓慢移动导轨上装有正交反射镜组的滑块，改变远程光束的光程，使示波器显示屏中两束光的正弦波形完全重合（相位差为 2π）。此时，两路光的光程差等于拍频波长 $\Delta\lambda$。

【数据记录与处理】

记下频率计上的读数 f，实验中应随时注意保证 f（5 位有效数字）稳定，如发生变化，应立即调节声光移频器面板上的"频率"旋钮，保持 f 在整个实验过程中的稳定。

先将棱镜小车 A（正交反射镜组的滑块）定位于导轨 A 刻度尺初始处（比如 5 mm 处），这个起始值记为 $D_A(0)$。从导轨 B 最左端开始拉动棱镜小车 B（正交反射镜组的滑块），当示波器显示屏上的两条正弦波完全重合时，记下棱镜小车 B 在导轨 B 上的读数，反复重合 5 次，取这 5 次的平均值，记为 $D_B(0)$。

将棱镜小车 A 逐步向右拉，定位于导轨 A 右端某处（比如 535 mm 处，为了计算方便），这个值记为 $D_A(2\pi)$；再将棱镜小车 B 向右拉动，当示波器上的两条正弦波再次完全重合时，记下棱镜小车 B 在导轨 B 上的读数，反复重合 5 次，取这 5 次的平均值，记为 $D_B(2\pi)$。

将上述各值填入表 4-4，计算出光速 c。

表 4-4　实验数据记录表

次数	$D_A(0)$ /mm	$D_A(2\pi)$ /mm	$D_B(0)$ /mm	$D_B(2\pi)$ /mm	f /MHz	$c = 2 \times f \times [2 \times (D_B(2\pi) - D_B(0)) + 2 \times (D_A(2\pi) - D_A(0))]/(\text{m/s})$	误差/（%）
1							
2							
3							
4							
5							

注：光在真空中的传播速度为 2.99792×10^8 m/s。

【注意事项】

(1)实验过程中要注意眼睛的防护,绝对禁止用眼睛直视激光束。

(2)切勿用手或其他污物接触光学表面。

【问题思考】

(1)什么是光拍频波?

(2)斩光器的作用是什么?

(3)分析本实验的主要误差来源,并讨论提高测量精度的方法。

第5章　光电技术基础实验

5.1　概述

　　光电技术作为信息科学的一个分支,它将传统的光学技术与现代微电子技术、精密机械以及计算机技术紧密结合在一起,成为获取光信息或借助光提取其他信息的重要手段。

　　随着光电技术的快速发展,新技术、新器件不断出现,目前光电技术已渗透到许多科学领域。特别是近年来,光电技术广泛应用于军事、工农业和家庭生活等各领域,在这些应用领域中,几乎都涉及将光辐射信息转换为电信息的问题,即光辐射的检测问题,因而光电检测技术是光电技术的核心和重要组成部分。光电检测具有非接触、实时和高精度等特点,其技术近年来发展迅猛。

　　光电技术涵盖光电转换器件、光学检测技术、激光技术、模拟和数字电子技术、计算机接口技术等内容,有别于基于人眼的"光学检测技术",它是以光电探测器为核心的光电检测技术。光电探测器可将一定的光辐射转换为电信号,然后经过信号处理,去实现某种目的,光电探测器是光电系统的核心组成部分,其性能直接影响着光电系统的性能。

　　为适应实验教学改革,培养学生创新能力、实践能力。本章的主要目的是通过验证性及研究性实验的训练,加强学生的基本实验技能,满足光电信息类专业的教学需求;同时鼓励学生自主开展多种设计性实验研究。

5.2　实验要求

　　在光电技术课程实验中,光电探测器都是敏感型器件,因而严格要求学生在准备实验和实验操作过程中务必遵守以下操作规范:

　　(1)打开电源之前,将电源调节旋钮逆时针调至底端;

　　(2)实验操作中不要带电插拔导线,应该在熟悉实验原理后,按照电路图连接,检查无误后,方可打开电源进行实验;

　　(3)照度计、电流表或电压表显示为"1_"时说明该档位超出量程,应选择合适的量程再进行测量;

　　(4)严禁将任何电源对地短路。

5.3　实验预备知识

　　光电技术基础实验基于光电技术创新综合实验平台展开,该实验平台主要由"主机＋结构件＋模块"方式组成。实验平台主机配置如下。

　　(1)电压表,电流表,照度计,频率/转速表,信号源等。

　　(2)配备各种测试模块:特性测试模块,开放性实验模块一和二,太阳能电池模块,光源特性测试模块,光调制及解调模块,PSD 模块,红外测距模块,线阵 CCD 模块等。各测试模块以竖向盒体形式布置。

(3)配备开放性实验模块。常用的信号处理模块如下:电压跟随器,电压放大器,I/V 变换电路,加法电路,减法电路,电压比较电路,窗口比较电路,F/V 电路,V/F 电路,以及滤波电路。这些模块在设计性实验中主要起到信号调整的作用。应用型电路模块如下:脉冲产生电路,555 延时电路,开关控制电路,指示灯单元,继电器单元,报警锁存单元,扬声器单元,非门单元、光耦单元。在设计性实验中,学生可结合开放性实验模块一的信号处理电路、开放性实验模块二的应用型电路和二次开发器件,自主完成电路的设计和搭建。

5.4　实验

实验 5-1　光敏电阻特性测试实验

【实验预习】

(1)光敏电阻的结构及工作原理。
(2)光敏电阻的主要参数与特性。
(3)光敏电阻的应用。

【实验目的】

(1)了解光敏电阻的工作原理和使用方法。
(2)掌握光强与光敏电阻电流值关系的测试方法。
(3)掌握光敏电阻的光电特性及其测试方法。
(4)掌握光敏电阻的伏安特性及其测试方法。
(5)掌握光敏电阻的光谱响应特性及其测试方法。
(6)掌握光敏电阻的时间响应特性及其测试方法。

【实验原理】

光敏电阻在黑暗的室温条件下,由于热激发产生的载流子使它具有一定的电导,该电导称为暗电导,其倒数为暗电阻,一般的暗电导数值都很小(相应的暗电阻阻值都很大)。

当有光照射在光敏电阻上时,它的电导将变大,这时的电导称为光电导。光电导随光照量变化而变化越大的光敏电阻,其灵敏度就越高,这个特性就称为光敏电阻的光电特性,也可定义为光电流与照度的关系。

光敏电阻在弱辐射和强辐射作用下表现出不同的光电特性(线性和非线性),可用在恒定电压下流过光敏电阻的电流 I_P,与作用到光敏电阻上的照度 E 的关系曲线来描述。不同材料的光照特性是不同的,绝大多数光敏电阻光照特性是非线性的。

光敏电阻的本质是电阻,因此具有与普通电阻相似的伏安特性。在一定的光照下,加到光敏电阻两端的电压与流过光敏电阻的亮电流之间的关系称为光敏电阻的伏安特性,测试电路如图 5-1 所示。

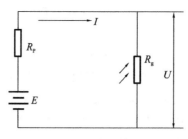

图 5-1　光敏电阻的测试电路

【实验装置】

光电技术创新综合实验平台,特性测试实验模块,光源特性测试模块,连接导线。

【实验内容与步骤】

组装好光源、遮光筒和光电探测器结构件,如图 5-2 所示,实验电路参考图 5-1,实验步骤如下。

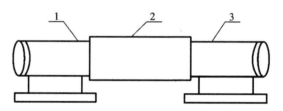

图 5-2　光路结构示意图
1—光源;2—遮光筒;3—探头

(1)打开台体电源,调节照度计"调零"旋钮,至照度计显示为"000.0"为止。

(2)特性测试模块的 0~12 V(J5)和 GND 连接到台体的 0~12 V 可调电源的 Vout＋和 Vout－上。

(3)J5 连接电流表正极,电流表负极连接光敏电阻套筒黄色插孔,光敏电阻套筒蓝色插孔连接 J6,电压表正极连接光敏电阻套筒黄色插孔,电压表负极连接光敏电阻套筒蓝色插孔。光敏电阻红黑插座与照度计红黑插座相连(注意:R_P 的值可根据器件特性自行选取)。

(4)将光源特性测试模块＋5 V 和 GND 连接到台体的＋5 V 和 GND1 上,航空插座 FLED-IN 与全彩灯光源套筒相连接。打开光源特性测试模块电源开关 K101,将 S601、S602、S603 开关向下拨(OFF 挡),使光照强度为 0,即照度计显示为 0。

(5)将 S601、S602、S603 开关向上拨(ON 挡),将可调电源电压调为 5 V,光源颜色选为白光,按"照度加"或"照度减",测量照度分别为 100 lx、150 lx、200 lx、250 lx、300 lx、350 lx、400 lx、450 lx、500 lx、550 lx 时,电压表对应的电压值 U,电流表对应的电流值 I,计算光敏电阻值 $R_P＝U/I$。将实验数据记录于表 5-1 中。

(6)改变电源供电电压,分别记录电压为 8 V 时,不同照度下对应的电压值、电流值,并记录于表 5-2 中,计算对应的光敏电阻值 R_P。

(7)保持照度为 100 lx 不变,调节电源供电电压,使供电电压为 1 V、2 V、3 V、4 V、5 V、6 V、7 V、8 V、9 V、10 V,分别记录对应的电压值、电流值于表 5-3 中。

（8）按"照度加"调节，使照度分别为 200 lx、300 lx、400 lx，记录同一照度不同电压下对应的电压值、电流值，并分别记录于表 5-4 至表 5-6 中。

【数据记录与处理】

1. 数据记录表

表 5-1　5 V 电压下光强与光敏电阻阻值关系测量

照度/lx	50	100	150	200	250	300	350	400	450	500	550
电压 U/V											
电流 I/mA											
电阻 R_P/KΩ											

表 5-2　8 V 电压下光强与光敏电阻阻值关系测量

照度/lx	50	100	150	200	250	300	350	400	450	500	550
电压 U/V											
电流 I/mA											
电阻 R_P/KΩ											

表 5-3　100 lx 照度下光敏电阻伏安特性测试

偏压/V	0	1	2	3	4	5	6	7	8	9	10
电压 U/V											
电流 I/mA											

表 5-4　200 lx 照度下光敏电阻伏安特性测试

偏压/V	0	1	2	3	4	5	6	7	8	9	10
电压 U/V											
电流 I/mA											

表 5-5　300 lx 照度下光敏电阻伏安特性测试

偏压/V	0	1	2	3	4	5	6	7	8	9	10
电压 U/V											
电流 I/mA											

表 5-6　400 lx 照度下光敏电阻伏安特性测试

偏压/V	0	1	2	3	4	5	6	7	8	9	10
电压 U/V											
电流 I/mA											

2. 数据处理

结合数据记录表，用计算机绘图并分析实验结论。

【问题思考】

(1)结合实验参数分析光敏电阻的工作原理。

(2)观察实验现象是否和实验原理所描述的结果一致。

实验5-2 光电二极管特性测试实验

【实验预习】

(1)光电二极管亮、暗电流特性。

(2)光电二极管伏安特性。

(3)光电二极管光电特性。

(4)光电二极管时间特性。

【实验目的】

(1)掌握光电二极管的工作原理。

(2)掌握光电二极管的基本特性。

(3)掌握光电二极管特性测试的方法。

(4)了解光电二极管的基本应用。

【实验原理】

光电二极管的结构和普通二极管相似,只是它的 PN 结装在管壳顶部,光线通过透镜制成的窗口,可以集中照射在 PN 结上,图 5-3(a)是其结构图。光电二极管在电路中通常处于反向偏置状态,如图 5-3(b)所示。

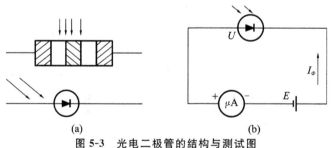

图 5-3 光电二极管的结构与测试图

(a)结构图;(b)测试图

我们知道,PN 结加反向电压时,反向电流的大小取决于 P 区和 N 区中少数载流子的浓度,无光照时 P 区中少数载流子(电子)和 N 区中的少数载流子(空穴)都很少,因此反向电流很小。

但是当光照射 PN 结时,只要光子能量 hv 大于材料的禁带宽度,就会在 PN 结及其附近产生光生电子-空穴对,从而使 P 区和 N 区少数载流子浓度大大增加,它们在外加反向电压和 PN 结内电场作用下定向运动,分别在两个方向上渡越 PN 结,使反向电流明显增大。如果入射光的光照度改变,光生电子-空穴对的浓度将相应变动,通过外电路的光电流强度也会随之变动,光电二极管就把光信号转换成了电信号。

【实验装置】

光电器件和光电技术综合设计平台,光通路组件,光源驱动及信号处理模块,光电二极管及封装组件,2♯选插头对,示波器。

【实验内容与步骤】

1. 测量光电二极管的暗电流

实验装置原理如图 5-4 所示。在实际操作过程中,光电二极管和光电三极管的暗电流非常小,只有 nA 数量级。因此在实验操作过程中,对电流表的要求较高。本实验中,采用在电路中串联大电阻的方法,R_L 为 20 MΩ,再利用欧姆定律计算出支路中的电流即所测器件的暗电流($I_暗 = U/R_L$),如图 5-4 所示。

(1)组装好光通路组件,将照度计显示表头与光通路组件照度计探头输出正负极对应相连(红为正极,黑为负极),将光源驱动及信号处理模块上的接口 J2 与光通路组件光源接口使用彩排数据线相连。将光电器件和光电技术综合设计平台的"+5 V""⊥""−5 V"对应接到光源驱动及信号处理模块上的"+5 V""GND""−5 V"。

(2)将三掷开关 S2 拨到"静态"。

(3)将电源模块的 0～15 V 输出的正负极与电压表的接头对应相连,打开电源,将直流电源输出电压调到 15 V。

(4)将照度调节旋钮逆时针调到最小,此时照度计的读数应为 0,关闭电源,拆除导线。(注意:在下面的实验操作中请不要动电源模块的调节电位器,以保证直流电源输出电压不变。)

(5)按图 5-4 所示的实验装置原理图连接电路,负载 R_L 选择 $R_L = 20$ MΩ。

(6)打开电源开关,等电压表读数稳定后测得负载电阻 R_L 上的压降 U,则暗电流 $I_暗 = U/R_L$。所得的暗电流即为偏置电压在 15 V 时的暗电流。(注意:在测试暗电流时,应先将光电器件置于黑暗环境中 30 min 以上,否则测试过程中电压表需一段时间后才可稳定。)

(7)实验完毕,将直流电源电位器调至最小,关闭电源,拆除所有连线。

2. 测量光电二极管的光电流

光电二极管光电流测试电路如图 5-5 所示。

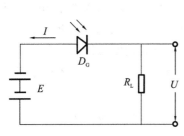

图 5-4　实验装置原理

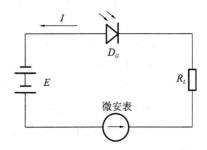

图 5-5　光电二极管光电流测试电路

(1)组装好光通路组件,具体连接与光电二极管暗电流测量实验的方法相同。

(2)将三掷开关 S2 拨到"静态"。

(3)按图 5-5 连接电路,E 选择 0～15 V 直流电源,R_L 取 $R_L = 1$ kΩ。

(4)打开电源,缓慢调节照度调节旋钮,直到照度为 300 lx(约为环境光照),缓慢调节直流电源直至电压表显示为 6 V,读出此时微安表的读数,即为光电二极管在偏压为 6 V、照度为 300 lx 时的光电流。

(5)实验完毕,将照度调至最小,直流电源调至最小,关闭电源,拆除所有连线。

3. 验证光电二极管的光照特性

实验装置原理如图 5-4 所示。

(1)组装好光通路组件,具体连接与光电二极管暗电流的测量实验的方法相同。

(2)将三掷开关 S2 拨到"静态"。

(3)按图 5-4 所示的电路图连接电路,E 选择 0～15 V 直流电源,负载 R_L 选择 $R_L = 1$ kΩ。

(4)将照度调节旋钮逆时针调至最小值。打开电源,调节直流电源电位器,直到显示值为 8 V 左右。顺时针调节照度调节旋钮,增大照度值,分别记下不同照度下对应的光生电流值,填入表 5-7 中。电流表或照度计显示为"1_"时说明超出量程,应改为合适的量程再测试。

(5)将照度调节旋钮逆时针调节到最小值位置后关闭电源。

(6)将以上连接的电路图 5-4 中的直流电源改为 0 偏压。

(7)打开电源,顺时针调节照度旋钮,增大照度值,分别记下不同照度下对应的光生电流值,填入表 5-8 中。电流表或照度计显示为"1_"时说明超出量程,应改为合适的量程再测试。

(8)根据表 5-7、表 5-8 中的实验数据,在同一坐标轴中作出两条曲线,并进行比较。

(9)实验完毕,将照度调至最小,直流电源调至最小,关闭电源,拆除所有连线。

4. 检验光电二极管的伏安特性

实验装置原理图如图 5-4 所示。

(1)组装好光通路组件,具体连接与光电二极管暗电流的测量实验的方法相同。

(2)将三掷开关 S2 拨到"静态"。

(3)按图 5-4 所示的电路图连接电路,E 选择 0～15 V 直流电源,负载 R_L 选择 $R_L = 2$ kΩ。

(4)打开电源,顺时针调节照度调节旋钮,使照度值为 500 lx,保持照度不变,调节直流电源电位器,记录反向偏压分别为 0 V、2 V、4 V、6 V、8 V、10 V、12 V 时的电流表读数,填入表 5-9 中,关闭电源。(注意:直流电源不可调至高于 20 V,以免烧坏光电二极管。)

(5)根据上述实验结果,作出 500 lx 照度下的光电二极管伏安特性曲线。

(6)重复上述步骤。分别测量光电二极管在 300 lx 和 800 lx 照度下,不同偏压下的光生电流值,在同一坐标轴作出伏安特性曲线,并进行比较。

(7)实验完毕,将照度调至最小,直流电源调至最小,关闭电源,拆除所有连线。

5. 测试光电二极管的时间响应特性

(1)组装好光通路组件,具体连接与光电二极管暗电流的测量实验的方法相同。信号源方波输出接口通过 BNC 线接到方波输入。正弦波输入和方波输入内部是并联的,可以用示波器通过正弦波输入口测量方波信号。

（2）将三掷开关 S2 拨到"脉冲"。

（3）按图 5-6 所示的电路图连接电路，E 选择 0～15 V 直流电源，负载 R_L 选择 $R_L =$ 200 kΩ。

（4）示波器的测试点应为 A 点。

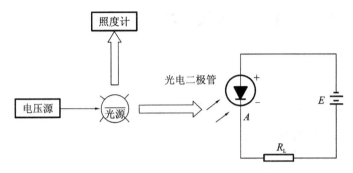

图 5-6　光电二极管时间响应特性测试电路

（5）打开电源，白光对应的发光二极管亮，其余的发光二极管不亮。

（6）观察示波器两个通道信号，缓慢调节直流电源电位器和照度调节旋钮，直到在示波器显示屏上观察到清晰信号为止，并做实验记录（描绘出两个通道波形）。

（7）缓慢调节脉冲宽度调节电位器，增大输入信号的脉冲宽度，观察示波器两个通道信号的变化，并做实验记录（描绘出两个通道的波形），并进行分析。

（8）实验完毕，关闭电源，拆除导线。

【数据记录与处理】

（1）分析光电二极管的光照特性，并画出光电特性曲线。

（2）分析光电二极管的光照特性，并画出伏安特性曲线。

（3）分析光电二极管的光照特性，并画出光谱响应特性曲线。

（4）处理对应的数据记录表。

表 5-7　8 V 偏压下光电二极管光照特性

照度/lx	0	100	300	500	700	900
光生电流/μA						

表 5-8　0 V 偏压下的光生电流

照度/lx	0	100	300	500	700	900
光生电流/μA						

表 5-9　光电二极管伏安特性测试

偏压/V	0	2	4	6	8	10	12
光生电流/μA							

【问题思考】

(1)在不同偏压下,光电二极管的光照特性曲线会有什么区别?试从原理进行分析。

(2)测试绘制的不同照度下的光电二极管伏安特性曲线,比较它们的异同。

(3)正常工作时,为什么要给光电二极管加反向偏压?

实验 5-3　光电三极管特性测试实验

【实验预习】

(1)光电三极管伏安特性。

(2)光电三极管光电特性。

(3)光电三极管时间特性。

(4)光电三极管光谱特性。

【实验目的】

(1)掌握光电三极管的工作原理。

(2)掌握光电三极管的基本特性。

(3)掌握光电三极管特性测试的方法。

(4)了解光电三极管的基本应用。

【实验原理与步骤】

光电三极管与光电二极管的工作原理基本相同,都是基于内光电效应。光电三极管具有电流增益,比光电二极管具有更高的灵敏度。其结构如图 5-7(a)所示。

当光电三极管按图 5-7(b)所示的电路连接时,它的集电结反向偏置,发射结正向偏置,无光照时仅有很小的穿透电流流过,当光线通过透明窗口照射集电结时,与光电二极管的情况相似,将使流过集电结的反向电流增大,这就造成基区中带正电荷的空穴的积累,发射区中的多数载流子(电子)将大量注入基区,由于基区很薄,只有一小部分从发射区注入的电子与基区的空穴复合,而大部分电子将穿过基区流向与电源正极相接的集电极,形成集电极电流。这个过程与普通三极管的电流放大作用相似,它使集电极电流是原始光电流的$(1+\beta)$倍。这样集电极电流将随入射光照度的改变而更加明显地变化。

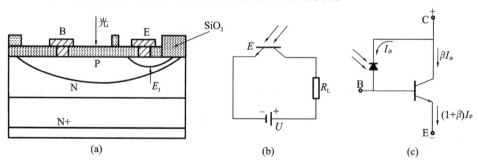

图 5-7　光电三极管的结构及电路

(a)光电三极管结构;(b)使用电路;(c)等效电路

在光电二极管的基础上,为了获得内增益,就利用了晶体三极管的电流放大作用,用 Ge 或 Si 单晶体制造 NPN 或 PNP 型光电三极管。

光电三极管可以等效为一个光电二极管与另一个一般晶体管基极和集电极并联:集电极-基极产生的电流,输入到三极管的基极再放大。不同之处是,集电极电流(光电流)由集电结上产生的 I_{ϕ} 控制。集电极起双重作用:把光信号变成电信号起光电二极管作用;使光电流再放大起一般三极管的集电结作用。一般光电三极管只引出 E、C 两个电极,体积小,光电特性是非线性的,广泛应用于光电自动控制,作光电开关应用。

【实验装置】

光电器件和光电技术综合设计平台、光通路组件、光电三极管及封装组件、2♯迭插头对、示波器。

【实验内容与步骤】

1. 测量光电三极管的光电流

(1)组装好光通路组件,将照度计显示表头与光通路组件照度计探头输出正负极对应相连(红为正极,黑为负极),将光源驱动及信号处理模块上接口 J2 与光通路组件光源接口使用彩排数据线相连。将光电器件和光电技术综合设计平台的"+5V""⊥""−5V"对应接到光源驱动及信号处理模块上的"+5V""GND""−5V"。

(2)将开关 S2 拨到"静态"。

(3)按图 5-8 连接电路,直流电源选用 0~15 V 可调直流电源,$R_L=1\ \mathrm{k\Omega}$,光电三极管 C 极对应组件上红色护套插座,E 极对应组件上黑色护套插座。

(4)打开电源,缓慢调节照度调节旋钮,直到照度为 300 lx(约为环境光照),缓慢调节直流电源电位器到电压表显示为 6 V,读出此时电流表的读数,即为光电三极管在偏压 6 V、照度为 300 lx 时的光电流。

(5)实验完毕,将照度调至最小,直流电源调至最小,关闭电源,拆除所有连线。

2. 检验光电三极管的光照特性

实验装置原理框图如图 5-8 所示。

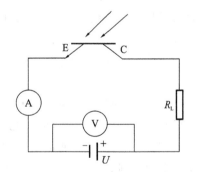

图 5-8　光电三极管光电流测试电路示意图

(1)组装好光通路组件,具体连接与前述光电三极管光电流的测试实验的方法相同。

(2)将开关 S2 拨到"静态"。

(3)按图 5-8 所示的电路图连接电路,直流电源选用 0~15 V 可调直流电源,负载 R_L 选择 $R_L=1\ \mathrm{k\Omega}$。

(4)将照度调节旋钮逆时针调节至最小值位置。打开电源,调节直流电源电位器,直到显示值为 6 V 左右,顺时针调节该旋钮,增大照度值,分别记下不同照度下对应的光生电流值,填入表 5-10 中。电流表或照度计显示为"1_"时说明超出量程,应改为合适的量程再测试。

（5）调节直流电源电位器到 10 V 左右，重复步骤（4），改变照度值，将测试的电流值填入表 5-11 中。

（6）根据上面所测试的两组数据，在同一坐标轴中描绘光照特性曲线并进行分析。

（7）实验完毕，将照度调至最小，直流电源调至最小，关闭电源，拆除所有连线。

3. 测试光电三极管的伏安特性

实验装置原理框图如图 5-8 所示。

（1）组装好光通路组件，具体连接与前述光电三极管光电流的测试实验的方法相同。

（2）将开关 S2 拨到"静态"。

（3）按图 5-8 所示的电路图连接电路，直流电源选用 0～15 V 可调直流电源，负载 R_L 选择 R_L=2 kΩ。

（4）打开电源，顺时针调节照度调节旋钮，使照度值为 200 lx，保持照度不变，调节直流电源电位器，记录反向偏压分别为 0 V、1 V、2 V、4 V、6 V、8 V、10 V、12 V 时的电流表读数，填入表 5-12 中，关闭电源。（注意：直流电流不可调至高于 30 V，以免烧坏光电三极管。）

（5）根据上述实验结果，作出 200 lx 照度下的光电三极管伏安特性曲线。

（6）重复上述步骤。分别测量光电三极管在 100 lx 和 500 lx 照度下、不同偏压下的光生电流值，在同一坐标轴作出伏安特性曲线，并进行比较。

（7）实验完毕，将照度调至最小，直流电源调至最小，关闭电源，拆除所有连线。

4. 检验光电三极管的时间响应特性

实验装置原理框图如图 5-8 所示。

（1）组装好光通路组件，具体连接与前述光电三极管光电流的测试实验的方法相同。

信号源方波输出接口通过 BNC 线接到方波输入。正弦波输入和方波输入内部是并联的，可以用示波器通过正弦波输入口测量方波信号。

（2）将开关 S2 拨到"脉冲"。

（3）按图 5-8 所示的电路图连接电路，直流电源选用 0～15 V 可调直流电源，负载 R_L 选择 R_L=1 kΩ。

（4）示波器的测试点应为光电三极管的 C、E 两端（为了测试方便）。

（5）打开电源，白光对应的发光二极管亮，其余的发光二极管不亮。

（6）观察示波器两个通道信号，缓慢调节直流电源电位器和照度调节旋钮，直到示波器显示屏上观察到清晰信号为止，并做实验记录（描绘出两个通道波形）。

（7）缓慢调节脉冲宽度调节，增大输入信号的脉冲宽度，观察示波器两个通道信号的变化，并做实验记录（描绘出两个通道的波形），并进行分析。

（8）实验完毕，关闭电源，拆除导线。

【数据记录与处理】

（1）数据记录表格参考如下。

表 5-10 6 V 偏压下光电三极管光照特性

照度/lx,6 V	0	100	300	500	700	900
光生电流/mA						

表 5-11　10 V 偏压下光电三极管光照特性

照度/lx,10 V	0	100	300	500	700	900
光生电流/mA						

表 5-12　光电三极管伏安特性测试

偏压/V,200 lx	0	1	2	4	6	8	10	12
光生电流/μA								

(2)分析光电三极管的光照特性,并画出光电特性曲线。

(3)分析光电三极管的光照特性,并画出伏安特性曲线。

(4)分析光电三极管的光照特性,并画出光谱响应特性曲线。

【问题思考】

(1)在不同偏压下,光电三极管的光照特性曲线会有什么区别?

(2)测试绘制的不同照度下的光电三极管伏安特性曲线,比较它们的异同。

实验 5-4　硅光电池特性测试实验

【实验预习】

(1)硅光电池短路电流、开路电压。

(2)硅光电池伏安特性、负载特性。

(3)硅光电池时间响应、光谱特性。

【实验目的】

(1)掌握硅光电池的工作原理。

(2)掌握硅光电池的基本特性。

(3)掌握硅光电池基本特性测试方法。

(4)了解硅光电池的基本应用。

【实验原理】

1.硅光电池的基本结构

目前半导体光电探测器在数码摄像、光通信、太阳能电池等领域得到广泛应用。硅光电池是半导体光电探测器的一个基本单元,深刻理解其工作原理和具体使用特性可以进一步领会半导体 PN 结原理、光电效应和光伏电池产生机理。

图 5-9 所示为半导体 PN 结在零偏、反偏和正偏下的耗尽区。当 P 型和 N 型半导体材料结合时,由于 P 型材料空穴多电子少,而 N 型材料电子多空穴少,结果 P 型材料中的空穴向 N 型材料这边扩散,N 型材料中的电子向 P 型材料这边扩散,扩散的结果使得结合区两侧的 P 型区出现负电荷,N 型区带正电荷,形成一个势垒,由此而产生的内电场将阻止扩散运动的继续进行,当两者达到平衡时,在 PN 结两侧形成一个耗尽区,耗尽区的特点是无自

由载流子,呈现高阻抗。当 PN 结反偏时,外加电场与内电场方向一致,耗尽区在外电场作用下变宽,势垒加强;当 PN 结正偏时,外加电场与内电场方向相反,耗尽区在外电场作用下变窄,势垒削弱,使载流子扩散运动继续形成电流,此即为 PN 结的单向导电性,电流方向是从 P 指向 N。

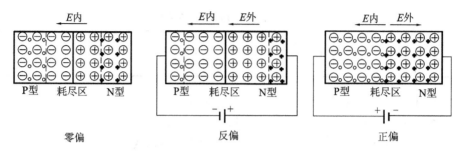

图 5-9 半导体 PN 结在零偏、反偏和正偏下的耗尽区

2.硅光电池的工作原理

硅光电池是一个大面积的光电二极管,它被设计用于将入射到它表面的光能转化为电能,因此,可用作光电探测器和光电池,被广泛用于太空和野外便携式仪器等的能源。

硅光电池的基本结构示意图如图 5-10 所示。当半导体 PN 结处于零偏或反偏时,在它们的结合面耗尽区存在一内电场,当有光照时,入射光子将处于介带中的束缚电子激发到导带,激发出的电子-空穴对在内电场作用下分别飘移到 N 型区和 P 型区,当在 PN 结两端加负载时就有一光生电流流过负载。流过 PN 结两端的电流可由式(5-1)确定:

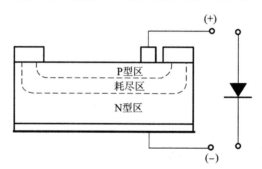

图 5-10 硅光电池的基本结构示意图

$$I = I_{\mathrm{p}} - I_s(\mathrm{e}^{\frac{eU}{kT}} - 1) \tag{5-1}$$

式中:I_s——饱和电流;

  U——PN 结两端电压;

  T——绝对温度;

  I_{p}——产生的光电流。

从式(5-1)中可以看到,当硅光电池处于零偏时,$U = 0$,流过 PN 结的电流 $I = I_{\mathrm{p}}$;当硅光电池处于反偏时(在本实验中取 $U = -5 \text{ V}$),流过 PN 结的电流 $I = I_{\mathrm{p}} - I_s$。因此,当硅光电池用作光电转换器时,硅光电池必须处于零偏或反偏状态。硅光电池处于零偏或反偏状态时,产生的光电流 I_{p} 与输入光功率 P_I 有以下关系:

$$I_{\mathrm{p}} = RP_I \tag{5-2}$$

式中：R——响应率，R 值随入射光波长的不同而变化。对不同材料制作的硅光电池，R 值分别在短波长和长波长处存在一截止波长，在长波长处要求入射光子的能量大于材料的能级间隙 E_g，以保证处于介带中的束缚电子得到足够的能量被激发到导带。对于硅光电池，其长波截止波长为 $\lambda_c = 1.1 \ \mu m$，在短波长处也由于材料有较大吸收系数使 R 值很小。

3. 硅光电池的基本特性

1）短路电流

如图 5-11 所示，在不同的光照作用下，毫安表若显示不同的电流值，则硅光电池短路时的电流值也不同，此即硅光电池的短路电流特性。

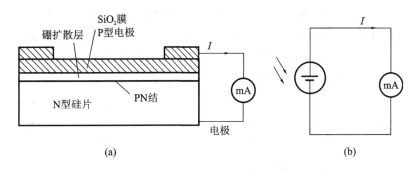

图 5-11　硅光电池短路电流测试

2）开路电压

如图 5-12 所示，在不同的光照作用下，电压表若显示不同的电压值，则硅光电池开路时的电压值也不同，此即硅光电池的开路电压特性。

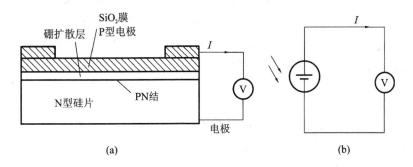

图 5-12　硅光电池开路电压测试

3）光照特性

硅光电池在不同照度下，其光生电流和光生电动势是不同的，它们之间的关系就是光照特性。图 5-13 所示为硅光电池光生电流和光生电压与照度的特性曲线。可见，在不同照度的作用下，硅光电池的光照特性也有所不同。

4）伏安特性

如图 5-14 所示，硅光电池输入光强度不变，负载在一定的范围内变化时，光电池的输出电压及电流随负载电阻变化关系曲线称为硅光电池的伏安特性。检测电路如图 5-15 所示。

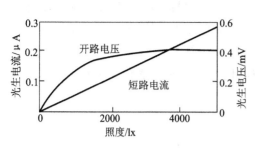

图 5-13　硅光电池的光照特性

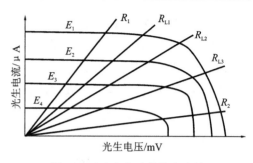

图 5-14　硅光电池的伏安特性

5）负载特性（输出特性）

硅光电池作为电池使用，如图 5-16 所示。在内电场作用下，入射光子由于光电效应将处于价带中的束缚电子激发到导带，从而产生光伏电压。在硅光电池两端加一个负载就会有电流流过，当负载很大时，电流较小而电压较大；当负载很小时，电流较大而电压较小。实验时可通过改变负载电阻 R_L 的值来测定硅光电池的负载特性。

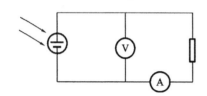

图 5-15　硅光电池的伏安特性检测电路

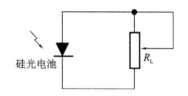

图 5-16　硅光电池负载特性的测定

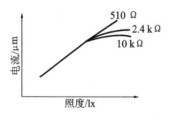

图 5-17　硅光电池光照与负载特性曲线

在线性测量中，硅光电池通常以电流形式使用，故短路电流与照度成线性关系，是硅光电池的重要光照特性。实际使用时都接有负载电阻 R_L，输出电流 I_L 随照度的增加而成非线性缓慢地增加，并且随负载 R_L 的增大线性范围也越来越小。因此，在要求输出的电流与照度成线性关系时，负载电阻在条件许可的情况下越小越好，并限制在光照范围内使用。硅光电池光照与负载特性曲线如图 5-17 所示。

6）光谱特性

一般硅光电池的光谱响应特性表示在入射光照度保持一定的条件下，硅光电池所产生的光电流/电压与入射光波长之间的关系。

7）时间响应与频率特性

当光入射到硅光电池时，产生电信号并达到稳定值需要一定的时间；停止光照时，信号完全消失也需要一定的时间。信号产生和消失的滞后称为硅光电池的时间响应（又称为惯性），通常用响应时间（或时间常数）来表示。

由于硅光电池存在惯性，当用一定振幅的正弦调制光照射时，其灵敏度随频率的升高而降低，硅光电池的响应与入射光调制频率的关系称为频率特性。

【实验装置】

光电器件和光电技术综合设计平台，光通路组件，硅光电池及封装组件，2♯迭插头对，示波器。

【实验内容与步骤】

1.检测硅光电池的短路电流

硅光电池的短路电流测试原理框图如图 5-18 所示。

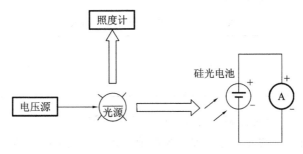

图 5-18　硅光电池的短路电流测试原理框图

（1）组装好光通路组件，将照度计显示表头与光通路组件照度计探头输出正负极对应相连（红为正极，黑为负极），将光源驱动及信号处理模块上接口 J2 与光通路组件光源接口使用彩排数据线相连。将光电器件和光电技术综合设计平台的"＋5V""⊥""－5V"对应接到光源驱动及信号处理模块上的"＋5V""GND""－5V"。

（2）将开关 S2 拨到"静态"。

（3）按图 5-18 所示的原理图连接电路。

（4）打开电源，顺时针调节照度调节旋钮，使照度依次为表 5-13 所列值，分别读出电流表读数，填入表 5-13 中，关闭电源。

表 5-13　硅光电池的短路电流测试

照度/lx	0	100	200	300	400	500	600
光生电流/uA							

（5）将照度调节旋钮逆时针调节到最小值位置后关闭电源。

（6）表 5-13 中所测得的光生电流即硅光电池在相应照度下的短路电流。

（7）实验完毕，关闭电源，拆除所有连线。

2.检验硅光电池的开路电压

硅光电池的开路电压测试原理框图如图 5-19 所示。

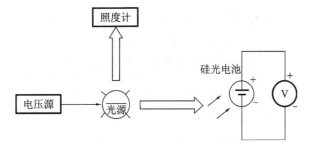

图 5-19　硅光电池的开路电压测试原理框图

（1）组装好光通路组件，具体连接与前述硅光电池短路电流测试实验的方法相同。

（2）将开关 S2 拨到"静态"。

（3）按图 5-19 所示的原理图连接电路。

（4）打开电源，顺时针调节照度调节旋钮，使照度依次为表 5-14 所列值，分别读出电压表读数，填入表 5-14 中，关闭电源。

表 5-14　硅光电池开路电压测试

照度/lx	0	100	200	300	400	500	600
光生电压/mV							

（5）将照度调节旋钮逆时针调节到最小值位置后关闭电源。

（6）表 5-14 中所测得的光生电压即硅光电池在相应照度下的开路电压。

（7）实验完毕，关闭电源，拆除所有连线。

3.验证硅光电池的光照特性

根据表 5-13、表 5-14 所测得的实验数据，作出如图 5-13 所示的硅光电池的光照特性曲线，并进行对比分析。

4.验证硅光电池的伏安特性

硅光电池的伏安特性测试原理框图如图 5-20 所示。

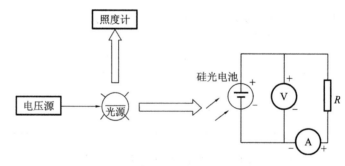

图 5-20　硅光电池的伏安特性测试原理框图

（1）组装好光通路组件，具体连接与前述硅光电池短路电流测试实验的方法相同。

（2）将开关 S2 拨到"静态"。

（3）电压表挡位调节至 2 V 挡，电流表挡位调至 $200\mu A$ 挡，将照度调节旋钮逆时针调节至最小值位置。

（4）按图 5-20 所示的原理图连接电路，R 取值为 200 Ω。打开电源，顺时针调节照度调节旋钮，增大照度值至 500 lx，记录下此时的电压表和电流表的读数，填入表 5-15 中。

表 5-15　照度为 500 lx 对应的伏安特性

电阻/Ω	200	510	750	1 k	2 k	5.1 k	7.5 k	10 k	20 k
电流/μA									
电压/mV									

（5）关闭电源，将 R 分别换为 510 Ω、750 Ω、1 kΩ、2 kΩ、5.1 kΩ、7.5 kΩ、10 kΩ、20 kΩ，重复上述步骤，并记录电流表和电压表的读数，填入表 5-15 中。

（6）改变照度为 300 lx、100 lx，重复上述步骤，将实验结果填入表 5-16、表 5-17 中。

表 5-16　照度为 300 lx 对应的伏安特性

电阻/Ω	200	510	750	1 k	2 k	5.1 k	7.5 k	10 k	20 k
电流/μA									
电压/mV									

表 5-17　照度为 100 lx 对应的伏安特性

电阻/Ω	200	510	750	1 k	2 k	5.1 k	7.5 k	10 k	20 k
电流/μA									
电压/mV									

（7）根据上述实验数据，在同一坐标轴中作出三种不同条件下的伏安特性曲线，并进行分析。

（8）实验完毕，关闭电源，拆除所有连线。

5. 检验硅光电池的负载特性

（1）组装好光通路组件，具体连接与前述硅光电池短路电流测试实验的方法相同。

（2）将开关 S2 拨到"静态"。

（3）电压表挡位调节至 2 V 挡，电流表挡位调至 200 μA 挡，将照度调节旋钮逆时针调节至最小值位置。

（4）按图 5-20 所示的原理框图连接电路，R 取值为 $R = 100$ Ω。

（5）打开电源，顺时针调节照度调节旋钮，从 0 lx 逐渐增大照度至 100 lx、200 lx、300 lx、400 lx、500 lx、600 lx，分别记录对应的电流表和电压表读数，填入表 5-18 中。

表 5-18　$R = 100$ Ω 负载特性测试

照度/lx	0	100	200	300	400	500	600
电流/μA							
电压/mV							

（6）关闭电源，将 R 分别换为 510 Ω、1 kΩ、5.1 kΩ、10 kΩ，重复上述步骤，分别记录对应的电流表和电压表的读数，填入表 5-19、表 5-20、表 5-21、表 5-22 中。

表 5-19　$R = 510$ Ω 负载特性测试

照度/lx	0	100	200	300	400	500	600
电流/μA							
电压/mV							

表 5-20　R＝1 kΩ 负载特性测试

照度/lx	0	100	200	300	400	500	600
电流/μA							
电压/mV							

表 5-21　R＝5.1 kΩ 负载特性测试

照度/lx	0	100	200	300	400	500	600
电流/μA							
电压/mV							

表 5-22　R＝10 kΩ 负载特性测试

照度/lx	0	100	200	300	400	500	600
电流/μA							
电压/mV							

（7）根据上述实验所测得的数据，在同一坐标轴上描绘出硅光电池的负载特性曲线，并进行分析。

6.检验硅光电池的光谱特性

当不同波长的入射光照到硅光电池上时，硅光电池就有不同的灵敏度。本实验采用高亮度 LED(白、红、橙、黄、绿、蓝、紫)作为光源，产生 400～630 nm 离散光谱。

光谱响应度是光电探测器对单色光辐射的响应能力，定义为在波长为 λ 的单位入射辐射功率下，光电探测器输出信号的电压或电流。表达式如下：

$$u(\lambda)=\frac{U(\lambda)}{P(\lambda)} \tag{5-3}$$

或

$$i(\lambda)=\frac{I(\lambda)}{P(\lambda)} \tag{5-4}$$

式中：$P(\lambda)$——波长为 λ 时的入射光功率；

　$U(\lambda)$——光电探测器在入射光功率 $P(\lambda)$ 作用下的输出信号电压；

　$I(\lambda)$——输出信号电流。

本实验所采用的方法是基准探测器法，即在相同光功率的辐射下，有

$$u(\lambda)=\frac{UK}{U_f}f(\lambda) \tag{5-5}$$

式中：U_f——基准探测器显示的电压值；

　K——基准电压的放大倍数；

　$f(\lambda)$——基准探测器的响应度。

在测试过程中，U_f 取相同值，K 为定值，则实验所测试的响应度大小由 $u(\lambda)=Uf(\lambda)$ 的大小确定。图 5-21 为基准探测器的光谱响应曲线。

（1）组装好光通路组件，具体连接与前述硅光电池短路电流测试实验的方法相同。

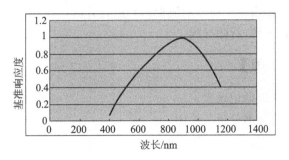

图 5-21　基准探测器的光谱响应曲线

（2）按图 5-22 连接电路。

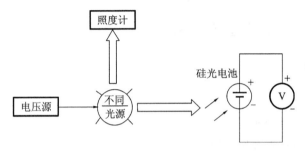

图 5-22　硅光电池光谱特性测试原理

（3）打开电源，缓慢调节照度调节旋钮到最大，通过左切换和右切换开关，将光源输出切换成不同颜色，记录照度计所测数据，并以最小值为参考。

（4）分别测试出红光、橙光、黄光、绿光、蓝光、紫光在照度值为"E"时电压表的读数，填入表 5-23 中，并计算各自的响应度。

表 5-23　光谱特性测试

波长/nm	红（630）	橙（605）	黄（585）	绿（520）	蓝（460）	紫（400）
基准响应度	0.65	0.61	0.56	0.42	0.25	0.06
电压/mV						
响应度						

（5）根据所测试得到的数据，绘出硅光电池的光谱特性曲线。

7. 测试硅光电池的时间响应特性

（1）组装好光通路组件，具体连接与前述硅光电池短路电流测试实验的方法相同。信号源方波输出接口通过 BNC 线接到方波输入。正弦波输入和方波输入内部是并联的，可以用示波器通过正弦波输入口测量方波信号。

（2）将开关 S2 拨到"脉冲"。

（3）按图 5-20 所示的原理框图连接电路，负载 R 选择 $R=10\ k\Omega$。

（4）示波器的测试点应为硅光电池的输出两端。

（5）打开电源，白光对应的发光二极管亮，其余的发光二极管不亮。

（6）缓慢调节脉冲宽度，增大输入脉冲的脉冲信号的宽度，观察示波器两个通道信号的变化,并做实验记录(描绘出两个通道的波形),并进行分析。

(7)实验完毕,关闭电源,拆除导线。

【数据记录与处理】

(1)按实验步骤完成数据记录表。

(2)按实验步骤进行数据分析与绘图。

【问题思考】

(1)能否使用其他光电探测器件来设计照度计并说明原因。

(2)硅光电池工作时为什么要加反向偏压?

实验 5-5 PSD 位置传感器实验

【实验预习】

(1)PSD 结构与测位移工作原理。

(2)PSD 输出信号处理实验。

(3)PSD 输出信号误差补偿实验。

【实验目的】

(1)了解 PSD 位置传感器工作原理及其特性。

(2)掌握 PSD 位置传感器测量位移的方法。

【实验原理】

1. PSD 简介

PSD 为一具有 PIN 三层结构的平板半导体硅片。其断面结构如图 5-23 所示,表面层 P 为感光面,在其两边各有一信号输出电极,底层的公共电极加反向偏压。当光点入射到 PSD 表面时,由于横向电势的存在,产生光生电流 I_0,光生电流就流向两个输出电极,从而在两个输出电极上分别得到光电流 I_1 和 I_2,显然 $I_0 = I_1 + I_2$。而 I_1 和 I_2 的分流关系则取决于入射光点到两个输出电极间的等效电阻。假设 PSD 表面分流层的阻挡是均匀的,则 PSD 可简化为图 5-24 所示的电位器模型,其中 R_1、R_2 为入射光点位置到两个输出电极间的等效电阻,显然 R_1、R_2 正比于入射光点到两个输出电极间的距离。

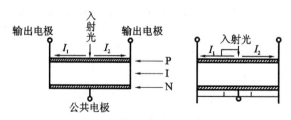

图 5-23 PSD 断面结构

因为 $$I_1/I_2 = R_2/R_1 = (L-X)/(L+X) \tag{5-6}$$

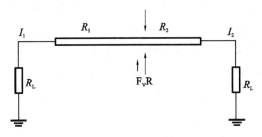

图 5-24　PSD 的电位器模型

$$I_0 = I_1 + I_2 \tag{5-7}$$

所以可得
$$I_1 = I_0(L-X)/2L \tag{5-8}$$

$$I_2 = I_0(L+X)/2L \tag{5-9}$$

$$X = (I_2 - I_1)L/I_0 \tag{5-10}$$

式中：L——PSD 长度的一半；

$\quad$ X——λ 射光点与 PSD 正中间零位点距离。

当入射光恒定时，I_0 恒定，则 X 与 $I_2 - I_1$ 成线性关系。通过适当的电路处理，就可以获得光点位置的输出信号。

2.注意事项

(1)激光器输出光不得对准人眼，以免造成伤害。

(2)激光器为静电敏感元件，因此操作者不要用手直接接触激光器引脚以及与引脚连接的任何测试点和线路，以免损坏激光器。

(3)不得扳动面板上面元器件，以免造成电路损坏，导致实验仪不能正常工作。

【实验装置】

PSD 传感器实验模块，光电技术综合设计平台，连接线。

【实验内容与步骤】

1.检测 PSD 的输出特性

(1)将光电器件和光电技术综合设计平台的"＋12V""⊥""－12V"对应接到光源驱动模块上的"＋12V""GND""－12V"。将光电器件和光电技术综合设计平台的另一路"＋5V""⊥"接激光器的红、黑插头，为激光器供电。

(2)将面板上的 PSD 输入端"I2""C""I1"按颜色用导线连接至 T6、T4、T8。将 PSD 传感器实验单元电路连接起来，即 T7 与 T10 接，T9 与 T12 接，T13 与 T14 接，T15 与 T16接，将电压表输入端用导线接到实验模块的 T17 和 T18 上。

(3)打开电源，实验模块开始工作。调整升降杆和测微头固定螺母，转动测微头使激光光点能够在 PSD 受光面上的位置从一端移向另一端，观察电压表显示结果。

(4)对结果进行分析。

2.检验 PSD 输出信号处理及误差补偿原理

(1)台体电源、光电器件以及激光器的供电方式与 PSD 输出特性的测试连接方法相同。

(2)将面板上的 PSD 输入端"I2""C""I1"按颜色用导线连接至 T6、T4、T8。将 PSD 传感器实验单元电路连接起来,即 T7 与 T10 接,T9 与 T12 接,T13 与 T14 接,T15 与 T16 接,将电压表输入端用导线接到实验模块的 T17 和 T18 上。

(3)打开电源,实验模块开始工作。调整升降杆和测微头固定螺母,转动测微头使激光光点能够在 PSD 受光面上的位置从一端移向另一端,最后将光点定位在 PSD 受光面上的正中间位置(目测),调节补偿调零旋钮,使电压表显示值为 0。转动测微头使光点移动到 PSD 某一固定位置,调节增益调节旋钮,使电压表显示值为一固定值。

(4)断开 T7 与 T10、T9 与 T12,用电压表测量 T7 和 T9 的电压值,即 PSD 两路输出电流经过 I/U 变化的处理结果。

(5)连接 T7 与 T10、T9 与 T12,断开 T13 与 T14 的连接,用电压表测量 T13 的值,分析 T13 和 T7、T9 的关系。

(6)连接 T13 与 T14,断开 T15 与 T16,调节增益调整旋钮,用电压表观察 T15 电压变化。

(7)连接 T15 与 T16,调节补偿调零旋钮,用电压表观察 T17 电压变化。分析误差补偿原理。

3.检验 PSD 测位移及实验误差测量原理

(1)台体电源、光电器件以及激光器的供电方式与 PSD 输出特性的测试连接方法相同。

(2)将面板上的 PSD 输入端"I2""C""I1"按颜色用导线连接至 T6、T4、T8。将 PSD 传感器实验单元电路连接起来,即 T7 与 T10 接,T9 与 T12 接,T13 与 T14 接,T15 与 T16 接,将电压表输入端用导线接到实验模块的 T17 和 T18 上。

(3)打开电源,实验模块开始工作。调整升降杆和测微头固定螺母,转动测微头使激光光点能够在 PSD 受光面上的位置从一端移向另一端,最后将光点定位在 PSD 受光面上的正中间位置(目测),调节补偿调零旋钮,使电压表显示值为 0。转动测微头使光点移动到 PSD 受光面一端,调节增益调节旋钮,使电压表显示值为 3 V 或 −3 V 左右。

(4)从 PSD 一端开始旋转测微头,使光点移动,取 $\Delta X = 0.5$ mm,即转动测微头 1 转。读取电压表显示值,填入表 5-24 中,画出位移-电压特性曲线。

表 5-24   PSD 位移值与输出电压值

位移量/mm	0	0.5	1	1.5	2	2.5	3	3.5
输出电压/V								
位移量/mm	4	4.5	5	5.5	6	6.5	7	7.5
输出电压/V								

(5)根据表 5-24 所列的数据,计算中心量程为 2 mm、3 mm、4 mm 时的非线性误差。

【数据记录与处理】

(1)按实验步骤完成数据记录表。

(2)按实验步骤进行数据分析与绘图。

【问题思考】

试分析一维 PSD 的工作原理。

实验 5-6　热释电探测器测试实验

【实验预习】

(1)热释电探测器结构与工作原理。

(2)热释电探测器信号处理电路。

【实验目的】

(1)了解热释电探测器的工作原理及其特性。

(2)掌握热释电探测器信号处理方法及其应用。

(3)了解并掌握超低频前置放大器的设计。

【实验原理】

1. 热释电探测器简介

热释电探测器是一种利用某些晶体材料自发极化强度随温度变化所产生的热释电效应的新型热探测器。当晶体受辐射照射时,温度的改变使自发极化强度发生变化,结果在垂直于自发极化方向的晶体两个外表面之间出现感应电荷,利用感应电荷的变化可测量辐射的能量。因为热释电探测器输出的电信号正比于探测器温度随时间的变化率,不像其他热探测器需要热平衡过程,所以其响应速度比其他热探测器快得多,一般热探测器典型时间常数值在 $0.01 \sim 1$ s 范围内,而热释电探测器的有效时间常数低达 $3 \times 10^{-5} \sim 10^{-4}$ s。虽然目前热释电探测器在探测率和响应速度方面还不及光子探测器;但由于它还具有光谱响应范围宽,较大的频响带宽,在室温下工作无需制冷,可以有大面积均匀的光敏面,不需要偏压,使用方便等优点而得到日益广泛的应用。

2. 热释电效应

某些物质(例如硫酸三甘肽、铌酸锂、铌酸锶钡等晶体)吸收光辐射后将其转换成热能,这个热能使晶体的温度升高,温度的变化又改变了晶体内晶格的间距,这就引起在居里温度以下存在的自发极化强度的变化,从而在晶体的特定方向上引起表面电荷的变化,这就是热释电效应。

在 32 种晶类中,有 20 种是压电晶类,它们都是非中心对称的,其中有 10 种具有自发极化特性,这些晶类称为极性晶类。对于极性晶体,即使外加电场和应力为零,晶体内正、负电荷中心也并不重合,因而具有一定的电矩,也就是说晶体本身具有自发极化特性,所以单位体积的总电矩可能不等于零。这是因为参与晶格热运动的某些离子可同时偏离平衡态,这时晶体中的电场将不等于零,晶体就成了极性晶体。于是在与自发极化强度垂直的两个晶面上就会出现大小相等、符号相反的面束缚电荷,极性晶体的自发极化通常是观察不出来的,因为在平衡条件下它被通过晶体内部和外部传至晶体表面的自由电荷所补偿。极化的大小及由此而引起的补偿电荷的多少是与温度有关的。如果强度变化的光辐射入射到晶体上,晶体温度便随之发生变化,晶体中离子间的距离和链角跟着发生相应的变化,于是自发极化强度也随之发生变化,最后导致面束缚电荷跟着变化,于是晶体表面上就出现能测量出的电荷。

3.热释电探测器工作原理

当已极化的热电晶体薄片受到辐射热时,薄片温度升高,极化强度下降,表面电荷减少,相当于"释放"一部分电荷,故名热释电。释放的电荷通过一系列放大,转化成输出电压。如果继续照射,晶体薄片的温度升高到 T_c(居里温度)值时,自发极化突然消失,不再释放电荷,输出信号为零,如图 5-25 所示。

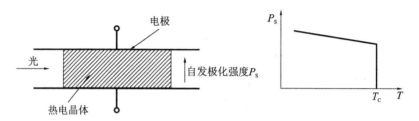

图 5-25　热释电探测器的工作原理

因此,热释电探测器只能探测交流的斩波式的辐射(红外光辐射要有变化量)。当面积为 A 的热释电晶体受到调制加热,而使其温度 T 发生微小变化时,就有热释电流 i。

$$i = AP\frac{\mathrm{d}T}{\mathrm{d}t} \tag{5-11}$$

式中:A——面积;

P——热电体材料热释电系数;

$\dfrac{\mathrm{d}T}{\mathrm{d}t}$——温度的变化率。

【实验装置】

光电器件和光电技术综合设计平台,热释电探测器实验模块,2♯迭插头对。

【实验内容与步骤】

1.热释电探测器系统安装调试

(1)热释电探头"D""S""G"对应连接。

(2)将光电器件和光电技术综合设计平台的一路"+5V""⊥"对应接到热释电探测器模块的"+5V""GND"。

(3)表头黑色端接地(GND),红色端接热释电红外探头"S"端,选择直流电压 2 V 挡。打开电源,观察万用表数值变化,约 2 min,直至数值趋于稳定,实验仪器开始正常工作。

(4)用手在红外热释电探头端面晃动时,探头有微弱的电压变化信号输出(可用万用表测量);经超低频放大电路放大后,万用表选择直流电压 20 V 挡,通过万用表可检测到"O2"输出端输出的电压变化较大;再经电压比较器构成的开关电路和延时电路(延时时间可以通过电位器调节),使指示灯点亮。观察这个过程的现象。通过调节"灵敏度调节"电位器,可以调整热释电红外探头的感应距离。

（5）对观察到的信号及实验现象进行分析。

（6）关闭电源，拆除所有连线（如继续做下面的实验，支架可不拆除）。

2.检测热释电探测器的输出信号

1）检测超低频放大电路的输出电压

（1）热释电探头"D""S""G"对应连接。

（2）将光电器件和光电技术综合设计平台的一路"＋5V""⊥"对应接到热释电探测器模块的"＋5V""GND"。

（3）表头黑色端接地（GND），红色端接热释电红外探头"S"端，选择直流电压 2 V 挡。打开电源，观察万用表数值变化，约 2 min，直至数值趋于稳定，实验仪器开始正常工作。

（4）手在红外热释电探头端面晃动时，探头有微弱的电压变化信号输出，用万用表直流电压 2 V 挡测量其值的变化范围并记录分析。

（5）用直流电压 20 V 挡测量"O2"处电压值，测量其值的变化范围并记录，即为超低频放大电路输出信号值。分析比较探头输出电压值大小和放大后信号大小。

（6）关闭电源（导线不拆除）。

2）检测窗口比较电路的输出电压

（1）打开电源，需要延时 2 min 左右，实验仪器才能正常工作。用直流电压 20 V 挡测量窗口比较器上下限比较基准电压（"VH""VL"）并做记录。

（2）手在红外热释电探头端面晃动时，用万用表直流电压 20 V 挡测量"O2"端输出的热释电信号比较电压和"O3"端开关量输出信号。分析窗口比较电路的原理及其工作过程。

（3）关闭电源（导线不拆除）。

3）检测延时开关输出及报警驱动输出

打开电源，需要延时 2 min 左右，实验仪器才能正常工作。手在红外热释电探头端面晃动时，用万用表直流电压 20 V 挡观察测量"O4"端开关输出信号变化和延时后发光二极管指示状态并分析。

4）检测延时时间模块控制输出

（1）打开电源，需要延时 2 min 左右，实验仪器才能正常工作。手在红外热释电探头端面晃动时，观察发光二极管指示状态。

（2）调节延时时间旋钮，用万用表直流电压 20 V 挡测量"O4"端开关输出信号变化，观察发光二极管指示状态。

（3）分析延时的好处。

（4）关闭电源，拆除连线。

【数据记录与处理】

（1）按实验步骤完成数据记录。

（2）按实验步骤记录相应的实验现象。

【注意事项】

（1）不得随意摇动和插拔面板上元器件和芯片，以免损坏，造成实验仪不能正常工作。

（2）实验完成后相关器件放回指定存放位置。

（3）在使用过程中，出现任何异常情况，必须立即关机断电以确保安全。

【问题思考】

结合实验现象分析热释电探测器的工作原理。

实验 5-7　线阵 CCD 驱动测试实验

【实验预习】

（1）线阵 CCD 的基本工作原理。

（2）TCD1200D 线阵 CCD 的结构与工作原理。

【实验目的】

（1）掌握用双踪示波器观测两相线阵 CCD 驱动器各路脉冲的频率、幅度、周期和相位关系的测量方法。

（2）通过测量线阵 CCD 驱动脉冲之间的相位关系，掌握两相线阵 CCD 的基本工作原理。

（3）通过测量典型线阵 CCD 的输出脉冲信号与驱动脉冲的相位关系，掌握线阵 CCD 的基本特征。

【实验原理】

CCD 是电荷耦合器件（charge-coupled device）的简称，它是由金属（metal）—氧化物（oxide）—半导体（semiconductor）（简称 MOS）构成的密排器件。它主要用于两个领域，一是信息存储和信息处理，二是摄像装置。这里介绍摄像用的黑白两相线阵 CCD。

1. 黑白两相线阵 CCD 结构简述

黑白两相线阵 CCD 有多种规格，实际上大同小异。这里以实验所用 TCD1200D 型 2160 像素的 CCD 为例进行简述。其结构示意图如图 5-26 所示，包括摄像机构、两个线阵 CCD 模拟移位寄存器、输出机构和采样保持电路四部分。

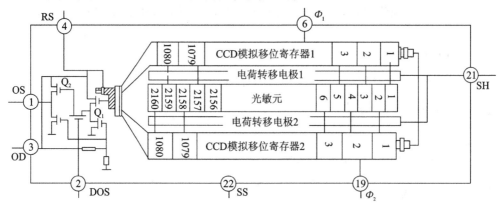

图 5-26　TCD1200D 线阵 CCD 结构示意图

摄像机构也称摄像区,它由 2160 个光敏元和电荷转移电极组成,实际上为 2160 个 MOS 电容,电荷转移电极为 MOS 电容的栅极,通过电荷转移电极给栅极加脉冲电压。光敏元起光电转换作用,MOS 电容起暂存转换的电荷和向线阵 CCD 模拟移位寄存器转移电荷包的作用。将 2160 个 MOS 电容的奇数位分别与线阵 CCD 模拟移位寄存器 1 相连,偶数位分别与线阵 CCD 模拟移位寄存器 2 相连。

线阵 CCD 模拟移位寄存器也是由一系列 MOS 电容组成。该移位寄存器 1 和 2 各密排 1080 个,它们对光不敏感,Φ_1、Φ_2 为 MOS 电容的栅极,通过 Φ_1、Φ_2 外加脉冲电压。

电荷转移电极 SH 为摄像区 MOS 电容的控制电极,外加周期性脉冲电压。在脉冲电压低电平期间,摄像区中的 MOS 电容形成势阱暂存光敏元转换的电荷,建立起一个与图像明暗成比例的电荷图像。高电平期间,摄像区的 MOS 电容中的电荷同时读到线阵 CCD 模拟移位寄存器的 MOS 电容中,奇数位信号转移到移位寄存器 1,偶数位信号转移到移位寄存器 2。在下一个周期的低电平期间,摄像区的 MOS 电容摄取第二帧图像,与此同时,线阵 CCD 转移寄存器的 MOS 电容中的电荷,在 Φ_1、Φ_2、脉冲电压的作用下,以奇、偶序号交替的方式逐个移位到输出机构中,恢复了摄像时的次序。

由场效应管 Q1、Q2 构成的两个源极跟随器构成输出机构,将来自线阵 CCD 移位寄存器携带图像信息的电荷包以电压的形式送到器件外,OS 是输出电极。

输出机构接有复位电极 RS,它接到 Q1 的栅极,每当前一个电荷包输出完毕,下一个电荷包尚未输出之前,RS 上应出现复位脉冲,将前一个电荷包抽走,使 Q1 栅极复原,准备接收下一个电荷包。

DOS 为采样保持电路的控制端,当 DOS 加适当脉冲电压时,线阵 CCD 输出信号得到了采样保持,OS 端输出连续信号;DOS 加直流电压时,采样保持电路不起作用,OS 端输出信号与光强成正比,通常均用此种情况。

2. 驱动脉冲及时序要求

要使线阵 CCD 器件正常工作,至少要在 SH、Φ_1、Φ_2、RS 电极上加四路脉冲电压。这四路脉冲的周期和时序要满足图 5-27 所示要求,图中 U_o 为线阵 CCD 输出信号。

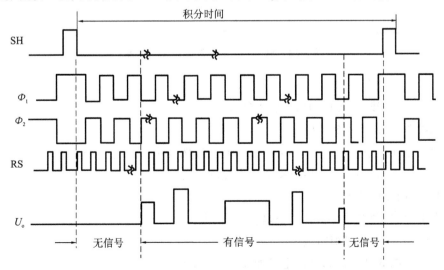

图 5-27　线阵 CCD 驱动时序示意图

SH 为电荷转移电极控制脉冲。SH 为低电平时处于"采光期",进行摄像,摄像区的 MOS 电容对光生电子进行积累;SH 为高电平时,摄像区积累的光生电子按奇偶顺序移向两侧的移位寄存器中,时间很短,所以 SH 脉冲的周期决定了器件采光时间的长短。SH 脉冲的周期称为积分时间。

Φ_1、Φ_2 为加在移位寄存器 MOS 电容上的脉冲,称为驱动频率。在 SH 脉冲的一个周期内,两侧的移位寄存器在 Φ_1、Φ_2 驱动脉冲的作用下,把上一周期转移来的电荷包逐个依次输出到器件外。每当 Φ_1 或 Φ_2 高电平时就输出一个电荷包,按奇偶顺序移位,Φ_1 移奇数位,Φ_2 移偶数位。因此,Φ_1、Φ_2 的位相必须相反。关于电荷传输的原理请参见下一实验。

驱动频率的大小要适当,因为电荷的传输是从一个势阱依次传到下一势阱,需要一定的时间,Φ_1、Φ_2 的周期若小于这一时间,势阱的电荷不能全部输出,则影响输出信号幅度和精度,太大会使噪声增大。

SH 和 Φ_1、Φ_2 必须满足:SH 的周期等于或稍大于 2160/2 个 Φ_1、Φ_2 脉冲周期,小于这个值则电荷包不能全部输出,会影响下个周期输出信号的精度;太大会影响器件的运行。

RS 脉冲为复位脉冲,其频率为 Φ_1、Φ_2 脉冲频率的两倍。

以上四个脉冲除频率要满足以上要求外,脉冲波形也有一定要求,尤其是 SH、Φ_1、Φ_2 脉冲之间的关系,当 SH 为高电平时,Φ_1 必须同时为高电平,且 Φ_1 必须比 SH 提前上升;当 SH 为低电平时,Φ_1 必须同时为低电平,且 Φ_1 必须比 SH 滞后下降,如图 5-28 所示。值得说明的是,用模拟示波器是很难测出这些时间的。

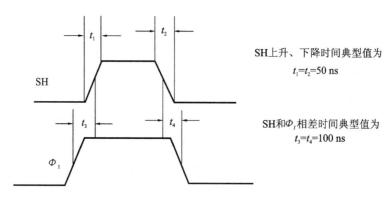

图 5-28　SH 与 Φ_1 脉冲波形要求示意图

3.实验模块简介

1)TCD1200D 线阵 CCD 图像传感器特性

(1)像敏单元数目:2160 像元。

(2)像敏单元大小:14 μm×14μm×14μm(相邻像元中心距为 14μm)。

(3)光敏区域:采用高灵敏度 PN 结作为光敏单元。

(4)时钟:两相(5 V)。

(5)内部电路:包含采样保持电路,输出预放大电路。

(6)封装形式:22 脚 DIP 封装。

(7)管脚如图 5-29 所示,具体定义如表 5-25 所示。

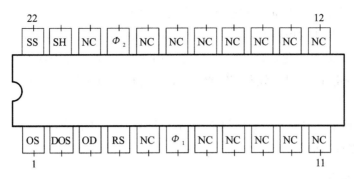

图 5-29 TCD1200D 管脚

表 5-25 TCD1200D 管脚定义

符 号	名 称	符 号	名 称
Φ_1	时钟 1	OS	信号输出
Φ_2	时钟 2	DOS	补偿输出
SH	转移控制栅	OD	电源
RS	复位栅	SS	地
NC	空脚		

（8）工作条件如表 5-26 所示。

表 5-26 线阵 TCD1200D 工作条件

特 性		符 号	最小值	典型值	最大值	单 位
时钟脉冲电压	高电平	U_Φ	4.5	5	5.5	V
	低电平		0	0.2	0.5	
转移脉冲电压	高电平	U_{SH}	4.5	5	5.5	V
	低电平		0	0.2	0.5	
复位脉冲电压	高电平	U_{RS}	4.5	5	5.5	V
	低电平		0	0.2	0.5	
电源电压		U_{OD}	11.4	12	13	V
时钟脉冲频率		f_Φ	0.1	0.5	1.0	MHz
复位脉冲频率		f_{RS}	0.2	1.0	2.0	MHz

2）线阵 CCD 模块简介

该模块由以下 3 部分组成。

（1）线阵 CCD 驱动及调节电路：产生线阵 CCD 驱动所需的各种驱动时序脉冲；提供"积分时间"及"驱动频率"的调节信号。

①调整 SH 脉冲的周期，按"积分时间"，DS1 可以轮番显示 0、1、2、3，对应不同的 SH 脉冲周期，0 对应最小周期，3 对应最大周期。

②调整时钟脉冲频率和复位脉冲频率，按"驱动频率"，DS2 可以轮番显示 0、1、2、3、4、5，

对应不同的时钟频率,0 对应最大频率,5 对应最小频率。

③为保证 SH 脉冲的周期等于或稍大于 2160/2 个 Φ_1、Φ_2 脉冲周期,调整时钟脉冲频率时,SH 脉冲的周期随之变化,而调整 SH 脉冲的周期时,时钟脉冲周期不变。

(2)数据处理电路:提供对线阵 CCD 输出信号进行二值化处理的硬件电路,W1 电位器可调整阈值电平。

(3)USB 数据采集电路:为线阵 CCD 输出与计算机接口电路,目的是通过软件对线阵 CCD 输出信号进行二值化处理。

【实验装置】

光电技术创新综合实验平台,双踪同步示波器(20 MHz 以上),线阵 CCD 模块,连接导线。

【实验内容与步骤】

1.线阵 CCD 驱动测试

(1)将线阵 CCD 模块的 5 V、12 V、GND 分别连接至主平台的"+5V""12V"及"GND"(线阵 CCD 模块上面的短路块 J9 的 2、3 用短路帽连接)。

(2)打开电源开关 K1,本次实验不需要使用结构件,只需接上电源即可。

(3)用"积分时间"按钮调整转移脉冲 SH 周期挡为 0 挡,用"驱动频率"按钮调整时钟脉冲频率为 0 挡,观察积分时间显示窗口和驱动频率显示窗口的显示数据,并用积分时间设置按钮调整积分时间挡为 0 挡(按黑色按钮依次由 0→1→2→3→0 变化),用频率设置按钮调整频率为 0 挡(按黑色按钮依次由 0→1→2→3→4→5→0 变化)。然后打开示波器的电源开关,用双踪示波器检查线阵 CCD 驱动器的各路脉冲波形是否正确。如正确,则继续进行以下实验;否则,应请指导教师检查。

2.测量驱动时序和相位

(1)用 CH1 探头测试转移脉冲 Φ_1,用 CH1 作触发信号,调节"扫描速度"和"同步"使之同步,使 SH 脉冲至少出现一个周期。

(2)用 CH2 探头测试 Φ_1,调节示波器扫描速度展开 SH,观察 Φ_1 和 SH 的时序和相位是否符合要求。

(3)用 CH1 探头测试 Φ_1,用 CH2 分别测试 Φ_2、RS,观察时序和相位是否符合要求。

3.测量驱动频率

分别测出各频率挡 Φ_1、Φ_2、RS 的周期、频率、幅度,填入表 5-27 中。

表 5-27　驱动频率的测量

驱动频率	项　　目	Φ_1	Φ_2	RS
0 挡	周期/ms			
	频率/Hz			
	幅度/V			

续表

驱动频率	项　　目	Φ_1	Φ_2	RS
1 挡	周期/ms			
	频率/Hz			
	幅度/V			
2 挡	周期/ms			
	频率/Hz			
	幅度/V			
3 挡	周期/ms			
	频率/Hz			
	幅度/V			
4 挡	周期/ms			
	频率/Hz			
	幅度/V			
5 挡	周期/ms			
	频率/Hz			
	幅度/V			

4. 测量积分时间

(1)将驱动频率设为 0 挡,用 CH1 观测 SH 脉冲周期,分别测出各积分时间挡位的 SH 周期,填入表 5-28 中。

(2)再改变驱动频率挡位,测出不同驱动频率挡位各积分时间挡位的 SH 周期,填入表 5-28 中。

表 5-28　积分时间的测量

驱动频率 0 挡		驱动频率 1 挡		驱动频率 2 挡		驱动频率 3 挡	
积分时间/挡	SH 周期/ms	积分时间/挡	SH 周期/ms	积分时间/挡	SH 周期/ms	积分时间/挡	SH 周期/ms
0		0		0		0	
1		1		1		1	
2		2		2		2	
3		3		3		3	

驱动频率 4 挡		驱动频率 5 挡	
积分时间/挡	SH 周期/ms	积分时间/挡	SH 周期/ms
0		0	
1		1	
2		2	
3		3	

5.关机结束

关闭线阵 CCD 模块电源,关闭示波器电源,将各实验设备还原。

【数据记录与处理】

(1)按实验步骤完成数据记录表。

(2)按实验步骤进行数据分析与绘图。

【问题思考】

结合实验测量结果,画出 SH、Φ_1、Φ_2、RS 的波形,说明时序和相位关系,进而说明 TCD1200D 的基本工作原理。

实验 5-8　线阵 CCD 测量物体宽度实验

【实验预习】

(1)线阵 CCD 测物体宽度的工作原理。

(2)线阵 CCD 在不同驱动频率和不同积分情况下输出信号。

【实验目的】

(1)通过对典型线阵 CCD 在不同驱动频率和不同积分时间下输出信号的测量,进一步掌握线阵 CCD 的有关特性,掌握积分时间的意义以及驱动频率与积分时间对 CCD 输出信号的影响。

(2)定性了解线阵 CCD 进行物体测量的方法。

【实验原理】

两相线阵 CCD 电荷传输原理示意图如图 5-30 所示。

每一相有两个电极(即原理中的一个线阵 CCD 转移寄存器的 MOS 电容实际中用两个),这两个电极与半导体衬底间的绝缘体厚度不同,在同一外加电压下产生两个不同深度的势阱,绝缘体薄的那个 MOS 电容比绝缘体厚的那个 MOS 电容势阱深,只要不是过多的电荷引入,电荷总是存于右边那个势阱。图 5-30(b)显示了相位相差 180°的驱动脉冲 Φ_1 为高电位、Φ_2 为低电位时 MOS 电容的势阱深度及电荷存储情况。图 5-30(c)表示 Φ_1 和 Φ_2 电位相等时的情况,这时电荷还不能移动。图 5-30(d)显示了 Φ_1 为低电位、Φ_2 为高电位时的情况,这时电荷流入 Φ_2 相的势阱,当 Φ_1 和 Φ_2 电位再相等时电荷停止流动。

电荷传输机理证明,电荷从一个势阱传输到下一个势阱需要一定的时间,且电荷传输随时间的变化遵循指数衰减规律,只有由 Φ_1 和 Φ_2 的频率所确定的电荷传输时间大于或等于电荷传输所需的时间,电荷才能全部传输。但在实际应用中,从工作速率考虑,由频率所确定的电荷传输时间往往小于电荷本身传输所需的时间。这就是说,电荷的转移效率与驱动频率有关。驱动频率越低,输出信号越强。积分时间为光电转换的时间,显然,积分时间越长,光敏区的 MOS 电容存储的电荷越多,相应输出信号越强。

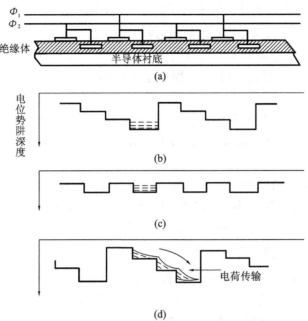

图 5-30　两相线阵 CCD 电荷传输原理示意图

(a)两相线阵 CCD 的基本结构；(b)Φ_1 高电位 Φ_2 低电位；(c)Φ_1 与 Φ_2 同电位；(d)Φ_1 低电位 Φ_2 高电位

【实验装置】

光电技术创新综合实验平台，双踪同步示波器(20 MHz 以上)，线阵 CCD 模块，连接导线，光源特性测试模块，线阵 CCD 光路组件，航空插座连接线。

【实验内容与步骤】

1. 检测线阵 CCD 在不同驱动频率与不同光强下的输出信号

(1)用航空插座连接线将线阵 CCD 光路组件连接到线阵 CCD 模块(线阵 CCD 模块上面的短路块 J9 的 2、3 用短路帽连接)。

(2)将线阵 CCD 光路组件连接到光源特性测试模块，具体方法是：线阵 CCD 光路组件红色迭插头连接到光源特性测试模块的 J306 台阶插座，黑色迭插头连接光源特性测试模块的 J307 台阶插座；光源特性测试模块的 K301 拨到"恒流"，K302 拨到"电流源"。按下光源特性测试模块电源开关。

(3)将中号物片放入线阵 CCD 光路组件的物片窗口(注意保持与线阵 CCD 光路组件表面的垂直)，打开模块的电源开关。将积分时间开关置于 0 挡，驱动频率开关置于 2 挡，用 CH1 探头测量 SH 并使之同步，用 CH2 探头测量输出信号 U_o，调整光源驱动(光源特性测试模块的 W302 电位器)，使 U_o 信号较为圆滑，观测 SH 与 U_o 的关系，并画出其波形图。

(4)改变线阵 CCD 像敏元的照度，观察输出信号 U_o 的波形变化。画出当光强变化时输出信号 U_o 的波形图。

(5)积分时间不变，改变驱动频率完成(1)、(2)步骤的实验内容。

(6)分析上述实验现象，并说明驱动频率与输出信号的变化关系。(为什么当驱动频率过低时 U_o 无输出信号？)

2.测量线阵 CCD 在不同积分时间与不同光强下的输出信号

(1)将中号物片放入线阵 CCD 光路组件的物片窗口（注意保持与线阵 CCD 光路组件表面的垂直），打开模块的电源开关。将驱动频率开关置于 3 挡，积分时间开关置于 0 挡，用 CH1 探头测量 SH 并使之同步，用 CH2 探头测量输出信号 U_o，观测 SH 与 U_o 的关系，并画出其波形图。

(2)改变线阵 CCD 像敏元的照度（通过调节光源特性测试模块的 W302 电位器，减小 LED 面光源光强），观察输出信号 U_o 的波形变化。画出当光强变化时输出信号 U_o 的波形图。

(3)驱动频率不变，改变积分时间完成(1)、(2)步骤的实验内容。

(4)分析上述实验现象，并说明积分时间与输出信号的变化关系。

(5)关机结束。关闭线阵 CCD 模块电源，关闭示波器电源。

3.学习线阵 CCD 的数据采集输出软件

(1)首先将实验仪的 USB 端口和计算机 USB 端口用专用 USB 数据线缆连接良好。

(2)打开计算机电源，完成系统启动后进入下面的操作。

(3)打开电源开关，用示波器测量 Φ_1、Φ_2、RS、SH 等各路驱动脉冲的波形是否正确。如果与实验 1 所示的波形相符，继续进行下面实验；否则，应请指导教师检查。

(4)检查 U_o、U_i 波形与前面实验是否一致。若否，应请指导教师检查。

(5)运行线阵 CCD 应用软件，如果打开设备失败，应请指导教师检查；如正常连接，计算机任务栏右下角会有图标显示。软件主界面如图 5-31 所示。

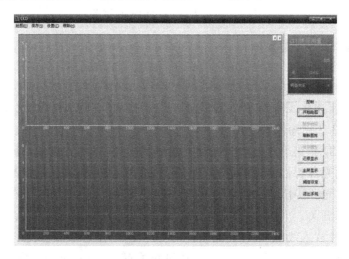

图 5-31　软件主界面

选择"开始绘图"开始数据采集。主窗口观察数据采集波形，上面为二值化的波形，下面为线阵 CCD 输出信号波形。

鼠标双击波形指定位置，将放大显示双击位置的像素幅值大小，每个页面显示 50 个像素，可以通过点击右上角分别指示左右的小三角符号显示相邻页面的像素。通过点击"还原显示"回到波形显示界面。

(6)实验完成后，关闭实验仪。

4.学习线阵 CCD 的二值化处理方法

(1)首先将实验仪的 USB 端口和计算机 USB 端口用专用 USB 数据线缆连接良好。

(2)打开计算机电源,运行线阵 CCD 应用软件,如果打开设备失败,应请指导教师检查;如正常连接,计算机任务栏右下角会有图标显示。软件主界面如图 5-31 所示。

(3)点击"阈值设定",可以对线阵 CCD 输出信号进行软件二值化处理。阈值设定数值范围为 0～256,对应阈值电压为 0～4 V(界面右上角显示对应阈值电压)。

(4)主界面右上角 CCD 线径测量下面显示物体宽度(即二值化后中间高电平部分宽度)。

(5)点击"保存"可以保存波形图像到指定位置。

(6)实验完成后,关闭实验仪。

【数据记录与处理】

(1)按实验步骤完成数据记录。

(2)按实验步骤进行数据分析与绘图。

【问题思考】

线阵 CCD 测量物体宽度实验中,影响测量精度的因素有哪些?

实验 5-9　光栅衍射、莫尔条纹和光栅测距实验

【实验预习】

(1)光栅衍射和莫尔条纹现象。
(2)光栅常数和激光波长的测量。
(3)光栅测距原理。

【实验目的】

(1)观察光栅衍射现象,研究光栅衍射规律及其应用。
(2)观察莫尔条纹,研究光栅测距原理。

【实验原理】

光栅是一种常用的光学色散元件,具有空间周期性,好像是一块由大量的等宽、等间距并相互平行的细狭缝组成的衍射屏,色散率大、分辨本领高,可用来直接测定光波的波长,研究光谱线的结构和强度。标志其性质的一个重要物理量就是光栅常数 d,它满足的方程就是光栅方程。图 5-32 为光栅衍射光路图。

光栅常数:

$$d=a+b \tag{5-12}$$

式中:a——透光缝宽;

　　b——不透光缝宽。

光栅方程:

$$d\sin\theta = k\lambda \quad (k=0,\pm1,\pm2,\pm3\cdots) \tag{5-13}$$

式中:θ——衍射角;

　　λ——所用光波的波长;

　　k——衍射光谱的级次。

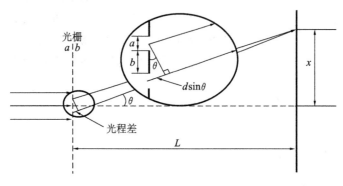

图 5-32　光栅衍射光路图

根据光栅方程,亮条纹的位置由光栅方程决定,如果只考虑 $k=\pm1$ 级的情况,$\sin\theta$ 就是一个很小的量,此时 $\sin\theta\approx\tan\theta$,因此,光栅方程可以写成:

$$d\sin\theta\approx d\tan\theta=d\,\frac{x}{L}=\lambda \tag{5-14}$$

利用光栅方程,如果已知光波波长,通过测量 L 和 x,就可以得到光栅常数 d;反之,如果已知光栅常数 d,同样可以计算得到光波波长。

$$d=\frac{L}{x}\lambda \tag{5-15}$$

莫尔条纹是 18 世纪法国研究人员莫尔首先发现的一种光学现象。从技术角度上讲,莫尔条纹是两条线或两个物体之间以恒定的角度和频率发生干涉的视觉结果,当人眼无法分辨这两条线或两个物体时,只能看到干涉的花纹,这种光学现象就是莫尔条纹。

当把两块光栅距相等的光栅平行安装,并且使光栅刻痕相对保持一个较小的夹角 θ 时,透过光栅组可以看到一组明暗相间的条纹,即莫尔条纹。

莫尔条纹的宽度 B 为

$$B=P/\sin\theta \tag{5-16}$$

式中:P——光栅距。

光栅刻痕重合部分形成条纹暗带,非重合部分光线得以透过则形成条纹亮带。光栅莫尔条纹的两个主要特征如下。

(1)判向作用:当指示光栅相对于固定不动的主光栅左右移动时,莫尔条纹将沿着靠近栅线的方向上下移动,由此可以确定光栅移动的方向。

(2)位移放大作用:当指示光栅沿着与光栅刻线垂直方向移动一个光栅距 d 时,莫尔条纹移动一个条纹宽度 B;当两个等距光栅之间的夹角 θ 较小时,指示光栅移动一个光栅距 d,莫尔条纹就移动 Kd 的距离,$K=B/d\approx1/\theta$,$B=d/[2\sin(\theta/2)]\approx d/\theta$,这样就可以把肉眼看不见的光栅距位移变成清晰可见的条纹位移,实现高灵敏的位移测量。

【实验装置】

光电器件和光电技术综合设计平台,光通路组件,光栅组件。

【实验内容与步骤】

按照图 5-33 将半导体激光器、光栅、接收屏安放在光学道轨上,调节它们的高低和方向,使它们同轴。

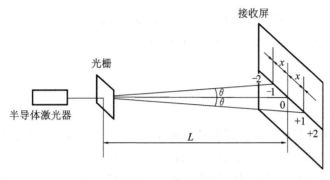

图 5-33　光栅实验装置图

(1)调节半导体激光器、一维光栅、接收屏的位置。

(2)接通半导体激光器的电源,通过调节半导体激光器后面的调节螺钉使光束通过光栅中心。

(3)通过接收屏观测光栅衍射图样,并记录相关图像,根据实验原理验证光栅常数及波长的测量。

(4)将光栅对着日光灯或者其他类似光源,观察光栅的色散现象并记录。分析光栅色散产生的原因。

(5)调节两光栅夹角,使白屏上出现清晰条纹。调节光栅组件螺旋测微器,改变两光栅相对位移,观察条纹变化,验证光栅测距原理。

【数据记录与处理】

(1)按实验步骤完成数据记录。

(2)按实验步骤记录实验现象。

【注意事项】

(1)不要用肉眼直视激光器输出光,防止造成伤害。

(2)仪器放置处不可长时间受阳光照射。

(3)激光器发出的光束应平行于工作平台的工作面。

(4)光束应通过放入光路中的部件的中心,保证光束垂直入射到接收器上。

(5)在插拔线时,先关掉电源开关。

【问题思考】

说明莫尔条纹的形成原理。

实验 5-10　光电耦合器测试及应用实验

【实验预习】

(1)对射式光电开关转速测量原理。

(2)反射式光电开关转速测量原理。

【实验目的】

(1)了解光电开关(反射式、对射式)的工作原理及其特性。

(2)掌握使用光电开关测量转速的原理及方法。

【实验原理】

1. 光电耦合器件

在工业检测、电信号的传送处理和计算机系统中,常用继电器、脉冲变压器和复杂的电路来实现输入、输出端装置与主机之间的隔离、开关、匹配和抗干扰等功能。而继电器动作慢、有些触点工作不可靠,变压器体积大、频带窄,所以它们都不是理想的部件。随着光电技术的发展,20 世纪 70 年代以后出现了一种新的功能器件——光电耦合器件。它是将发光器件(LED)和光敏器件(光敏二极管、光敏三极管等)密封装在一起形成的一个电-光-电器件,如图 5-34 所示。

这种器件在信息的传输过程中将光作为媒介把输入边和输出边的电信号耦合在一起,在它的线性工作范围内,这种耦合具有线性变化关系。由于输入边和输出边仅用光来耦合,在电性能上完全是隔离的;因此,光电耦合器件的电隔离性能、线性传输性能等许多特性,都是从"光耦合"这一基本特点中引申出来的。故也有人把光电耦合器件称为光电隔离器。

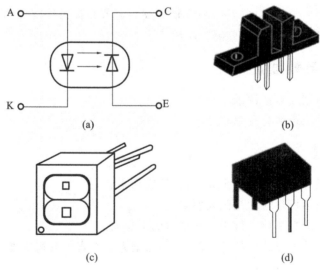

图 5-34　光电耦合器件

(a) 光电耦合器电路;(b)对射式光电耦合开关;(c)同侧光电耦合开关;(d)DIP 封装的光电耦合器

2. 光电耦合器件的特点

(1)具有电隔离的功能。它的输入、输出信号间完全没有电路的联系,所以输入和输出回路的电平零位可以任意选择。绝缘电阻高达 $10^{10} \sim 10^{12}$ Ω,击穿电压高一般可超过 1 kV,有的甚至可以达到 10 kV 以上,耦合电容小到零点几皮法。

(2)信号传输是单向性的,不论脉冲、直流都可以使用。适用于模拟信号和数字信号。

(3)具有抗干扰和噪声的能力。它作为继电器和变压器使用时,可以使线路板上看不到磁性元件。它不受外界电磁干扰、电源干扰和杂光影响。

(4)响应速度快。一般可达微秒数量级,甚至纳秒数量级,它可传输的信号频率在 $0 \sim 10$ MHz 之间。

(5)使用方便,具有一般固体器件的可靠性,体积小,重量轻,抗震,密封防水,性能稳定,耗电低,成本低。工作温度范围在 $-55 \sim +100$ ℃之间。

光电耦合器件性能上的优点使它的发展非常迅速;目前,光电耦合器件在品种上有 8 类 500 多种。它已在自动控制、遥控遥测、航空技术、电子计算机和其他光电、电子技术中得到广泛的应用。

3. 光电耦合器件的优点

光电耦合器件的重要优点就是能强有力地抑制尖脉冲及各种噪声等的干扰,大大提高了传输信息中的信噪比。光电耦合器件之所以具有很高的抗干扰能力,主要有下面几个原因。

(1)光电耦合器件的输入阻抗很小,一般为 10 Ω $\sim$ 1 kΩ;而干扰源的内阻一般都很大,一般为 1 kΩ $\sim$ 1 MΩ。按一般分压比的原理来计算,能够反馈到光电耦合器件输入端的干扰噪声就变得很小了。

(2)由于一般干扰噪声源的内阻都很大,虽然也能供给较大的干扰电压,但可供出的能量却很小,只能形成很微弱的电流。而光电耦合器件输入端的发光二极管只有在通过一定的电流时才能发光;因此,即使是电压幅值很高的干扰,由于没有足够的能量,不能使发光二极管发光,也被它抑制掉了。

(3)光电耦合器件的输入、输出边是用光耦合的,且这种耦合又是在一个密封管壳内进行的,因而不会受到外界光的干扰。

(4)光电耦合器件的输入、输出间的寄生电容很小(一般为 $0.6 \sim 2$ pF),绝缘电阻又非常大(一般为 $10^{11} \sim 10^{13}$ Ω),因而输出系统内的各种干扰噪声很难通过光电耦合器件反馈到输入系统中去。

4. 电流传输比 CTR

电流传输比(CTR)指的是副边电流与原边电流之比,即当原边流过一定电流时,副边电流在这个原边电流下的最大值与原边电流之比。当输出电压保持恒定时,它等于直流输出电流 I_C 与直流输入电流 I_F 的百分比。当接收管的电流放大系数 h_{FE} 为常数时,它等于输出电流 I_C 与输入电流 I_F 之比,通常用百分数来表示。

$$\text{CTR} = I_C / I_F \times 100\% \tag{5-17}$$

采用一只光敏三极管的光电耦合器,CTR 的范围大多为 20% $\sim$ 30%(如 4N35),而

PC817 的 CTR 的范围则为 $80\% \sim 160\%$，达林顿型光电耦合器（如 4N30）的 CTR 的范围可达 $100\% \sim 500\%$。这表明欲获得同样的输出电流，后者只需较小的输入电流。因此，CTR 参数与晶体管的 h_{FE} 有某种相似之处。普通光电耦合器的 CTR-I_F 特性曲线呈非线性，在 I_F 较小时的非线性失真尤为严重，因此它不适合传输模拟信号。线性光电耦合器的 CTR-I_F 特性曲线具有良好的线性度，特别是在传输小信号时，其交流电流传输比（$\Delta CTR = \Delta I_C / \Delta I_F$）很接近于直流电流传输比 CTR 值。因此，它适合传输模拟电压或电流信号，能使输出与输入之间成线性关系。这是其重要特性。

【实验装置】

光电器件和光电技术综合设计平台，示波器，光电耦合器模块，负载模块，若干连接导线。

【实验内容与步骤】

1. 检验对射式光电开关实验原理（非调制）

（1）将光电器件和光电技术综合设计平台的一路"＋5V""⊥"接到光电耦合器模块的"＋5V""GND"。

（2）将面板右上对射式光电开关的 4 个引脚插座根据标识用导线对应接入面板右下的光电开关输入插座。

（3）打开电源，手动转动转盘，使光电开关光路挡住或畅通，观察输出开关指示灯状态。

（4）若没有光电开关指示输出，调节电位器 W1、W2，直至光电开关指示输出。

（5）观察光电开关现象并分析原理。

2. 检验反射式光电开关实验原理（非调制）

（1）台体电源、光电器件供电及光电耦合器模块的连接与对射式光电开关实验的接法相同。

（2）将面板右上反射式光电开关的 4 个引脚插座根据标识用导线对应接入面板右下的光电开关输入插座。

（3）打开电源，手动转动转盘，使光电开关光路挡住或畅通，观察输出开关指示灯状态。

（4）若没有光电开关指示输出，调节电位器 W1、W2，直至光电开关指示输出。

（5）观察光电开关现象并分析原理。

3. 对射式光电开关测量转速

（1）台体电源、光电器件供电及光电耦合器模块的连接与对射式光电开关实验的接法相同。

（2）将面板右上对射式光电开关的 4 个引脚插座根据标识用导线对应接入面板右下的光电开关输入插座。

（3）打开电源，手动转动转盘，使光电开关光路挡住或畅通，观察输出开关指示灯状态。

（4）若没有光电开关指示输出，调节电位器 W1、W2，直至光电开关指示输出。

（5）打开电源，调节电位器 W1，用示波器测量模块右下"F"插座的输出信号，试根据示波器测试值计算转速。注意,转速单位为 r/min。

(6)关闭电源。

4.反射式光电开关测量转速

(1)台体电源、光电器件供电及光电耦合器模块的连接与对射式光电开关实验的接法相同。

(2)将面板右上反射式光电开关的 4 个引脚插座根据标识用导线对应接入面板右下的光电开关输入插座。

(3)打开电源,手动转动转盘,使光电开关光路挡住或畅通,观察输出开关指示灯状态。

(4)若没有光电开关指示输出,调节电位器 W1、W2,直至光电开关指示输出。

(5)打开电源,调节电位器 W1,用示波器测量模块右下"F"插座的输出信号,试根据示波器测试值计算转速。注意,转速单位为 r/min。

(6)关闭电源。

5.验证对射式光电开关的伏安特性

(1)按照图 5-35 将对射式光电开关内红外发光二极管连接到正向伏安特性测量电路中。(R_L 取自负载模块,电压取自精密线性稳压电源。)

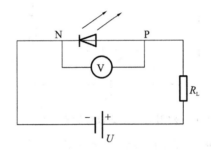

图 5-35　对射式光电开关伏安特性测试电路

(2)R_L 取 1 kΩ。电压从最小开始调节,观察正向电流,当开始有正向电流时(电压一般在 0.6 V 左右)微调调节电压。要求数据点不得少于 20 个。数据测出后,将 R_L 分别换为 2 kΩ、510 Ω 电阻,重复此步骤(本实验所用电流值均为欧姆定律计算所得,此电压为电阻 R_L 上电压,如表 5-29 所示)。

表 5-29　电流电压测量数据记录表(1)

项　　目	数　据　记　录		
电压(1 kΩ)/V			...
电流/mA			...
电压(2 kΩ)/V			...
电流/mA			...
电压(510 Ω)/V			...
电流/mA			...

(3)由表 5-29 得出电流值及红外发光二极管上偏压值,填入表 5-30。描出伏安特性曲线。

表 5-30　电流电压测量数据记录表(2)

项　目	数 据 记 录		
偏压/V			...
电流(1 kΩ)/mA			...
电流(2 kΩ)/mA			...
电流(510 Ω)/mA			...

(4)按照图 5-36 将对射式光电开关内的光电三极管连接到伏安特性测量电路中。(R_L 取自负载模块,电压取自精密线性稳压电源。)

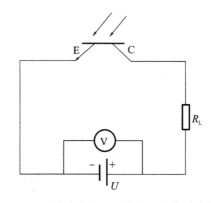

图 5-36　对射式光电三极管伏安特性测试电路

(5)R_L 取 1 kΩ。电压从最小开始调节。要求数据点不得少于 20 个。数据测出后,将 R_L 分别换为 2 kΩ、510 Ω 电阻,重复此步骤(本实验所用电流值均为欧姆定律计算所得,此电压为电阻 R_L 上电压,如表 5-31 所示)。

表 5-31　电流电压测量数据记录表(3)

项　目	数 据 记 录		
电压(1 kΩ)/V			...
电流/mA			...
电压(2 kΩ)/V			...
电流/mA			...
电压(510 Ω)/V			...
电流/mA			...

(6)由表 5-31 得出电流值及红外发光二极管上偏压值,填入表 5-32,描出伏安特性曲线。

表 5-32　电流电压测量数据记录表(4)

项　　目	数　据　记　录		
偏压/V			...
电流(1 kΩ)/mA			...
电流(2 kΩ)/mA			...
电流(510 Ω)/mA			...

6.验证反射式光电开关的伏安特性

(1)按照图 5-35 将反射式光电开关内红外发光二极管连接到正向伏安特性测量电路中。(R_L 取自负载模块,电压取自精密线性稳压电源。)

(2)R_L 取 1 kΩ。电压从最小开始调节,观察正向电流,当开始有正向电流时(电压一般在 0.6 V 左右)微调调节电压。要求数据点不得少于 20 个。数据测出后,将 R_L 分别换为 2 kΩ、510 Ω 电阻,重复此步骤(本实验所用电流值均为欧姆定律计算所得,此电压为电阻 R_L 上电压,如表 5-33 所示)。

表 5-33　电流电压测量数据记录表(5)

项　　目	数　据　记　录		
电压(1 kΩ)/V			...
电流/mA			...
电压(2 kΩ)/V			...
电流/mA			...
电压(510 Ω)/V			...
电流/mA			...

(3)由表 5-33 得出电流值及红外发光二极管上偏压值,填入表 5-34,描出伏安特性曲线。

表 5-34　电流电压测量数据记录表(6)

项　　目	数　据　记　录		
偏压/V			...
电流(1 kΩ)/mA			...
电流(2 kΩ)/mA			...
电流(510 Ω)/mA			...

(4)按照图 5-36 将反射式光电开关内的光电三极管连接到伏安特性测量电路中。(R_L 取自负载模块,电压取自精密线性稳压电源。)

(5)R_L 取 1 kΩ。电压从最小开始调节。要求数据点不得少于 20 个。数据测出后,将 R_L 分别换为 2 kΩ、510 Ω 电阻,重复此步骤(本实验所用电流值均为欧姆定律计算所得,此电压

为电阻 R_L 上电压,如表 5-35 所示)。

表 5-35　电流电压测量数据记录表(7)

项　　目	数 据 记 录			
电压(1 kΩ)/V				···
电流/mA				···
电压(2 kΩ)/V				···
电流/mA				···
电压(510 Ω)/V				···
电流/mA				···

(6)由表 5-35 得出电流值及红外发光二极管上偏压值,填入表 5-36,描出伏安特性曲线。

表 5-36　电流电压测量数据记录表(8)

项　　目	数 据 记 录			
偏压/V				···
电流(1 kΩ)/mA				···
电流(2 kΩ)/mA				···
电流(510 Ω)/mA				···

7. 测量对射式光电开关的电流传输比

(1)台体电源、光电器件供电及光电耦合器模块的连接与对射式光电开关实验的接法相同。

(2)将面板右上对射式光电开关的 4 个引脚插座根据标识用导线对应接入面板右下的光电开关输入插座。

(3)打开电源,手动转动转盘,使光电开关光路挡住或畅通,观察输出开关指示灯状态。

(4)用电流表测光电开关内红外发光二极管的输入电流 I_F,光敏三极管 C 极电流 I_C。

(5)按照公式 $CTR = I_C / I_F \times 100\%$,求出电流传输比。

8. 测量反射式光电开关的电流传输比

(1)台体电源、光电器件供电及光电耦合器模块的连接与对射式光电开关实验的接法相同。

(2)将面板右上反射式光电开关的 4 个引脚插座根据标识用导线对应接入面板右下的光电开关输入插座。

(3)打开电源,手动转动转盘,使光电开关光路挡住或畅通,观察输出开关指示灯状态。

(4)用电流表测光电开关内红外发光二极管的输入电流 I_F,光敏三极管 C 极电流 I_C。

(5)按照公式 $CTR = I_C / I_F \times 100\%$,求出电流传输比。

9.电动机调速电路的基本原理

图 5-37 为电动机调速电路参考原理。直流电动机的转速与加在电动机两端的电压成正比,电压越高,转速越快。该电路采用电压反馈方式控制电动机的转速,NE555 为比较器工作方式,3 脚输出电压的占空比受 2 脚电压的控制,调节 W_1 可以设定电动机的转速。当电动机两端电压增大时,其转速超过设定的转速,此时 R_1 上电压降增大,该压降反馈到NE555 的 2 脚,则 3 脚输出脉冲电压的占空比减小,即脉冲高电平时间变短,Q1 导通时间缩短,加到电动机两端电压降低,电动机转速下降,从而保持电动机转速为恒定值。

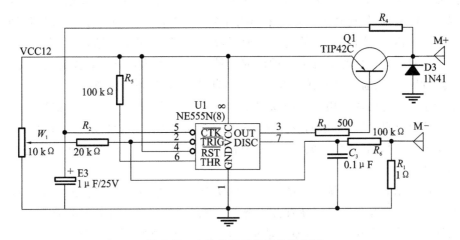

图 5-37　电动机调速电路参考原理

【数据记录与处理】

(1)按实验步骤完成数据记录表。
(2)按实验步骤进行数据分析与绘图。

【注意事项】

(1)不得随意摇动和插拔面板上元器件和芯片,以免损坏,造成实验仪不能正常工作。
(2)在使用过程中,出现任何异常情况,必须立即关机断电以确保安全。

【问题思考】

组成光电开关的光发射管和光接收管有哪些要求?

第6章　信息光学实验

6.1　概述

信息光学是光学和信息科学相结合的新的学科分支。信息光学研究是以光为载体的信息的获取、变换、处理、传递和传输。它采用线性系统理论、傅里叶分析方法分析各种光学现象，如光的传播、衍射、成像等，它的光学传递函数、光学全息和光信息处理、光计算、激光散斑计量等光信息技术已成为最为活跃的研究领域。本章介绍了光学全息实验、空间滤波实验、光的傅里叶变换实验及 θ 调制实验等6个信息光学基础和研究性实验。

信息光学实验与前面应用光学和物理光学实验相比较有其特殊性，比如光学全息实验中光记录介质是全息干板，学生们通过这个实验还要掌握全息干板处理技术；而空间滤波实验光路的调节要求采用扩束-滤波-准直三步骤的调节方法以及空间频谱和空间滤波器的正确理解与操作等。

与传统的采用非相干光源照明的光学基础实验不同，信息光学实验绝大部分都采用相干光源照明。对于非相干光学系统和相干光学系统而言，二者间有显著的差别。非相干光学系统的线性性质体现在光强上，即它是光强的线性系统，观察到的分布是光强传递变换的结果；而相干光学系统的线性性质体现在光场复振幅上，即它是光的复振幅的线性系统，观察到的分布（花样）必须先通过复振幅的传递、变换获得复振幅分布，之后再将复振幅分布转换为强度分布。由于在相干光学系统中所有光学现象都是相干光衍射和干涉的结果，因此实验中要特别注意光学元件的清洁，尽量减少相干噪声的影响。

6.2　实验预备知识

信息光学实验也是在防振工作台上用各种不同光学元件搭建光路系统。比如在光学全息实验中，需要纯净的、无杂散的激光束作为参考光，但由于扩束镜上的瑕疵、灰尘及光束路径上空气中悬浮的微粒等，扩束后的激光场中存在许多衍射斑纹（相干噪声）。为了消除相干噪声，使扩束后的激光具有平滑的光强分布，可采用针孔滤波的方法。

1. 针孔滤波原理

激光束近似具有高斯型光强分布，细激光束经过短聚焦透镜聚焦后，在透镜后焦面上出现的输入光场傅里叶变换光谱分布仍然是高斯分布；而实际输入的光束为高斯型分布的噪声函数的叠加，噪声函数中的高频成分一般很丰富，可认为谱面上的噪声谱和高斯谱是近似分离的，因此，只要选择适当的针孔直径，针孔作为低通滤波器，只让激光束中无干扰部分通过，就可以滤去噪声，获得平滑的高斯分布光场，针孔滤波原理如图 6-1 所示。

针孔滤波的具体调节步骤如下：

（1）在激光器前面一定距离放一光屏，在激光打在光屏上的一点处做记号。

（2）将针孔滤波器置于激光器和光屏之间，调整二者同高。此时在光屏上有一个亮度均

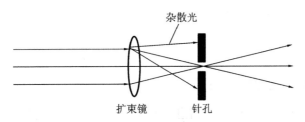

图 6-1 针孔滤波原理

匀的圆光斑,调节使之位于光屏中心记号处。

(3)把针孔放在滤波器上,将扩束镜放在针孔滤波器前面,调节扩束镜向着针孔移动,当光屏上出现光点后,调节光点使之移到光屏上中心记号位置。

(4)不断重复步骤(3),使光斑亮度逐渐增强,在光屏上观察到同心的亮暗衍射环。

(5)不断调节针孔滤波器,使中央亮斑半径不断扩大、亮度逐渐增强直至最亮最均匀为止。

2.白光全息干板处理方法

1)全息干板的裁剪

由于生产厂家出厂的全息干板是大片封装的,因此使用前必须裁剪成合适大小的方块。为便于裁出整齐、尺寸合适的干板,可以借助于事先准备的一定宽度的木条,使用金刚刀在干板的玻璃面上划裁,之后用手轻轻掰开来,将裁好的干板玻璃面与乳胶面相对叠放好,装进包装袋密封并储存在冰箱冷藏室中。

2)曝光后的干板处理

在激光全息照相实验中我们采用的是白光全息干板,曝光后的全息干板必须经过下面的步骤才能再现像。

(1)放入蒸馏水中浸泡 30 s。

(2)放入质量分数为 40% 的异丙醇中浸泡 1 min。

(3)放入质量分数为 60% 的异丙醇中浸泡 1 min。

(4)放入质量分数为 80% 的异丙醇中浸泡 15 s。

(5)放入质量分数为 100% 的异丙醇中脱水,直至出现清晰、明亮的浅红或黄绿色图像为止。

(6)取出干板,迅速用热吹风机将干板快速吹干,直到全息图重现像变为金黄色清晰、明亮图像为止(对反射式全息图)。

(7)封装。用干净的玻璃片覆盖全息感光层面,再用市面上销售的密封胶封胶密封,固化后即得一块永久保存的全息片。

说明:白光全息干板是一种新型相位型全息记录介质,采用新型的光致聚合物材料。白光全息干板产品的特点是对波长为 $630\sim671$ nm 的红光敏感,可以选择 He-Ne 激光器或红光半导体激光器作为光源。拍摄全息图时,整个操作过程可以在日光灯下进行。衍射效率高:大于 85%。分辨率高:大于 4000 线/mm。灵敏度较高:$5\sim10$ MJ/cm^2。光噪声小:板面清晰、干净。

6.3　实验

实验 6-1　反射式全息照相

全息的意义是记录物光波的全部信息。自从 20 世纪 60 年代激光出现以来,全息术得到了全面的发展和广泛的应用。它包含全息照相和全息干涉计量两大内容。

全息照相的种类很多,按一定分类法有同轴全息图、离轴全息图、菲涅耳全息图、傅里叶变换全息图、反射式体积全息图等。

【实验预习】

(1)全息照相的基本原理,波前记录和波前再现的光路。

(2)体积全息中的反射全息照相的波前记录光路、白光再现光路的特点。

【实验目的】

(1)了解全息照相的原理及特点。

(2)掌握反射全息的照相方法,学会制作物体的白光再现反射全息图。

【实验原理】

1948 年,盖伯(D. Gabor)提出了一种照相的全息术。他在实验中让单色光的一部分照明物体,另一部分直射照相底片,在底片上与物体的散射光发生干涉。底片显影后,就成为"全息图",然后再用单色光照射它,实现了"波前再现"。1960 年,相干性良好的高亮度光源激光器发明之后,于 1962 年,利思(E. N. Leith)和厄帕特奈克斯(J. Upatnieks)又提出了离轴全息术,从此,全息术有了快速的发展和多方面的应用。

从物体上反射和衍射的光波,携带的振幅和相位信息,只有通过干涉条纹的形式才能被间接地全面记录和复原。这种可逆过程决定了全息照相必须分两步完成。第一步是全息记录:用全息感光底片记录物光束和参考光束的干涉条纹。第二步是物光波前的再现,即用再现照明光以一定角度照射全息图,通过全息图的衍射,才能重现物光波前,看到立体像。

1. 波前的全息记录

设传播到记录介质上的物光波前为

$$O(x,y)=O_0(x,y)\exp\left[-\mathrm{j}\phi(x,y)\right] \tag{6-1}$$

传播到记录介质上的参考光波前为

$$R(x,y)=R_0(x,y)\exp\left[-\mathrm{j}\psi(x,y)\right] \tag{6-2}$$

则被记录的总光强为

$$I(x,y)=\left|O(x,y)+R(x,y)\right|^2 \tag{6-3}$$

将式(6-1)和(6-2)代入式(6-3),得

$$I(x,y)=\left|O(x,y)\right|^2+\left|R(x,y)\right|^2+R(x,y)O^*(x,y)+R^*(x,y)O(x,y) \tag{6-4}$$

或者

$$I(x,y)=|O(x,y)|^{2}+|R(x,y)|^{2}+2R(x,y)O(x,y)\cos[\psi(x,y)-\phi(x,y)]$$

$$(6-5)$$

　　记录介质全息干板经过曝光、显影、定影、冲洗、干燥后,就做成了全息图。如果控制好曝光量和显影条件,可以使全息图的振幅透过率 t 与曝光量 E(正比于光强 I)成线性关系(见图 6-2)。

$$t(x,y)=t_{0}+\beta' I(x,y) \tag{6-6}$$

式中: t_0 , β'——常数。

　　2.物光波前的再现

　　如果保持上一步记录用的参考光不动,让它照射制作完成又复位到干板架上的全息图,光波通过全息图上记录的复杂形状的干涉条纹,就等于通过一块复杂结构的光栅,发生衍射现象。在这衍射光波之中包括了原来形成全息图时的物光波,因此,当我们迎着物光方向观察时,就能看到物的再现像,它是一个虚像,恰好成在原物位置,它具有全面的视差特性,以致不管是否撤走原物,看起来都是一样的。直射的光束称作晕轮光。另有一个实像,称共轭像,可用白屏接收(见图 6-3)。

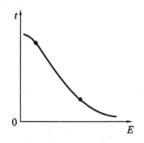

图 6-2　全息图振幅透过率与曝光量间的关系曲线　　　图 6-3　波前再现

　　上述再现照明光照到全息图上,透射光的复振幅分布为

$$U(x,y)=C(x,y)t(x,y)=t_{b}C+\beta' OO^{*}C+\beta' R^{*}CO+\beta' RCO^{*}$$
$$=U_{1}+U_{2}+U_{3}+U_{4} \tag{6-7}$$

　　式(6-7)对应的就是 3 束透射光: $U_{1}+U_{2}$ 是 0 级衍射,它不含物光的相位信息,代表有所衰减的照明光波前; U_{3} 是 +1 级衍射,相当于式(6-1)代表的物光波前乘以一个系数 bR^{2} ,成为再现的物光波前,看它就与看实物一样; U_{4} 是 -1 级衍射,包括物光的共轭波前。物光共轭波波面的曲率和物光波相反。相位因子表示传播方向的偏转,传播中与 0 级衍射分离开。

　　全息照相所需参考光既可用平面波,也常用球面波。若使用球面波做参考光,重现时的 -1 级衍射有可能不成实像,而是成虚像。如果重现照明光与原参考光方向相反(见图 6-4),也会出现 3 个方向的衍射光,此时的实像出现的角度会有些偏移。

　　全息照相与普通照相的主要区别如下。①全息照相能够把物光波的全部信息记录下来,而普通照相只能记录物光波的强度。②全息照片上每一部分都包含了被摄物体上每一点的光波信息,所以它具有可分割性,即全息照片的每一部分都能再现出物体的完整的图像。③在同一张全息底片上,可以采用不同的角度多次拍摄不同的物体,再现时,在不同的衍射方向上能够互不干扰地观察到每个物体的立体图像。

3.反射式全息照相实验光路

图 6-5 所示是反射式全息照相实验光路装置图。

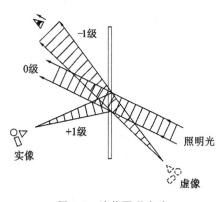

图 6-4　波前再现光路

图 6-5　反射式全息照相实验光路装置图

【实验装置】

半导体激光器,曝光定时器,反射镜组件,透镜组件,全息干板,全息照相物体,光学平台光致聚合物全息干板。

【实验内容与步骤】

(1)熟悉本实验所用仪器和光学元件。按图 6-5 摆放好各元件的位置。打开激光器电源。

(2)调节光束,应与台面平行、等高;使光均匀照射且光强适中,稍大于物体的大小。

(3)调整物体,使之与干板(屏)平行靠近,使激光束照在物体的中心。

(4)装好干板,稳定 2 min。

(5)按物体反光强弱及光源功率大小选择适当的曝光时间。

(6)按动快门,给干板曝光。

(7)将曝光后的干板进行处理。

(8)白光再现图像。

【数据记录与处理】

(1)曝光后的干板处理方法:见前述章节中的"2)曝光后的干板处理"。

(2)再现像的保存方法:在灯光下合适方位用手机拍摄再现像并用彩色打印出来,粘贴到实验报告数据记录处。

【实验注意事项】

(1)保持透镜与反射镜干净、无污染。

(2)实验过程中,要轻放干板。

(3)实验过程中,不要接触实验台,避免实验台振动,影响拍摄效果。

【问题思考】

(1)全息照相与普通照相有哪些不同？全息图的主要特点是什么？

(2)为什么反射全息图可以用白光来再现？

实验 6-2 全息光栅的制作

全息光栅,可以看成基元全息图,当参考光波和物光波都是点光源且与全息干板对称放置时可以在干板上形成平行直条纹图形,采用线性曝光可以得到正弦振幅型全息光栅。

【实验预习】

(1)全息照相的波前记录原理。

(2)光栅常数。

【实验目的】

(1)设计三种以上制作全息光栅的方法,并进行比较。

(2)设计制作全息光栅的完整步骤,拍摄出全息光栅。

(3)给出所制作的全息光栅的光栅常数值,进行不确定度计算、误差分析并做实验小结。

【实验原理】

1.光栅

光栅也称衍射光栅,是利用多缝衍射原理使光发生色散(分解为光谱)的光学元件。它是一块刻有大量平行等宽、等距狭缝(刻线)的平面玻璃或金属片。光栅的狭缝数量很大,一般每毫米几十至几千条。单色平行光通过光栅每个缝的衍射和各缝间的干涉,形成暗条纹很宽、明条纹很细的图样,这些锐细而明亮的条纹称作谱线。谱线的位置随波长而异,当复色光通过光栅后,不同波长的谱线在不同的位置出现而形成光谱。光通过光栅形成光谱是单缝衍射和多缝干涉的共同结果,如图 6-6 所示。

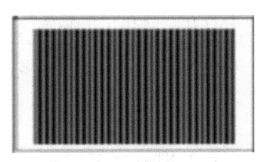

图 6-6 光栅图片

2.全息光栅的制作原理

若使全息照相光路中的物光波和参考光波都是平面波,制成的全息图就是一块全息光栅。如图 6-7 所示,激光束通过由扩束透镜和长焦距凸透镜组成的扩束系统后,形成平行光束,经过分束器分成两路,透射光波经平面反射镜 N 反射直达全息干板 H,反射光波经平面镜 M 再反射到 H,两路光波夹一 θ 角,在感光面上相干叠加,形成等间距的干涉直条纹。干板经曝光、显影、定影、漂白、烘干等处理后,所获得的全息光栅由式(6-8)(光栅方程)决定它的光栅常量(周期)d:

$$2d\sin\frac{\theta}{2}=\lambda \tag{6-8}$$

式中:λ——激光波长。

由光栅方程和全息光栅记录光路可知,只要改变 θ 角,就能控制光栅的周期 d。

设定光栅方程 $d\sin\theta=k\lambda$ 中的光栅常量 d,并在光路中确定相应的 θ 角。为此我们需要在全息干板处放置一开孔小白屏,在小白屏 P_1 背后安置另一个白屏 P_2,接收透过小白屏中心圆孔形成的两个光点 a 和 b(见图6-8),用直尺测出 x 和 l,由几何关系

$$x=2l\tan\theta \tag{6-9}$$

计算出 θ,再对照光栅方程,调节 M 和 N,达到或接近所需 θ 值为止。也可在 P_1 处放置一透镜,在后焦平面处放置一白屏,测量白屏上的两个光点 a 和 b,根据上式计算 θ。

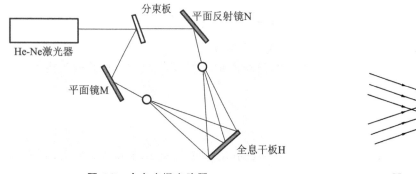

图 6-7　全息光栅光路图

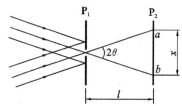

图 6-8　测定 θ 角的光路

【实验装置】

制作全息光栅的实验装置如图 6-9 所示。

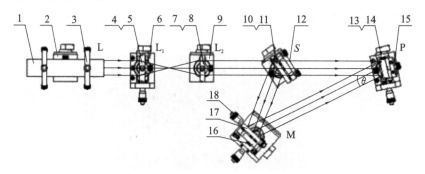

图 6-9　制作全息光栅的实验装置

1—He-Ne 激光器 L;3—激光器架(SZ-42);4,7,11—透镜架(SZ-07、SZ-08);5—扩束器 $L_1(f_1=4.5\ mm)$;

8—准直透镜 $L_2(f_2=225\ mm)$;10—5∶5 分束器;13—干板架(SZ-12);14—全息干板;16—二维支架;

17—平面镜;2,6,9,12,15,18—二维或三维平移底座(SZ-02、SZ-03、SZ-04)

【实验内容与步骤】

(1)设定全息光栅常量 d,并据此按式(6-8)估算两光束夹角 θ(精确到 0.5°甚至 1°即可)。

(2)参照图 6-9 布置光路。先不加扩束装置(L_1 和 L_2),按估算的 θ 角,使两光束在 H 面(暂用小白屏代替全息干版)交叠。

(3)在光路中加入透镜 L_1 和 L_2(扩束的光斑应在 H 面重合),然后取下小白屏。

(4)在暗室环境,将裁好的全息干板装在干板架上。静置 1 min 以后,曝光约 0.5 s,然后可在绿色安全灯下显影、停显和定影。在正常采光下水洗,漂白,风干或烘干。

(5)用显微镜观察制成的全息光栅的结构,并用手机拍下图片。

(6)用细激光束 La 垂直入射全息光栅 HG(见图 6-10),在白屏 P 上观察衍射现象(清晰的光斑可视为夫琅禾费衍射图样)。测量 HG 至 P 之间的距离 l 和 ±1 级衍射斑之间的距离 e,据此测量 3 次,根据式(6-8)计算出光栅常量,并与原先设定的数值进行比较。

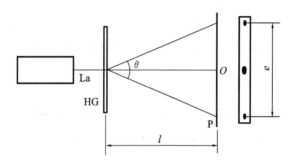

图 6-10 全息光栅制作的光路

【数据记录与处理】

(1)用手机拍下制成的全息光栅的结构图片,然后打印出来粘贴在实验报告数据记录处。

(2)测定所制作的光栅常数。将各个测量值记录在表 6-1 中,并由公式(6-8)计算出光栅常量。

表 6-1 数据记录表 (单位:mm)

次　数	待　测　量			
	l	e	d	$\bar{d}$
1				
2				
3				

【注意事项】

(1)不要正对着激光束观察,以免损坏眼睛。

(2)半导体激光器工作电压为直流电压 3 V,应使用专用 220 V/3 V 直流电源工作(该电源可避免接通电源瞬间电感效应产生高电压的可能),以延长半导体激光器的工作寿命。

【问题思考】

(1)用细激光束垂直照射拍好的全息光栅,如能在垂直的白屏上看到 5 个亮点,说明什么问题?

(2)如果想拍摄一个 100 线/mm 的全息光栅应如何布置光路?

(3)为什么拍摄物体的三维全息图要求干板的分辨率在 1500 线/mm 以上?

实验 6-3 傅里叶变换测光源的发射光谱

【实验预习】

(1)傅里叶变换光谱的原理。

(2)迈克尔逊干涉仪原理。

【实验目的】

(1)了解傅里叶变换光谱的基本原理。

(2)学习使用傅里叶变换光谱仪测定光源的辐射光谱,知道简单的谱线分析方法。

【实验原理】

傅里叶变换过程实际上就是调制与解调的过程,通过调制将待测光的高频率调制成可以掌控接收的频率。然后将接收到的信号送到解调器中进行分解,得出待测光中的频率成分及各频率对应的强度值。

调制方程:
$$I(x) = \int_{-\infty}^{+\infty} I(\sigma)\cos 2\pi\sigma x \, d\sigma$$

解调方程:
$$I(\sigma) = \int_{-\infty}^{+\infty} I(x)\cos 2\pi\sigma x \, dx$$

调制过程:由迈克尔逊干涉仪实现,设一单色光进入干涉仪,它将被分成两束后进行干涉,干涉后的光强值为 $I(x)=I_0\cos 2\pi\sigma x$(其中 x 为光程差,它随动镜的移动而变化,σ 为单色光的波数值)。如果待测光为连续光谱,那么干涉后的光强为 $I(x)=\int_{-\infty}^{+\infty} I(\sigma)\cos 2\pi\sigma x \, d\sigma$。

解调过程:将接收器上采集到的数据送入计算机中进行数据处理。使用的方程就是解调方程,这个方程也是傅里叶变换光谱学中干涉图-光谱图关系的基本方程。

对于给定的波数 σ,如果已知干涉图与光程差的关系式 $I(x)$,就可以用解调方程计算给定波数处的光谱强度 $I(\sigma)$。为了获得整个工作波数范围的光谱图,只需对所希望的波段内的每一个波数反复按解调方程进行傅里叶变换运算就行了。

【实验装置】

XGF-1 型傅里叶变换光谱仪实验装置光路如图 6-11 所示。仪器配套实验台,各分部件安装于实验台上,实验台结实平稳,满足光学实验的精度要求。

(1)内置光源选用溴钨灯(12 V,30 W),待测光过准直镜后变成平行光进入干涉仪,从干涉仪中射出后成为两束相干光,并有一定的相位差。干涉光经平面反射镜转向后进入接收器 1。当干涉仪的动镜部分做连续移动改变光程差时,干涉图的连续变化将被接收器接收,并被记录系统以一定的数据间隔记录下来。另外在零光程附近,操作者可以通过观察窗在接收器 1 的端面上看到白光干涉的彩色斑纹。

(2)系统内置的参考光源为 He-Ne 激光器,利用其突出的单色性对其他光源的干涉图进行位移校正,有效修正了扫描过程中由于电动机速度变化造成的位移误差。

(3)在这套实验装置中留有测量外光源的功能,外置光源可以由用户自行配置,当使用外置光源时只需将光源转换镜拨至"其他光源"位置后关闭溴钨灯光源即可。

(4)在实际的仪器中,光源都不可能是理想的点光源,为了保证一定的信号强度,实际上要采用具有必要尺寸的扩展光源,但光源尺寸过大会造成仪器分辨率下降、复原光谱波数偏移等问题。因此,使用扩展光源要保证以下 3 点:①不明显影响仪器分辨率指标;②扩展光源尺寸必须保证光谱的波数偏移值在仪器波数精度允许范围内;③干涉纹的对比度仍能达到良好状态。在此傅里叶变换光谱实验装置中,具备一套光阑转换系统,经过严格计算,有 8 挡光阑可供选择。在实验过程中,根据待测光源辐射光的强度去选择合适的光阑即可。

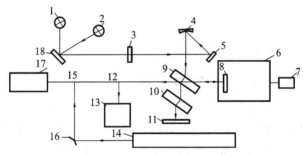

图 6-11 傅里叶变换光谱仪实验装置光路

1—外置光源;2—内置光源(溴钨灯);3—可变光阑;4—准直镜;5—平面反射镜 1;6—精密平移台;
7—电动机;8—动镜;9—干涉板;10—补偿板;11—定镜;12—平面反射镜 2;13—接收器 1;
14—参考光源(He-Ne 激光器);15—分束器;16—平面反射镜 3;17—接收器 2;18—光源转换镜

【实验内容与步骤】

打开实验装置和待测光源的电源,预热 15 min。

(1)从"开始/程序"中运行实验装置的应用软件。进入系统后仪器初始化。

(2)打开下拉菜单命令,进行采集前的参数设置工作。在"采集时间"栏中,设置此次采集的时间。采集时间的确定直接影响到最终傅里叶变换得到的光谱图,设定的采集时间越长则得到的光谱图的分辨率越高。例如钠光灯的钠双线波长分别为 589.0 nm 和 589.6 nm,由于两条谱线之间的距离只有 0.6 nm,要求变换出的光谱有优于 0.6 nm 的分辨率,那么我们在采集时间设置上就要大于 7 min。

当然对于谱线分布情况未知的待测光源就要设定较长一点的采集时间。在"待测光源放大倍数"一栏中,有四个放大倍数挡,分别为 ×2、×4、×8、×16 四挡。可以根据待测光源的强弱选择合适的放大倍数。同时还可以和实验装置上的光阑选择配合使用。如:对于辐射能量较强的光源,如果选择最小的放大倍数,采集出的干涉图能量仍然太大而溢出的话,就可以将实验装置的光阑直径减小一些。

(3)单击工具栏上的"开始采集"按键。系统将执行采集命令,并将采集到的干涉数据在工作区中绘制成干涉图。

（4）在采集工作完成后，系统将自行指挥扫描机构回到"零光程差点"位置（注意：在这个过程中不要强行退出软件或断电）。在系统执行上述操作过程中，可以进行下一步操作。

（5）单击工具栏上的"傅氏变换"按键，将采集到的干涉图进行变换。

（6）扫描机构回到"零光程差点"位置之前，工具栏上的"开始采集""参数设置"和"退出"三个按键呈灰度显示，表示这几项工作被禁止。等待扫描机构回复以后，才可以进行下一次扫描。

完成上述操作步骤后，本次实验就结束了，可以选择继续进行下一次扫描或者退出，在退出应用程序之前，应将未保存的有用数据进行存储。

【数据记录与处理】

用手机分别拍摄钠灯和汞灯的发射光谱和相应的傅里叶变换图，然后打印出来，并粘贴到实验报告数据记录处。

【问题思考】

在实验过程中，对不同待测光源辐射光的强度，应如何选择合适的光阑？

实验 6-4　阿贝成像原理与空间滤波

傅里叶光学是光学领域的一个重要分支，它是利用傅里叶分析的数学方法来解决光学问题。光学中可以利用傅里叶分析的主要原因是由于光学系统在一定条件下的线性和空间不变性。利用傅里叶变换就可以从频谱的角度去分析图像信息，通信理论的时间频谱，在光学系统中叫作空间频谱。为了改善图像信息的质量或提取图像信息的某种特征，可以利用空间滤波的方法。

【实验预习】

（1）阿贝二次成像原理。
（2）空间频率、空间频谱和空间滤波等基本概念。

【实验目的】

（1）通过实验，加深对信息光学中空间频率、空间频谱和空间滤波等概念的理解。
（2）了解阿贝成像原理和透镜孔径对透镜成像分辨率的影响。

【实验原理】

1. 二维傅里叶变换

设空间二维函数 $g(x,y)$，其二维傅里叶变换为

$$G(f_x,f_y)=\int\int_{-\infty}^{+\infty}g(x,y)\exp[-j2\pi(f_xx+f_yy)]dxdy \quad (6-10)$$

式中：f_x、f_y——x、y 方向的空间频率。

$g(x,y)$ 又是 $G(f_x,f_y)$ 的逆傅里叶变换，即

$$g(x,y) = \int\!\!\int_{-\infty}^{+\infty} G(f_x,f_y)\exp[j2\pi(f_x x + f_y y)]\mathrm{d}f_x\mathrm{d}f_y \qquad (6\text{-}11)$$

式（6-11）表示：任意一个空间函数 $g(x,y)$ 可表示为无穷多个基元函数 $\exp[j2\pi(f_x x + f_y y)]$ 的线性叠加。$G(f_x,f_y)\mathrm{d}f_x\mathrm{d}f_y$ 是相应于空间频率为 f_x、f_y 的基元函数的权重。$G(f_x,f_y)$ 表示 $g(x,y)$ 的空间频谱。

根据夫琅禾费衍射理论可知，如果在焦距为 f 的会聚透镜 L 的前焦面上置一振幅透过率为 $g(x,y)$ 的图像为物，并以波长为 λ 的单色平面波垂直照射图像，则 L 的后焦面 (x_f,y_f) 上的复振幅分布就是 $g(x,y)$ 的傅里叶变换 $G(f_x,f_y)$，其中 f_x、f_y 与坐标 (x_f,y_f) 的关系为

$$f_x = \frac{x_f}{\lambda f},\ f_y = \frac{y_f}{\lambda f} \qquad (6\text{-}12)$$

故称 (x_f,y_f) 面为频谱面。因此，复杂的二维傅里叶变换可以用一透镜实现，即光学傅里叶变换。频谱面上的光强分布就是物的夫琅禾费衍射图。

2.阿贝成像原理

阿贝（E. Abbe）提出的相干光照明下显微镜成像的原理分两步：第一步是通过物的衍射光在物镜后焦面上形成一个衍射图，阿贝称它为"初级像"；第二步是从衍射斑发出的次级波复合为（中间）相干像，可用目镜观察这个像。

成像的这两步本质上就是两次傅里叶变换：第一步将物面光场的空间分布 $g(x,y)$ 变成频谱面上的空间频率分布 $G(f_x,f_y)$；第二步是又一次变换，将 $G(f_x,f_y)$ 还原到空间分布 $g(x,y)$。

图 6-12 表示成像的这两步过程。设物是一个一维光栅，单色平行光照到光栅上，经衍射分解成不同方向的很多平行光束（每束平行光具有一定的空间频率），经过物镜分别聚焦，在后焦面上形成点阵，然后不同空间频率的光束在像面上复合成像。如果这两次傅里叶变换是很理想的，信息没有任何损失，像与物就应完全相似（除去放大因素，成像十分逼真）。但由于受透镜孔径限制，总会有些衍射角较大的高次成分（高频信息）不能进入物镜而被舍弃。所以像的信息总是少于物的信息。高频信息来自物的细节。如果光束受孔径限制不能到达像平面，无论显微镜有多大的放大倍数，也不可能在像面上显示出完全相似于原物的那部分细节。极端的情况是物的结构非常精细，或物镜孔径非常小，只有 0 级衍射（空间频率为 0）能通过，像平面上就不能形成像。

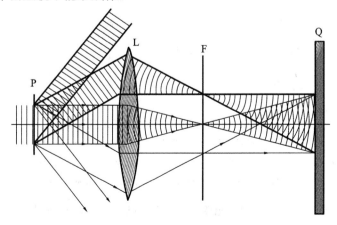

图 6-12　阿贝二次成像原理

3.空间滤波

在阿贝二次成像原理光路(见图 6-12)中,物的信息以频谱的形式展现在物镜的后焦面上,如果着手改变频谱,必然引起像的变化。空间滤波就是指在频谱面上放置各种模板(吸收板或相移板),以改造图像的信息处理手段,所用的模板叫做空间滤波器。最简单的滤波器是一些有规则形状的光阑,如狭缝、小圆孔、圆环或小圆屏等,它使频谱面上的部分频率分量通过,同时挡住其他频率分量。图 6-13 所示为此类滤波器中的 3 例。阿贝-波特空间滤波实验是对阿贝二次成像原理很好的验证和演示(见图 6-14)。

低通滤波器   高通滤波器   带通滤波器

图 6-13   3 种空间滤波器

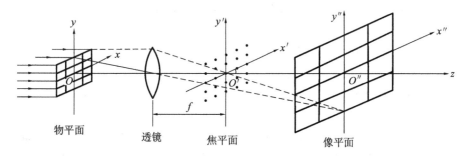

物平面   透镜   焦平面   像平面

图 6-14   阿贝-波特空间滤波光路

【实验装置】

阿贝-波特空间滤波实验装置简图如图 6-15 所示。

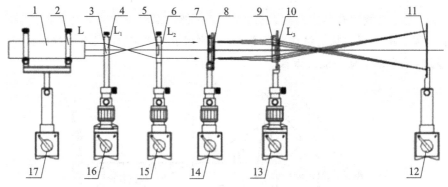

图 6-15   阿贝-波特空间滤波实验装置简图

1—He-Ne 激光器 L;2—激光器架(SZ-42);3—准直透镜 L_1($f_1=6.2$ mm);4,6—透镜架(SZ-08);

5—准直透镜 L_2($f_2=190$ mm);7—光栅;8—双棱镜调节架 (SZ-41);9—变换透镜 L_3($f_3=225$ mm);

10—旋转透镜架(SZ-06A);11—白屏(SZ-13);12~17—通用底座(SZ-02、SZ-03)

另外还需要网格字、交叉(二维)光栅、纸夹架、可旋转狭缝、透光十字屏、零级滤波器、毫米尺等。

【实验内容与步骤】

1.调节光路

实验的基本光路如图 6-16 所示。由透镜 L_1 和 L_2 组成 He-Ne 激光器的扩束器(相当于倒置的望远镜系统),以获得较大截面的平行光束。L_3 作为像透镜,像平面上可以用白屏(或毛玻璃屏)。

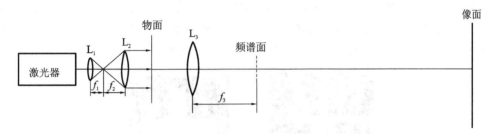

图 6-16　阿贝二次成像光路

调节步骤:

(1)调激光管的俯仰角和转角,使光束平行于光学平台水平面;

(2)加上 L_1 和 L_2,调共轴和相对位置,使通过该系统的光束为平行光束(可用直尺检查);

(3)加上物(带交叉栅格的"光"字)和透镜 L_3,调共轴和 L_3 位置,在 $3\sim 4$ m 以外的光屏上找到清晰的像之后,确定物和 L_3 的位置(此时物位于接近 L_3 的前焦面处)。

2.观测一维光栅的频谱

(1)在物平面上换置一维光栅,用纸屏(夹紧白纸的纸夹架 SZ-50)在 L_3 的后焦面附近缓慢移动,确定频谱光点最清晰的位置,锁定纸屏座。

(2)用大头针尖扎透 0 级和 ± 1、± 2 级衍射光点的中心,然后关闭激光器,用毫米尺测量各级光点与 0 级光点间的距离 x_f,y_f,利用式(6-12)求出相应各空间频率 f_x、f_y。

3.阿贝成像原理实验

移开上一步使用的毫米尺。把纸屏(夹紧白纸的纸夹架 SZ-50)放在频谱面上,按图 6-17 中 b、c、d、e 所示,先后扎穿频谱的不同部位,分别观察并记录像平面上成像的特点及条纹间距(特别注意 d 和 e 两种条件下成像的差异),试做简要的解释。

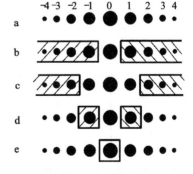

图 6-17　频谱图

4.方向滤波

(1)将一维光栅换成二维正交光栅,在频谱面观察这种光栅的频谱。从像平面上观察它的放大像,并测出栅格间距。

(2)在频谱面上安置一个纸屏(夹紧白纸的纸夹架 SZ-50),用大头针先后只让含 0 级的垂直、水平和与光轴成 $45°$ 角的一排光点通过,观察并记录像平面上图像的变化,测量像中栅格的间距并做简要解释。

5.低通和高通滤波

低通滤波器的作用是只让接近 0 级的低频成分通过而除去高频成分,可用于滤除高频噪声(如消除照片中的网格或减轻颗粒影响)。高通滤波器能限制连续色调而强化锐边,有助于细节观察。

1)低通滤波

将一个网格字屏(透明的"光"字内有叠加的网格,见图 6-18(a))放在物平面上,从像平面上接收放大像。字内网格可用周期性空间函数表示,它的频谱是有规律排列的分立点阵,而字形是非周期性的低频信号,它的频谱是连续的。把一个多孔板放在频谱面上,使圆孔由大变小,直到像平面网格消失为止,字形仍然存在。试做简单解释。

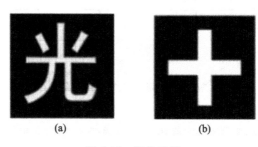

(a)   (b)

图 6-18   网格字屏

2)高通滤波

将一个透光"十"字屏(见图 6-18(b))放在物平面上,从像平面观察放大像。然后在频谱面上置一圆屏光阑,挡住频谱面的中部,再观察和记录像平面的变化。

【数据记录与处理】

(1)测量 0 级至 +1、+2 级或 -1、-2 级衍射极大之间的距离 d_1 和 d_2,将数据记录在表 6-2 中。

(2)按下式计算 ±1 级和 ±2 级光点的空间频率 ν_1 和 ν_2,并将结果填写在表 6-2 中。

$$\nu_1 = \frac{d_1}{\lambda f_3}, \quad \nu_2 = \frac{d_2}{\lambda f_3} \tag{6-13}$$

式中:λ——所用激光的波长,$\lambda = 632.8$ nm;

f_3——变换透镜焦距,$f_3 = 225$ mm。

表 6-2   数据记录表

次　　数	待　测　量			
	d_1/mm	d_2/mm	ν_1/Hz	ν_2/Hz
1				
2				
3				

【问题思考】

(1)空间滤波光路如图 6-19 所示,图中光栅为一个周期为 d 的一维矩形振幅光栅(透光缝宽为 a,不透光缝宽为 b),如果要在像方焦平面上挡掉 0 级光斑,圆孔的直径最大值和最小值分别为多少?

（2）本实验中均用激光作为光源，有什么优越性？ 如以钠光或白炽灯代替激光，会产生什么困难，应采取什么措施？

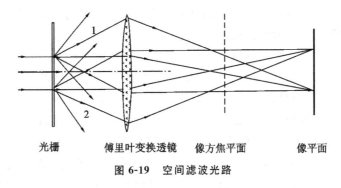

光栅　　　　傅里叶变换透镜　　　像方焦平面　　　　像平面

图 6-19　空间滤波光路

实验 6-5　θ 调制空间假彩色编码

【实验预习】

（1）阿贝成像与空间滤波的基本原理。
（2）假彩色编码的原理。

【实验目的】

（1）掌握空间滤波的基本原理，理解成像过程中"分频"与"合成"作用。
（2）掌握方向滤波、高通滤波、低通滤波等滤波技术，观察各种滤波器产生的滤波效果，加深对光学信息处理实质的认识。

【实验原理】

θ 调制是用不同取向的光栅对物平面各部位进行调制，通过特殊滤波器控制像平面相关部位的灰度（用单色光照明）或色彩（用白光照明）的一种调制-滤波方法，也称分光滤波，常用于假彩色编码，其光路原理如图 6-20 所示。

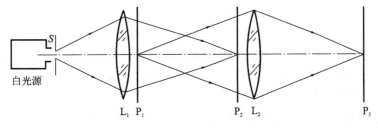

白光源　　　　　　　L₁ P₁　　　　　　　　P₂ L₂　　　　　　　　P₃

图 6-20　θ 调制光路原理

θ 调制实验是对阿贝的二次成像理论的一个巧妙应用。将一个物体用不同的光栅来进行编码，制作成 θ 片，如本实验中的天安门城楼、草地、天空分别由三个不同取向的光栅组成，每两光栅的取向相差 60°。将 θ 片置于白光照明中，在频谱面上进行适当的空间滤波处理，便可在输出面上得到一个假彩色的像。

我们知道，如果在一个透镜的前面放置一块光栅并用一束单色平行光垂直照射它，在透镜的后焦面（即频谱面）上就会形成一串的衍射光斑，其方向将垂直于光栅的方向。如果有一个二维的图形,其不同部分由取向不同的光栅制成(调制),显而易见,它们的衍射光斑也将有不同的取向,即在透镜的后焦平面(频谱面)上,各部分的频谱分布也将有所不同,如果挡住某一部分的频谱,在频谱面后的这部分图像将会消失。由此可见,输入图像中各部分的频谱,只存在于调制光栅的频谱点附近。

如果用白光照射 θ 片,则在频谱上可得到彩色的频谱斑(色散作用),每个彩色斑的颜色分布从外向里按赤、橙、黄、绿、青、蓝、紫的顺序排列,这是由于光栅的衍射角与光波长有关,波长越长衍射角越大。如果我们在频谱面上,放置一个空间滤波器,这种滤波器可以让不同方位的光斑串、不同的颜色有选择地通过,那么我们就可以得到一幅彩色的像。

如图 6-20 所示,用白光源 S 照亮圆孔光阑,用会聚透镜 L_1 使 S 成像于透镜 L_2 前的 P_2 面,物面 P_1 紧靠 L_1,通过透镜 L_2 成像在 P_3 上。光路中的频谱面是光源 S 的成像面,即 P_2 面。例如,图 6-21(a)中的物是由天空、草地和天安门城楼 3 部分不同取向的光栅组成的图案,相邻光栅取向的夹角均为 60°。将此物置于图 6-20 所示光路中,白光通过物的各部位的光栅,在 P_2 面上形成具有连续色分布的光栅,即频谱。在此面置一纸屏,只要认出各行频谱分别属于图案的哪个部位,再按配色需要在各相应的彩斑部位扎出针孔,光屏 P_3 上即可出现预期的彩色图像。这个带孔纸屏就是与物匹配的分色滤波器。

(1)今有用全息照相方法制造的一个 θ 调制的图像,即按不同取向的光栅组成的图像。如图 6-21(a)所示,在此图上,天安门城楼、草地、天空分别由三个不同取向的光栅组成,每两光栅的取向相差 60°。

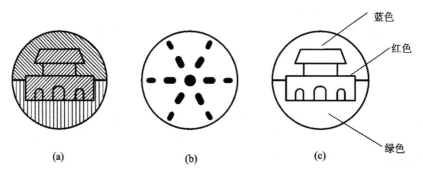

图 6-21 θ 调制的图像

(a)物;(b)频谱;(c)像

(2)光路参照图 6-20,用溴钨灯作光源,为消除灯丝的影响可用一透镜 L_1 将物成像在屏幕上(当照射光不是平行光时,物的傅氏面就是光源的成像面,在上面光路中光栅的频谱面就是小孔通过聚光透镜 L_1 后的成像面)。

(3)把一纸屏放在 L_2 前的傅氏面上,可看到光栅的衍射图形如图 6-21(b)所示,三种不同取向的衍射极大值是相应于不同的光栅,也就是分别相应于图像的天空、天安门城楼和草地。这些衍射极大值除了 0 级没有色散以外,1 级、2 级都有色散。由于波长短的光具有较小的衍射角,1 级衍射中蓝光最靠近 0 级极大,其次为绿光,而红光衍射角最大。

(4)用缝衣针的针尖在纸屏上合适处戳成小孔,使对应三种取向的光栅通过三种不同的颜色(如使相应于草地的 1 级衍射的绿光能透过,使相应于天安门城楼的 1 级衍射的红光和相应于天空部分的 1 级衍射的蓝光能透过),这样在后面的屏幕上即呈现三种颜色的图案(如蓝色的天空,红色的天安门城楼和绿色的草地)。

【实验装置】

θ 调制实验装置如图 6-22 所示。

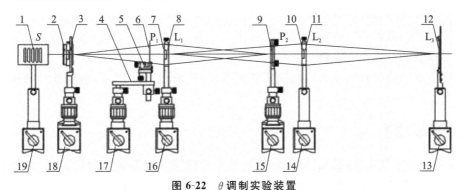

图 6-22　θ 调制实验装置

1—白光源 S；2—旋转透镜架(SZ-06)；3—多孔板(SZ-23)；4—延伸架(SZ-09)；5—干板架(SZ-12)；6—θ 调制片 P_1；

7,10—透镜架(SZ-08)；8—透镜 L_1($f_1 = 150$ mm)；9—纸屏 P_2(SZ-50)；11—透镜 L_2($f_2 = 225$ mm)；

12—毛玻璃屏 P_3(SZ-49)；13～19—底座(SZ-02、SZ-03、SZ-04)

【实验内容与步骤】

按图 6-22 摆放实验装置，目测调共轴。

(1)使光源 S 与准直透镜 L_1 的距离等于 L_1 的物方焦距，并使平行光束垂直照射紧靠 L_1 安置的倒立 θ 调制片 P_1。

(2)紧靠 L_1 安置倒立 θ 调制片 P_1，暂时移开纸屏 P_2，利用透镜 L_2，在毛玻璃屏 P_3 上获得 P_1 的清晰实像。

(3)使纸屏 P_2 复位，通过微调，在纸屏上可见清晰的彩色衍射光斑。

(4)先设法判断 θ 调制片上图案各部分的光栅取向及其对应的衍射斑排列方向，再按照为图案各部分设定的颜色，用细针尖在纸屏上彩色斑点的相关部位扎孔，在 P_3 屏上即出现彩色图案(本书以黑白深浅度区分不同颜色)，如图 6-23 所示。

提示：调光路时，应尽量使 P_1 和 L_1 靠近；L_1 的定位是不仅能使物在 P_2 面上成清晰的孔阑像，还要使彩色光斑的颜色适当展开；P_3 面上成像须完整和清晰。

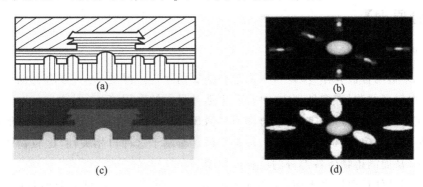

图 6-23　θ 调制获得的假彩色图像

【数据记录与处理】

(1)数据记录如下。

天空:级数＝2,颜色为蓝色。

天安门城楼:级数＝1,颜色为红色。

草地:级数＝2,颜色为绿色。

(2)将观察到的假彩色编码图像用手机拍摄,并用彩色打印出来,粘贴到实验报告数据记录处。

【注意事项】

在实验中应用点光源,避免使用面光源,将各种仪器调节共轴,否则三个方向的光栅不能完全出来;应调节好光源与聚焦凸透镜的高度,否则在屏上的像显不全。

实验 6-6　激光散斑照相

当相干光照射粗糙表面时,漫散射光在物体表面前方相遇而产生干涉;有些地方光强加强、有些地方光强减弱,从而形成大小、形状、光强都随机分布的立体斑点,称为散斑。散斑随物体的变形或运动而变化。采用适当的方法,对比变形前后的散斑图的变化,就可以高度精确地检测出物体表面各点的位移。这就是散斑干涉法。这种随机分布的散斑结构称为散斑场。由于散斑携带了光束和光束所通过的物体的许多信息,于是产生了许多的应用。例如用散斑的对比度测量反射表面的粗糙度,利用散斑的动态情况测量物体运动的速度,利用散斑进行光学信息处理,甚至利用散斑验光,等等。

【实验预习】

激光散斑计量原理。

【实验目的】

(1)了解激光散斑的产生,散斑干涉计量的特点、用途。

(2)了解散斑图的记录及位移信息的提取方法:逐点分析法和全场分析法。

【实验原理】

1.散斑干涉法

散斑在某些场合被看作"噪声",人们想办法要消除它。但是,另一方面它也得到广泛应用,如表面粗糙度的测量、像处理中的应用,干涉计量中的应用等。

散斑充满漫射光经过的空间,散斑场里的散斑分布是随机的,但是散斑场与形成散斑场的漫射面是一一对应的,称为自相关。散斑干涉计量基于这种自相关性,比较物体形变前后散斑的变化,从而测得物体各部分的位移或应变。

一般金属试件只要擦亮表面,在激光照射下,就能够形成非定域的散射场(对于无法磨亮或不够亮的试件,涂上增加漫射的物质,如白漆、银粉漆、玻璃微珠;对于透明试件,将其表面略打毛)。

目前散斑干涉法已成为固体力学实验应力分析的重要手段之一,应用于断裂力学、塑性形变、瞬态形变、各向异性材料、生物力学、无损检验等领域。散斑技术的发展非常迅速,除激光散斑干涉法外,白光散斑、微波散斑也正在发展中。

2. 散斑的记录

直接用记录介质记录的散斑称为客观散斑。通过成像透镜记录的散斑称为主观散斑。由于都是平面记录,所以立体散斑被记录到的是截面图,即二维散斑图。无论何种记录方式,一般都要求带上物体的清晰轮廓,以便分析所记录散斑图上各点与被测表面各点位置是否对应。

3. 散斑大小

立体散斑颗粒大致呈雪茄颗粒形,它的大小、形状各不相同,但是散斑的平均大小有规律,越远离漫射面,散斑的颗粒越来越大,对于漫射面 Z 处的客观散斑,其颗粒的平均大小可近似由以下公式给出

$$R_0 = 1.2\frac{\lambda Z}{D}, l \approx 5\frac{\lambda Z^2}{D^2} \tag{6-14}$$

式中:λ——照明光波波长;

　　　R_0——散斑颗粒的横向直径;

　　　l——纵向(垂直漫射面方向)尺寸;

　　　D——产生散射光的照明区直径。

主观散斑一般是垂直观察,所记录的是散斑的横截面,其直径的平均尺寸 R_0 与成像透镜焦距、光瞳、放大倍数 M 等有关,由下面公式给出

$$R_0 \approx 1.2(1+M)\lambda F \tag{6-15}$$

式中:F——透镜的孔径比,即透镜焦距与光瞳大小之比。

4. 散斑照相(主观散斑)记录双曝光散斑图

如图 6-24 所示,当一束激光(准直的或扩展的激光)照射粗糙物体表面时,通过透镜成像,则试件像中有散斑图样。可以认为散斑是附属于物体表面上的,因此,如果物体移动,其散斑也将移动,则用两次曝光法记录物体变形前后的散斑图就可以得到双曝光散斑图,这是物体移动信息的记录。分析双曝光散斑图,可提取物体的位移,这样的方法称为激光散斑照相法。用这种方法还可以测量物体的面内位移、离面位移和离面位移梯度等。

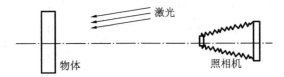

图 6-24　散斑的记录光路

双曝光散斑图的分析-位移信息的提取有逐点分析法和全场分析法。

1)逐点分析法

一张单曝光的散斑图的底片相当于一张开有许多形状和大小不同的杂乱分布小孔的不透明屏,当构件变形后,设构件表面上一点产生位移 d_0,则像上相应点有一位移 $d = Md_0$(M 为成像系统的放大倍数),在像点附近微小区域内,可认为均发生相同的位移 d,则此像点原散斑图样基本不变,仅仅移动了一段距离 d,底片经二次曝光后,相当于将原散斑图的一个

孔变为双孔,而两孔相互之间的位置反映了该点的位移及位移方向。

如图 6-25 所示,用一束激光照射到散斑图被测点上,并假设在光束这一微小区域内位移是均匀的,由于双孔衍射,在距离底片 l 处的屏幕上,出现了杨氏条纹,根据双孔衍射原理,若光波长为 λ,照射点的位移 d_0 方向与杨氏条纹方向垂直,其大小可以由下面公式求出

$$d_0 = \frac{\lambda l}{Mh} \tag{6-16}$$

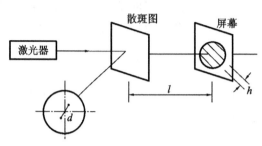

图 6-25 逐点分析法

移动激光束照射散斑图的位置,同理可得构件上其他各点的位移。

2)全场分析法

拍摄双曝光散斑图时,第一次曝光,底片上场振幅分布为 $f(x,y)$;受载变形后,第二次曝光时场振幅分布为 $f(x+u,y+v)$,位移 $d=ui+vj$。设两次曝光时间均为 t,则在底片上的总曝光量

$$e(x,y) = I(x,y)t = \left[|f(x,y)|^2 + |f(x+u,y+v)|^2 \right] t$$

设记录为线性记录,则底片的复振幅透过率为

$$g(x,y) = \beta I(x,y) = \beta \left[|f(x,y)|^2 + |f(x+u,y+v)|^2 \right]$$

式中:β——常数。

现把双曝光散斑图放在傅里叶变换光路中,如图 6-26 所示。在变换透镜 L 的后焦面上放置一个带有小圆孔的光阑,此圆孔称为滤波孔,它与透镜焦点的连线记作 r,现考察垂直入射双曝光散斑图的振幅为 A 的平面波,根据透镜的傅里叶变换性质,在变换平面上的场振幅分布为

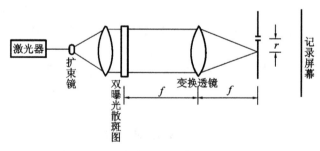

图 6-26 双曝光散斑图的全场分析光路

$$G_f(X_f, Y_f) = \frac{A}{j\lambda f} \int_{-\infty}^{+\infty} g(x,y) \exp\left[-j\frac{k}{f}(xX_f + yY_f) \right] \mathrm{d}x\mathrm{d}y$$

根据光强 I 与光振幅的平方成正比关系,即 $I(X_f, Y_f) = |G_f(X_f, Y_f)|^2$,得

$$I(X_f, Y_f) = 4I_1(X_f, Y_f)\cos^2\frac{\pi}{\lambda f}(\vec{r} \cdot \vec{d})$$

则在滤波孔后任一平面上就可以观察到带有在 r 方向等位移分量条纹的试件像,改变方向可以观察到不同方向的位移分量等值条纹。改变 r 的大小,r 越大离透镜焦点越远,条纹越密集,测量灵敏度越高。各点在 r 方向的位移分量 d_r 由下式给出

$$d_r = \frac{n\lambda f}{Mr} \quad (n = 0, \pm 1, \pm 2, \cdots) \tag{6-17}$$

式中:n——条纹级数;

　　　M——记录散斑图时像的放大倍数。

如果用白光照明,则会有彩带条纹出现,这对提高测量灵敏度、判读条纹零级及分辨正负级有益。

【实验装置】

本实验所用的装置放在光学平台上,如图 6-27 所示。本实验所用元器件有:He-Ne 激光器($\lambda = 632.8$ nm),反射镜,扩束镜,被测试件,成像物镜,毛玻璃屏,记录介质或者 CCD 器件(与计算机连接)以及各支座等。

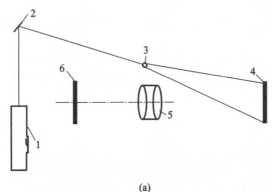

(a)

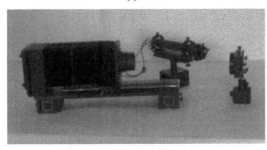

(b)

图 6-27　散斑照相实验装置图

(a)光路图;(b)实物图

1—激光器;2—反射镜;3—扩束镜;4—被测物;5—成像物镜;6—毛玻璃屏

【实验内容与步骤】

实验时先打开激光电源,调节支架上的微调螺旋,使细激光束通过反射镜、扩束镜、被测试件、成像物镜和毛玻璃屏投射到 CCD 表面。用一个白纸屏前后移动观察散斑场的分布情况。通过观察,得到对激光散斑的定性认识。细致调节,直到能够观察到清晰的试件轮廓,对记录介质进行曝光处理。测量相关实验数据并记录在数据记录表中。

【数据记录与处理】

自行设计数据记录表格。

【扩展设计内容】

激光散斑可以用曝光的办法进行测量,但最新的测量方法是利用 CCD 和计算机技术,因为用此技术避免了显影和定影的过程,可以实现实时测量的目的。此技术在科研和生产过程中得到日益广泛的应用,因此扩展实验是值得在教学实验中推广的一个实验。该实验的目的是让学生初步了解激光散斑的特性,学习有关散斑光强分布和散射体表面位移的实时测量方法:相关函数法。通过扩展实验,学生还可以了解激光光束的基本特点以及 CCD 光电数据采集系统。这些都是当代科研和教育技术中很有用的基本技术和知识。

【问题思考】

(1)根据自己的理解说明散斑光强的相关函数的物理意义。

(2)在本实验中若有一均匀的背景光叠加在散斑信号上,对测量有影响吗?试分析原因。

第7章 光纤通信实验

7.1 概述

光纤通信利用光波作为载波,以光纤作为传输媒介实现信息传输,是一种最新的通信技术。通信发展过程是以不断提高载频频率来扩大通信容量,光是一种频率极高(3×10^{14} Hz)的电磁波,因此用光作载波进行通信容量极大,是传统通信方式的千百倍,具有极大的吸引力,是通信发展的必然方向。

光纤通信有许多优点。首先它有极宽的频带。目前我国已完成了 10 Gbps 的光纤通信系统,这意味着在 125 μm 的光纤中可以传输大约 11 万路电话。其次,光纤的传输损耗很小,传统的同轴电缆损耗约在 5 dB/km 以上,站间距离不足 10 km;而工作在 1.55 μm 的光纤最低已达到 0.2 dB/km 的损耗,站间无中继传输可达 100 km 以上。另外,光纤通信还具有抗电磁干扰、抗腐蚀、抗辐射等特点,它在地球上有几乎取之不尽,用之不竭的光纤原材料——SiO_2。

光纤通信可用于市话中继线、长途干线通信、高质量彩色电视传输、交通监控指挥、光纤局域网、有线电视网和共用天线(CATV)系统。波分复用技术(WDM)的出现,使光纤传输技术向更高的领域发展,实现信息宽带、高速传输。光纤通信将会在同步数字体系(SDH)、相干光通信、光纤宽带综合业务数字网(B-ISDN)、用户光纤网、ATM 及全光通信有进一步发展。

本章着眼于光纤通信的基本理论知识,使学生能综合了解光纤通信的主要内容。根据实际情况,本章选择了 8 个实验,主要涉及:光纤通信实验箱调试、PN 序列光纤传输系统调试、电话语音光纤传输系统调试、光纤活动连接器调试、模拟信号光纤传输系统调试、图像信号光纤传输系统调试、光源与光纤耦合以及马赫-曾德尔干涉的应用等实验。上述实验操作的学习可加强学生对光纤通信技术基本知识的切身领会和理解,使其将理论与实际相结合,以提高学生综合分析及解决问题的能力。每个实验后面具有实验报告所要求的内容,学生需根据所提出的问题,结合实验结果和实验过程,给出简洁正确的答案。

光学器件属于昂贵易损器件,所以在实验操作过程中应加倍小心,防止光学器件的损坏,除此之外,还应注意对人体的伤害。为了保证实验顺利地进行,应注意以下事项。

(1)仔细阅读实验指导书操作步骤,实验各测试点、跳线及开关说明;正确连接导线,以免造成光学器件和芯片的损坏。

(2)光纤不能受压、受拉,不能折叠,绝对禁止直角弯曲,否则可能导致光纤折断,只能按照一定的弯曲半径将光纤绕成环状(弯曲半径一般不应小于 5 cm)。光纤在放置不用时,光纤跳线两头应均套上保护套。

(3)光学器件在安装和拆卸过程中应注意轻拿轻放,遇到问题须向老师报告。

(4)在实验过程中,光纤跳线和激光器件的连接和拆取都必须在关掉电源后进行,否则会造成光纤跳线和激光器件的致命性损坏。在实验进行中,一定要注意避免把光纤输出端对准自己或别人的眼睛,以免损伤眼睛。

(5)实验箱使用完毕后,应立即将防尘帽盖住光纤输入、输出端口,用光纤端面防尘盖盖住光纤跳线端面,防止灰尘进入光纤端面而影响光信号的传输。

(6)在光纤跳线的使用过程中,切勿用手触摸接头,若不小心把光纤输出端的接口弄脏,需用酒精棉球进行擦洗。

(7)激光发送/接收模块属于易损坏昂贵器件,在实验使用和操作过程中应加倍小心,不要用手触摸激光器和探测器的焊点,以免烧坏激光器与探测器。

7.2　实验预备知识

本节主要介绍光纤通信系统实验箱的结构原理框图及各模块旋钮功能,以便学生在做实验过程中能灵活掌握并运用相关知识。为做好实验,本节还为学生提出了一定的操作参考方法,学生应按本说明做好实验前期模块准备、参数设置、波形观测等一系列基本操作。

1.光纤通信系统原理

如图 7-1 所示,本实验系统主要由光发模块、光收模块、光无源器件和辅助通信模块等组成,系统原理框图如图 7-1 所示。光发送机完成将电信号直接调制至光载波上去,采用强度调制(IM);光接收机完成光信号的解调,采用直接检测(DD),属于非相干解调。光载波由半导体光源产生,由半导体光检测器将光信号转换成电信号从而达到传输信号的目的。

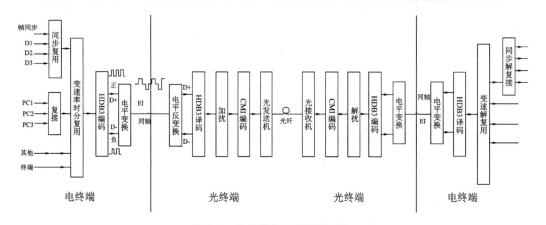

图 7-1　光纤通信系统原理框图

下面分别介绍各模块及其旋钮功能。

(1)1310 nm 光发模块,如图 7-2 所示。

RP100:调节数字信号光调制的调制强度。

RP101:调节寿命警告电路的门限电压的大小。

RP102:调节无光警告电路的门限电压的大小。

RP103:调节光检测器自动输出电压的大小。

RP104:输入模拟信号衰减调节。

TP100、TP101、TP102:激光器的电流和自动光功率控制的补偿电流测量点。

TP103:数字信号输入测试点。

TP104:无光警告信号输入测试点。

TP105:输入的数字信号减去直流电平后的信号。

TP106:TP104 和 TP105 的电压经过比较后的输出。

TP107:模拟信号输入测试点。

P104:模拟信号输入口(−5~5 V)。

P100:数字信号输入口(0~5 V)。

100:数字光调制控制、自动光功率控制电流补偿。

J101:模拟信号传输和数字信号传输切换开关。

图 7-2　1310 nm 光发模块

(2)1550 nm 光发模块,如图 7-3 所示。

图 7-3　1550 nm 光发模块

RP200：调节数字信号光调制的调制强度。

RP201：调节寿命警告电路的门限电压的大小。

RP202：调节无光警告电路的门限电压的大小。

RP203：调节光检测器自动输出电压的大小。

RP204：输入模拟信号衰减调节。

TP200、TP201、TP202：激光器的电流和自动光功率控制的补偿电流测量点。

TP203：数字信号输入测试点。

TP204：无光警告信号输入测试点。

TP205：输入的数字信号减去直流电平后的信号。

TP206：TP204 和 TP205 的电压经过比较后的输出。

TP207：模拟信号输入测试点。

P204：模拟信号输入口（−5～5 V）。

P200：数字信号输入口（0～5 V）。

200：数字光调制控制、自动光功率控制电流补偿。

J201：模拟信号传输和数字信号传输切换开关。

（3）1310 nm 光收模块，如图 7-4 所示。

RP106：调节接收的灵敏度。

RP107：调节电平判决电路的判决电平。

RP108：调节模拟信号失真度。

P105：模拟信号输出插孔及测试点。

P106：数字信号输出插孔及测试点。

图 7-4　1310 nm 光收模块

（4）1550 nm 光收模块，如图 7-5 所示。

RP206：调节接收的灵敏度。

RP207：调节电平判决电路的判决电平。

RP208：调节模拟信号失真度。

P205：模拟信号输出插孔及测试点。

P206:数字信号输出插孔及测试点。

图 7-5　1550 nm 光收模块

(5)2 M 接口模块,如图 7-6 所示。

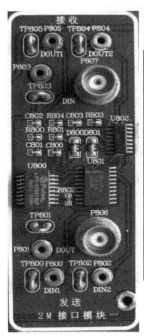

| P800、P802(P900、P902):电平变换的两路NRZ码输入、TTL电平输入 |
| P801、P806(P901、P906):电平变换后的三阶高密度双极性码(HDB3码)输出 |
| TP800、TP802(TP900、TP902):输入的两路NRZ码观测点 |
| TP801(TP901):输出的三阶高密度双极性码(HDB3码)测试点 |
| P803、P807(P903、P907):电平反变换的三阶高密度双极性码(HDB3)输入口 |
| P804、P805(P904、P905):电平反变换的两路NRZ码输出、TTL电平输出 |
| TP803(TP903):输入的三阶高密度双极性码(HDB3码)测试点 |
| TP804、TP805(TP904、TP905):输出的两路NRZ码观测点 |

图 7-6　2 M 接口模块

(6)数字信号源及固定速率时分复用模块,如图 7-7 所示。

P738、P739、P740、P741:固定速率时分复用模块四路数字信号输入口、TTL 电平输入。

P742:固定速率时分复用模块复用信号输出口、TTL 电平输出。

P743:四路 NRZ 码及复用信号位时钟观测点。

TP300、TP301、TP302、TP303:四路八位的 NRZ 码输出、TTL 电平输出。

(7)数字信号源终端及解时分复用模块,如图 7-8 所示。

TP744:位时钟提取输入测试点。

图 7-7　数字信号源及固定速率时分复用模块

图 7-8　数字信号源终端及解时分复用模块

P744:位时钟提取输入口、TTL 电平输入。

TP745:解固定速率时分复用模块 NRZ 码输入测试点。

P745:解固定速率时分复用模块 NRZ 码输入口、TTL 电平输入。

TP746:位时钟提取模块输出的位时钟信号测试点。

(8)四路计算机接口模块,如图 7-9 所示。

(9)PCM 编译码模块,如图 7-10 所示。

(10)PCM 编码复用解复用模块,如图 7-11 所示。

(11)电话及热线电话控制模块,如图 7-12 所示。

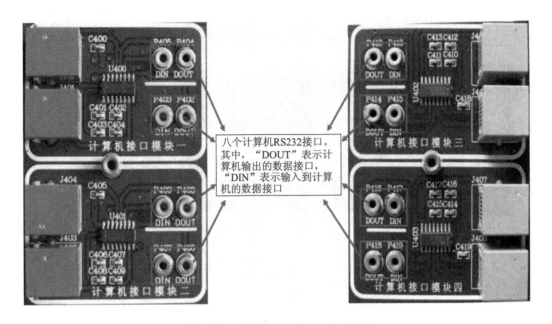

图 7-9　四路计算机接口模块

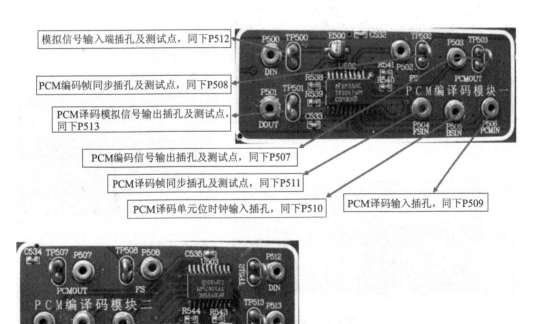

图 7-10　PCM 编译码模块

(12)FPGA 程序下载模块,如图 7-13 所示。

(13)模拟信号源模块,如图 7-14 所示。

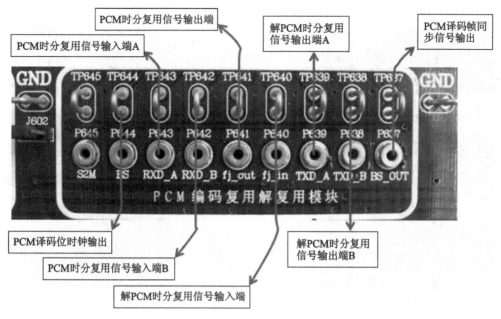

图 7-11　PCM 编码复用解复用模块

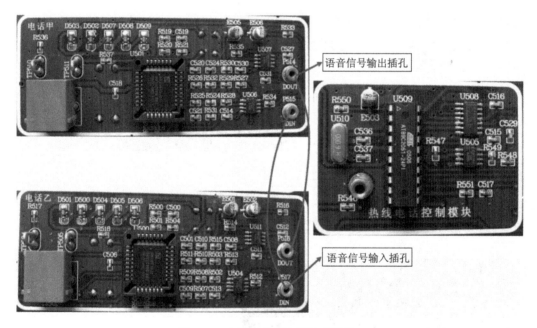

图 7-12　电话及热线电话控制模块

（14）眼图观测模块，如图 7-15 所示。

（15）电端 FPGA，如图 7-16 所示。

（16）光端 FPGA，如图 7-17 所示。

2. 实验基本操作步骤

（1）实验前先检查所需模块是否固定好，供电是否良好。在未连线的情况下打开实验箱总电源开关及各模块电源开关，模块右边电源指示灯应全亮；若不亮，应关电后拧紧模块四

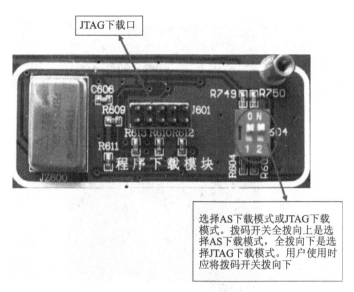

图 7-13 FPGA 程序下载模块

选择AS下载模式或JTAG下载模式。拨码开关全拨向上是选择AS下载模式,全拨向下是选择JTAG下载模式。用户使用时应将拨码开关拨向下

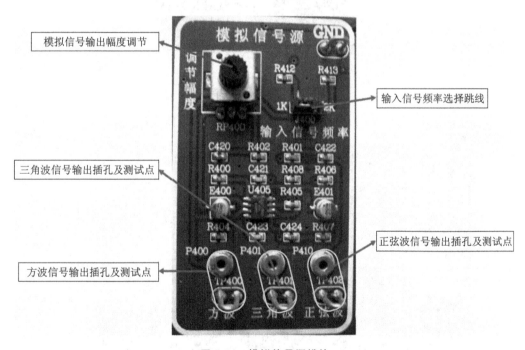

图 7-14 模拟信号源模块

角的螺丝再检查。

(2)准备工作做完后,应在断电情况下根据实验指导书上的步骤进行连线。

(3)打开电源开关后,调节相应旋钮和按键开关,观测实验波形或现象并记录实验结果。

(4)进行光纤传输实验时,半导体激光器驱动电流不要超过 40 mA,发光二极管驱动电流不要超过 60 mA。

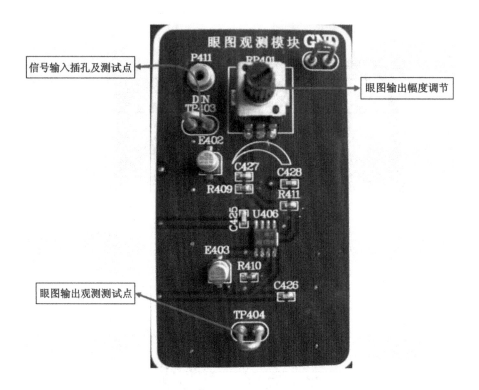

图 7-15　眼图观测模块

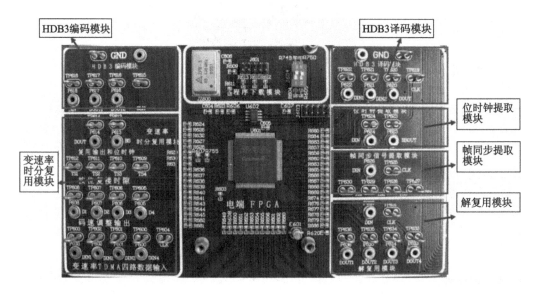

图 7-16　电端 FPGA

图 7-17　光端 FPGA

7.3　实验

实验 7-1　光纤通信实验箱调试

【实验预习】

(1)光纤的结构和分类。

(2)光纤通信系统的分类。

(3)光纤通信系统的工作原理。

【实验目的】

(1)了解光纤通信实验原理箱各个模块的功能及用法。

(2)了解光功率计的使用方法。

(3)掌握单模光纤和多模光纤的特性。

【实验原理】

光纤是光波的传输媒介,其结构如图 7-18 所示。

按光纤中传输光模式的多少,光纤可分为多模光纤和单模光纤两类。在单模光纤中只能传输一种模式的光,多模光纤则能承载成百上千种光模式。

(1)单模光纤:中心玻璃芯(纤芯)较细(5～10 μm),只能传输一种模式的光。单模光纤可提供最大的信息载容量,单模光纤的折射率可选用阶跃型分

图 7-18　光纤的结构

布,也可选用梯度型分布,目前商用的常规单模光纤,一般选用阶跃型折射率分布。阶跃型单模光纤是高带宽、低损耗的优质光纤,这种光纤适合长距离光传输。

(2)多模光纤:中心玻璃芯较粗(50 μm 或 62.5 μm),耦合入光纤的光功率较大,可传多种模式的光。但其模间色散较大,每一种模式到达光纤终端的时间先后不同,造成了脉冲的展宽,这就限制了传输数字信号的频率,而且随距离的增加会更加严重。因此,多模光纤传输的距离就比较近,一般只有几千米。除此之外,多模光纤弯曲损耗比较大。

【实验装置】

光纤通信实验箱 1 台,光功率计 1 台,FC/PC 光纤跳线 1 根,导线 1 根。

【实验内容与步骤】

(1)关闭实验系统,按以下方式用连接导线连接:数字信号源模块的 P300(数字信号输出)与 1310 nm 光发模块的 P100(数字信号输入口)连接。

(2)用光纤跳线连接 1310 nm 光发模块和光功率计。

(3)将 1310 nm 光发模块的 100 第一位拨到"ON",第二位拨到"OFF",将 1310 nm 光发模块的 RP100 逆时针旋转到最大。

(4)将 1310 nm 光发模块的 J101 设置为"数字"。

(5)打开系统电源。将数字信号源输入第一路的拨码开关 U311 依次一个个拨到"OFF"状态,即令输入到 1310 nm 光发模块的信号从"00000000"依次变化到"11111111"变化。

(6)观测并记录光功率计的读数。

【数据记录与处理】

(1)数据记录。将实验过程中得到的数据记录在表 7-1 中。

表 7-1　数据记录表

数字信号源状态	光功率/μW	光功率/dBm
00000000		
00000001		
00000011		
00000111		
00001111		
00011111		
00111111		
01111111		
11111111		

(2)数据处理。换一根光纤跳线,再记录一组数据,分析误差及产生的原因。

【问题思考】

(1)若测出的光功率数据偏小,原因是什么?

(2)为什么要将 J101 设置为"数字",如果设置成"模拟",测得的光功率会怎样?

实验 7-2   PN 序列光纤传输系统调试

【实验预习】

(1)数字光纤传输系统的工作原理。

(2)线路编码、译码的基本原理。

(3)PN 序列产生的方法及原理。

【实验目的】

(1)了解 PN 序列的特点。

(2)掌握 PN 序列的产生方法。

【实验原理】

PN 序列也称伪随机序列,它是具有近似随机序列的性质,而又能按一定规律产生和复制的序列。因为随机序列是只能产生而不能复制的,所以称其为"伪"随机序列。常用的伪随机序列有 m 序列、M 序列和 R-S 序列。

本实验系统采用 m 序列作为伪随机序列。m 序列即最长线性反馈移位寄存器序列的简称。带线性反馈逻辑的移位寄存器设定各级寄存器的初始状态后,在时钟触发下,每次移位后各级寄存器状态会发生变化。观察其中一级寄存器(通常为末级)的输出,随着移位时钟节拍的推移会产生一个序列,称为移位寄存器序列。可以发现,移位寄存器序列是一种周期序列,其周期不但与移位寄存器的级数有关,而且与线性反馈逻辑有关。

本实验系统采用如图 7-19 所示的逻辑关系。

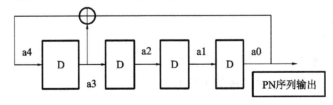

图 7-19 逻辑关系

PN 序列的波形如图 7-20 所示。

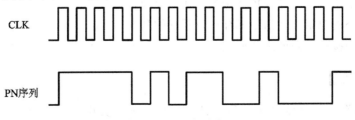

图 7-20 PN 序列波形

光端 FPGA 模块有两路 PN 序列输出,其中 TP720 输出的是 7 位 32 Kbit/s 的 NRZ 码,TP718 输出的是 15 位 256 Kbit/s 的 NRZ 码。

【实验装置】

光纤通信实验系统 1 台,示波器 1 台,FC/PC 光纤跳线 1 根,导线 1 根 。

【实验内容与步骤】

(1)确认系统电源处于关闭状态。

(2)用信号连接导线连接光端 FPGA 的 PN 序列输出 P720 和 1310 nm 光发端数字信号输入口 P100。

(3)用光纤跳线连接 1310 nm 光发模块和 1310 nm 光收模块。

(4)将 1310 nm 光发模块的 100 第一位拨到"ON",第二位拨到"OFF",J101 设置为"数字",RP100 逆时针旋转到最大。

(5)将 1310 nm 光收模块的 RP106 顺时针旋到最大,RP108 逆时针旋到最大。

(6)打开系统电源,用示波器观测 1310 nm 光发模块的 TP103 和 1310 nm 光收模块的 TP109,调节 1310 nm 光收模块的 RP107,使两路波形相同。

(7)关闭系统电源,拆除导线,将各实验仪器摆整齐。

【数据记录与处理】

观测示波器上各测试点的波形图,画出 PN 序列 1、PN 序列 2 送入光发模块的信号波形图及在光收模块输出的对应波形图。

【问题思考】

描述 PN 序列产生的原理及方法。

实验 7-3　电话语音光纤传输系统调试

【实验预习】

(1)模拟光纤传输系统的工作原理。
(2)电话语音信号光纤传输系统的工作原理。

【实验目的】

(1)了解电话语音信号光纤传输系统的通信原理。
(2)了解完整的电话语音信号光纤通信系统的基本结构。
(3)了解用户接口电路的工作原理。

【实验原理】

本实验系统的电话系统采用热线电话的工作模式。其中任意一路(假定是甲路)摘机后,另一路(假定是乙路)将振铃,而电话甲将送回铃音。当乙路摘机后,双方进入通话状态。

当其中一路挂机后,另一路将送忙音,当两部电话机都挂机后通话结束。电话接口芯片采用的是 AM79R70,局部电路原理如图 7-21 所示。AM79R70 在 ALU(模拟用户接口单元)的应用:ALU 是连接普通模拟话机和数字交换网络的接口电路,CCITT 为程控数字交换机的模拟用户接口规定了 7 项功能,称为 BORSCHT。图 7-22 所示是 BORSCHT 的结构框图,这 7 项功能分述如下。

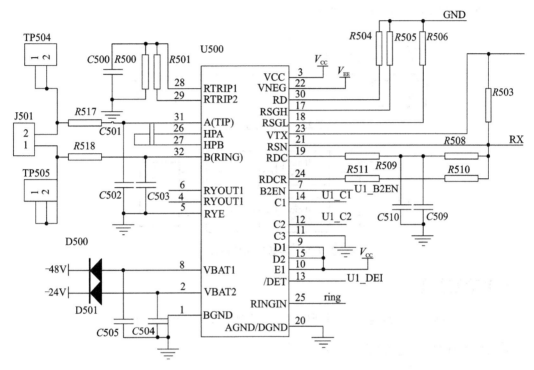

图 7-21　电话接口芯片 AM79R70 局部电路原理

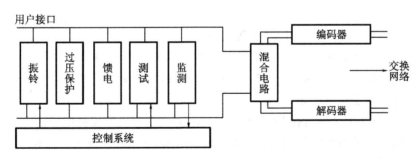

图 7-22　BORSCHT 的结构框图

(1)馈电(B):在目前的交换机中,普遍都对外部模拟话机提供集中供电方式,即话机中送话器所需的直流工作电流由交换机提供,馈电电压一般为−48 V。

(2)过压保护(O):交换机接口应保护交换机的内部电路不受外界雷电、工业高压和人为破坏的损害。

(3)振铃控制(R):接口应能向话机输送铃流,并能在话机摘机后切断铃流(截铃)。

(4)监测(S):接口应能监测用户环路直流电流的变化,并向控制系统输出相应的摘、挂机信号和拨号脉冲信息。

(5)编解码(C):用于完成模拟话音信号及带内信令的 PCM 编码和解码。

(6)混合电路(H):用于完成环路 2 线传输与交换网络 4 线传输之间的变换。

(7)测试(T):接口通常还应提供测试环路系统各个环节工作状态的辅助功能。

AM79R70 在 ALU 中主要完成 B(馈电)、O(过压保护)、R(振铃控制)、S(监测)、H(混合)、T(测试)功能,而编解码(C)通常由编解码芯片来完成。

实验框图如图 7-23 和图 7-24 所示。

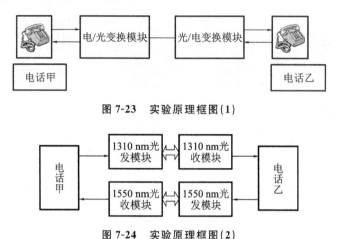

图 7-23　实验原理框图(1)

图 7-24　实验原理框图(2)

【实验装置】

光纤通信实验箱 1 台,电话 2 部,FC/PC 光纤跳线 2 根,导线若干。

【实验内容与步骤】

(1)确认系统电源处于关闭状态,用光纤跳线连接 1310 nm 光发模块和 1310 nm 光收模块。

(2)将 1310 nm 光发模块的 J101 设置为"模拟"。

(3)将 1310 nm 光收模块的 RP106 顺时针旋到最大,RP108 逆时针旋到最大。

(4)同理,按(1)、(2)、(3)操作步骤来设置 1550 nm 光发模块和 1550 nm 光收模块。

(5)连接导线的连接方式如下:

①电话甲的语音信号输出孔 DOUT 与 1310 nm 光发模块的模拟信号输入口 P104 连接(模拟电信号输出→模拟电信号输入),1310 nm 光发模块将输入进来的模拟电信号转为模拟光信号输出送入光纤;

②1310 nm 光收模块的模拟信号输出口 P105 与电话乙的语音信号输入插孔 DIN 连接(模拟光信号输入→模拟电信号输出),1310 nm 光收模块将从光纤跳线输入进来的模拟光信号转为模拟电信号输出送入电话乙;

③电话乙的语音信号输出孔 DOUT 与 1550 nm 光发模块的模拟信号输入口 P204 连接(模拟电信号输出→模拟电信号输入),1550 nm 光发模块将输入进来的模拟电信号转为模拟光信号输出送入光纤;

④1550 nm 光收模块的模拟信号输出口 P205 与电话甲的语音信号输入插孔 DIN 连接(模拟光信号输入→模拟电信号输出),1550 nm 光收模块将从光纤跳线输入进来的模拟光

信号转为模拟电信号输出送入电话甲。

（6）打开系统电源，摘起两部电话（如果听到嘟……嘟的忙音，应将两部电话挂好后重新摘起），测试两部电话的通话情况。

（7）根据通话效果，调整仪器旋钮，将 1310 nm 光收、发模块和 1550 nm 光收、发模块调为无失真传输状态。

（8）关闭系统电源，拆除实验导线。将各实验仪器摆放整齐。

【数据记录与处理】

将实验连线图拍照并打印粘贴在实验报告上，叙述热线电话的通话流程。

【问题思考】

（1）若电话不能通信，请分析导致的原因有哪些？

（2）若听到的噪声太大，说明什么问题？应如何调节旋钮？

实验 7-4　光纤活动连接器调试

【实验预习】

（1）光纤结构。

（2）光纤活动连接器的结构及参数。

【实验目的】

（1）了解光纤活动连接器在光纤通信系统中的作用。

（2）了解光纤的各种性能参数。

【实验原理】

光纤活动连接器是光纤传输系统中光通路的基础部件，是光纤系统中必不可少的光无源器件。它能实现系统中设备与设备之间、设备与仪表之间、设备与光纤之间以及光纤与光纤之间的活动连接，以便于系统接续、测试、维护。

目前，光纤通信对活动连接器的基本要求是：插入损耗小，受周围环境变化的影响小，易于连接和拆卸，重复性、互换性好，可靠性高，价格低廉。

光纤通信使用的光连接器按纤芯插针、插孔的数目不同分有单芯活动连接器和多芯活动连接器两类，单芯活动连接器的基本结构是插针和插孔。由光纤连接损耗的计算可知，影响损耗的主要外在因素是相互连接的两根光纤的纤芯之间的错位和倾斜，所以在连接器的结构中，要求插针中的纤芯与插孔有很高的同心度，相连的两根插针在插孔中能精确对准。光纤活动连接器按结构不同分有 FC 型、PC 型、SC 型、ST 型等。

1）FC 型光纤活动连接器

FC 型（平面对接型）光纤活动连接器的插入损耗小，重复性、互换性和环境可靠性都能满足光纤通信系统的要求，是目前国内广泛使用的类型。

FC 型光纤活动连接器结构采用插头—转接器—插头的螺旋耦合方式。两插针套管互相对接,对接套管端面抛磨成平面,外套一个弹性对中套筒,使其压紧并且精确对中定位。FC 型光纤活动连接器制造中的主要工艺是高精度插针套管和对中套筒的加工。高精度插针套管有毛细管型、陶瓷整体型和模塑型三种典型结构。对中套筒是保证插针套管精确对准的定位机构。

FC 型单模光纤活动连接器一般分螺旋耦合型和卡口耦合型两种。FC 型单模光纤活动连接器所连接的两根光纤端面是平面对接,端面间的空气气隙会产生菲涅耳反射。反射光反射到激光器会引起额外的噪声和波形失真,而端面间的多次反射还会引起插入损耗的增加。

2)PC 型光纤活动连接器

PC 型(直接接触型)单模光纤活动连接器是为克服 FC 型光纤活动连接器的缺点而设计的。它是将插针套管端面抛磨成凸球面,使被连接的两根光纤的端面直接接触。这样,它的插入损耗小、反射损耗大、性能稳定可靠。PC 型光纤活动连接器用于高速数字传输系统。

FC 型光纤活动连接器插针套管的端面也可研磨抛光成凸球面,此时称为 FC-PC 型光纤活动连接器。

3)SC 型光纤活动连接器

SC 型(矩形)光纤活动连接器采用新型的直插式耦合装置,只需轴向插拔,不用旋转,可自锁和开启,装卸方便。它体积小,不需旋转空间,能满足高密封装的要求。它的外壳是矩形的,采用模塑工艺,用增强的 PBT 的内注模玻璃制造。插针套管是氧化锆整体型,将其端面研磨成凸球面。插针体尾入口是锥形的,以便光纤插入到套管内。SC 型矩形光纤活动连接器的装配一般分为选择套管、光纤处理、光连接器与光纤的连接、套管端面处理等步骤。

4)ST 型光纤活动连接器

ST 型光纤活动连接器是一种卡口式连接器,它采用带键的卡口式紧锁机构,确保每次连接均能准确对中。插针直径为 2.5 mm,其材料可为陶瓷或金属。它可在现场安装,也可在工厂预装成光纤组件。

目前 ST 型光纤活动连接器的插入损耗典型值为 0.3 dB,最大值为 0.5 dB;其后向反射损耗在一般情况下≪−31 dB,但在端面做精细处理后,可≪−40 dB。

对于单模光纤活动连接器产品,一般应标明名称、型号、接光纤类型、工作波长、光纤尺寸、光纤根数、首次使用插入损耗、温度范围、耦合方式(螺旋式、卡口式、插拔式)以及端面处理、装配方式等。

【实验装置】

光纤通信实验系统 1 台,光功率计 1 台,光纤活动连接器 1 个,FC/PC 型光纤跳线 2 根。

【实验内容与步骤】

(1)确认系统电源处于关闭状态。按以下方式用信号连接导线连接:数字信号源模块 P300(数字信号输出一)与 1310 nm 光发模块的 P100(数字信号输入)连接。

(2)用光纤跳线连接 1310 nm 光发模块和光功率计。

(3)将 1310 nm 光发模块中的 100 第一位拨到"ON",第二位拨为"OFF",将 1310 nm 光发模块中的 RP100 逆时针旋到最大。

(4)将 1310 nm 光发模块的 J101 设置为"数字"。

(5)打开系统电源。将数字信号源模块输入第一路的拨码开关 U311 全拨到"OFF"状态,即输入到 1310 nm 光发模块的信号始终为"1"。

(6)观察并记录光功率计的读数 P_1。

(7)关闭系统电源。在光纤跳线和光功率计之间插入一个光纤活动连接器。

(8)打开系统电源。观察并记录光功率计的读数 P_2。

(9)关闭系统电源,拆除实验导线,将各实验仪器摆放整齐。

【数据记录与处理】

(1)记录实验参数 P_1、P_2。按公式 $P = P_1 - P_2$ 得到光纤活动连接器的插入损耗 P。

(2)记录数据取 3~5 组的平均值,分析误差及原因。

【问题思考】

(1)实验误差来源有哪些? 有哪些措施可以减少误差?

(2)插入损耗 P 有哪些规律?

实验 7-5　模拟信号光纤传输系统调试

【实验预习】

(1)光纤传输系统组成。

(2)模拟信号光纤传输系统的特点。

【实验目的】

(1)了解模拟信号光纤传输系统的通信原理。

(2)了解完整的模拟信号光纤通信系统的基本结构。

(3)掌握各种模拟信号的传输机理。

【实验原理】

本实验中将模拟信号源输出的正弦波、三角波、方波信号通过光纤进行传输。模拟信号光纤传输框图如图 7-25 所示。

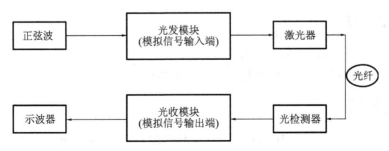

图 7-25　模拟信号光纤传输框图

P400 是输入的方波信号,输入的方波信号有两种频率可选:1 kHz、2 kHz。P401 是三角波的输出端,P410 是正弦波的输出端。

【实验装置】

光纤通信实验系统 1 台,监视器 1 台,摄像头 1 个,光纤跳线 1 根,示波器 1 台。

【实验内容与步骤】

(1)确认系统电源处于关闭状态,用光纤跳线连接 1310 nm 光发模块和 1310 nm 光收模块。

(2)将模拟信号源模块的正弦波(P410)连接到 1310 nm 光发模块的 P104。

(3)把 1310 nm 光发模块的 J101 设置为“模拟”。

(4)将模拟信号源模块的开关 J400 调到 1 kHz 端。

(5)将 1310 nm 光收模块的 RP106 顺时针旋到最大,RP108 逆时针旋到最大。

(6)打开系统电源,用示波器观测模拟信号源模块的 TP402,调节模拟信号源模块的 RP400,使信号的峰值为 2 V。

(7)用示波器观测模拟信号源模块的 TP402 和 1310 nm 光收模块的 TP108,调节 1310 nm 光发模块的 RP104,使 TP108 的波形和 TP402 的相同,且幅值最大。此时,1310nm 光收、光发模块无失真地传输模拟信号。

(8)关闭系统电源,分别选择模拟信号源模块上的方波、三角波重复进行实验。

(9)关闭系统电源,拆除实验导线,将各实验仪器摆放整齐。

【数据记录与处理】

记录各测试点的波形,将传输前后的波形图进行比较。

【问题思考】

实验中,波形图传输失真后应该怎样处理?

实验 7-6　图像信号光纤传输系统调试

【实验预习】

图像信号光纤传输系统组成。

【实验目的】

(1)了解图像信号光纤传输系统的通信原理。

(2)了解完整的图像信号光纤通信系统的基本结构。

【实验原理】

视频信号的带宽为 0~6 MHz,相对于语音信号的 0~3 kHz 来说宽了许多,因此对光发送机和光接收机的要求更加严格。在实验中应该认真仔细地调整才能得到满意的图像传输效果。图像信号光纤传输框图如图 7-26 所示。

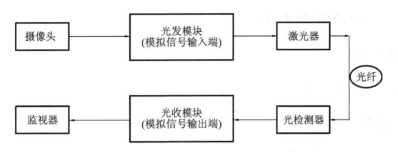

图 7-26　图像信号光纤传输框图

【实验装置】

光纤通信实验系统 1 台,监视器 1 台,摄像头 1 个,光纤跳线 1 根,示波器 1 台。

【实验内容与步骤】

(1)确认系统电源处于关闭状态,用光纤跳线连接 1310 nm 光发模块和 1310 nm 光收模块。

(2)将模拟信号源模块的正弦波(P410)连接到 1310 nm 光发模块的 P104。

(3)将 1310 nm 光发模块的 J101 设置为"模拟"。

(4)将模拟信号源模块的开关 J400 调到 1 kHz 端。

(5)将 1310 nm 光收模块的 RP106 顺时针旋到最大,RP108 逆时针旋到最大。

(6)打开系统电源,用示波器观测模拟信号源模块的 TP402,调节模拟信号源模块的 RP400,使信号的峰值为 2 V。

(7)用示波器观测模拟信号源模块的 TP402 和 1310 nm 光收模块的 TP108,调节 1310 nm 光发模块的 RP104,使 TP108 的波形和 TP402 的相同,且幅值最大。此时, 1310 nm 光收、光发模块无失真地传输模拟信号。

(8)关闭系统电源。用视频连接线连接摄像头和 1310 nm 光发模块的 P104。再用视频连接线连接 1310 nm 光收模块的 P105 和监视器。

(9)打开系统电源,可以观察到监视器上显示出摄像头传输的视频信号。(注意:监视器背后有一按键应将其设置为 AV 模式。如果图像比较模糊,调节摄像头的焦距即可得到清晰的图像。)

(10)调节 1310 nm 光收模块的 RP106、RP108,观察图像有何变化。

(11)关闭系统电源,拆除实验导线,将各实验仪器摆放整齐。

【数据记录与处理】

描述模拟信号光纤传输的原理。

【问题思考】

RP106 和 RP108 变化时,图像有何变化?

实验 7-7　　光源与光纤耦合

【实验预习】

光纤的工作原理和应用。

【实验目的】

(1)了解常用的光源与光纤的耦合方法。
(2)熟悉光源与光纤耦合的基本过程。
(3)通过实验,体会光纤耦合技术的可操作性。

【实验原理】

光纤作为无源器件,是光纤传感器中基本组成部分。其端面处质量的好坏,直接影响与光源的耦合效率及光信号的采集。光纤端面的处理可分为两种形式,即平面光纤头和透镜光纤头,本次实验主要使用平面光纤头。

光耦合是将光源发出的光,注入光纤中的一个过程。光耦合效率与光纤端面质量和耦合透镜的数值孔径有关,当光纤端面处理的质量较好,其数值孔径与耦合透镜数值孔径相匹配时可得到最佳耦合效率。

光纤与光源的耦合有直接耦合和经聚光器件耦合两种。聚光器件有传统的透镜和自聚焦透镜(棒透镜)之分。

(1)直接耦合是使光纤直接对准光源输出的光进行的"对接"耦合。这种方法的操作过程是:将使用专用设备切制好并经清洁处理的光纤端面靠近光源的发光面,并将其调整到最佳位置(光纤输出端的输出光强最大),然后固定其相对位置,其原理示意图如图 7-27 所示。

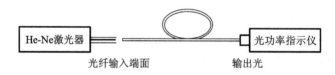

图 7-27　直接耦合原理示意图

这种方法简单、可靠,但必须有专用设备。如果光源输出光束的横截面面积大于纤芯的横截面面积,将引起较大的耦合损耗。

(2)经聚光器件耦合是将光源发出的光通过聚光器件将其聚焦到光纤端面上,并调整到最佳位置(光纤输出端的输出光强最大)。这种耦合方法能提高耦合效率,其原理示意图如图 7-28 所示。

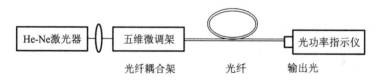

图 7-28　经聚光器件耦合原理示意图

耦合效率 η 的计算公式为

$$\eta = \frac{P_1}{P_2} \times 100\% \quad 或 \quad \eta = -10\lg\frac{P_1}{P_2}$$

式中：P_1——耦合进光纤的光功率（近似为光纤的输出光功率）；

　　　P_2——光源输出的光功率。

【实验装置】

He-Ne 激光器 1 套、透镜 1 个、五维度微调节架 1 套、633 nm 单模光纤 1 段、光功率指示仪 1 台、光纤切割刀 1 把、光纤剥线钳 1 把、酒精泵 1 个、镜头纸 1 本等。

【实验内容与步骤】

1. 切割光纤端面

（1）剪一段单模光纤。

（2）用剥线钳剥去涂敷层，用镜头纸蘸取适量酒精擦干净剥出的裸纤。

（3）用光纤切割刀在裸光纤外壁上轻刻一个小口，然后轻轻敲断，端面应垂直、无毛刺。

2. 测量耦合效率

1）直接耦合

（1）将切好的光纤夹持在光纤夹具上。

（2）打开光功率指示仪，调到量程最大挡，在探头被完全遮挡的情况下调零。

（3）打开 He-Ne 激光器，预热几分钟，用白纸来测试光路是否正常工作，看激光器的激光是否平行，并用光功率指示仪测量激光功率 P_1。

（4）将光纤夹具放入五维调节架中，并调节五维调节架，使激光照到光纤端面，从光纤的另一端观察出光情况，并用光功率指示仪测量输出的最大光功率 P_2。

2）经聚光器件（透镜）耦合

（1）～（3）同"直接耦合"中的（1）～（3）步骤。

（4）装入透镜，寻找透镜的焦点。

（5）将光纤夹具夹入五维调节架中，使光纤的一端尽量接近透镜的焦点。

（6）调节五维调节架，让激光通过透镜汇聚后打在光纤的端面上，使光耦合进入光纤。从光纤的另一端观察出光情况，并用光功率指示仪测量输出的最大光功率 P_2。

【数据记录与处理】

计算和比较两种方法的耦合效率。

【注意事项】

（1）眼睛不要正对激光光源，防止损伤眼球。

（2）擦透镜面的时候，用镜头布蘸酒精轻轻往一个方向拖动，不要来回擦拭，以免损伤透镜。

（3）光纤非常脆弱，实验过程中动作必须尽量轻缓小心，以免扯断光纤。

【问题思考】

评估两种方法的优缺点。

实验 7-8   马赫-曾德尔干涉仪的应用

【实验预习】

(1)干涉的原理。
(2)马赫-曾德尔干涉仪的工作原理及应用。

【实验目的】

掌握马赫-曾德尔干涉仪的工作原理,学习马赫-曾德尔干涉仪的使用方法,并使用该干涉仪进行温度和压力传感实验。

【实验原理】

马赫-曾德尔干涉仪(Mach – Zehnder interferometer 简称 M-Z 干涉仪),可以用来观测从单光源发射的光束分裂成两道准直光束之后,经过不同路径与介质所产生的相对相移变化。传统的马赫-曾德尔干涉仪光路如图 7-29 所示。

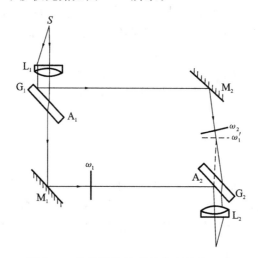

图 7-29   传统的马赫-曾德尔干涉仪光路

干涉现象是光学的基本现象,利用光纤实现光的干涉,是光干涉现象的重要应用。由于光纤取代透镜系统构成的光路具有柔软、形状可随意变化、传输距离远的特点,因此光纤可适用于各种有强电磁干扰、易燃易爆等恶劣环境,从而可以构造出各种结构的干涉仪和许多功能器件,如光纤陀螺、光开关、光定位器件等,具有广泛的应用前景。

【实验装置】

实验装置如图 7-30 所示,包括 He-Ne 激光器、透镜、五维度微调节架、分束器、压力控制箱和温度控制箱及图像显示设备等。

图 7-30　实验装置

【实验内容与步骤】

（1）光纤耦合，步骤同实验 7-7：光纤与光源耦合。

（2）将光耦合进光纤分束器的输入端，此时可用光能量指示仪监测，固定好位置；精心调试分束器输出端两根光纤的相对位置，使其在汇合处产生干涉条纹。

（3）调节压力控制箱上的形变旋钮，改变压力，观察干涉条纹，记录形变量和条纹变化之间的关系 ΔS-Δn。

（4）通过温度控制箱改变温度，观察干涉条纹，记录温度变化和条纹变化之间的关系 ΔT-Δn。

注意：五维度微调节架稳定性能不太好，所以随时可能需要调节五维度微调节架使光纤和激光更好耦合。

【数据记录与处理】

（1）用 Origin 软件处理 ΔS-Δn，拟合，对线性部分计算其斜率和截距。

（2）用 Origin 软件处理 ΔT-Δn，拟合，对线性部分计算其斜率和截距。

【问题思考】

如果已知 ΔS-Δn、ΔT-Δn 的关系以及 Δn，如何确定温度和压力的变化？

第8章 电磁场与电磁波仿真实验

8.1 概述

电磁场与电磁波是大学理工科的一门重要理论课程,已被广泛应用在电力工程、电子工程、通信工程、计算机科学、材料科学、地学等几乎所有的工程技术和科学发展中,是现代科学中发展最为完善、最为先进的科学技术。

在电磁系统中,一切涉及电磁的问题都从麦克斯韦方程组出发,应用数学分析、计算数学、泛函分析、偏微分方程、矢量分析从而得到解答。

在光学工程中,麦克斯韦方程组也是设计光模块的理论基础。麦克斯韦方程组的解答并不直观,借助数值计算理论和计算机系统,可把方程的解直观展示在计算机屏幕上,这给设计电磁器件带来极大的便利,节省了计算求解时间,且形象地展示计算结果。

本章基于电磁理论知识开展仿真实验,主要目的在于使学生更加深刻地理解电磁场理论的基本数学分析过程,并将课程中学习到的理论加以应用。本章主要利用 MATLAB 仿真软件和 CST 数值计算软件进行实验,通过 MATLAB 仿真软件将理论分析与实际编程仿真相结合,以理论指导实践,提高学生分析问题、解决问题的能力;在此基础上,利用 CST 数值计算软件获得不同电磁结构、不同电磁激励下电磁场的传播分布特点。

不同的电磁结构模型具有不同的边界条件,手动求解这些有限结构的麦克斯韦方程组几乎是不可能的,而借助于计算机的快速计算可使求解过程加快。计算机将麦克斯韦方程组导出的数值计算方法应用于设定好的边界进行自动求解,并将计算得到的结果储存起来,随时可以用直观的形象输出到屏幕上。

本章主要涉及的实验包括如下 8 个。

(1)利用 MATLAB 软件的仿真实验共 4 个:①电磁场仿真软件——MATLAB 的使用入门;②绘制单电荷的场分布;③绘制点电荷电场线的图像;④绘制线电荷产生的电位图像。

(2)使用 CST 软件仿真的实验共 4 个:①电容设计;②电感设计;③波导管电磁场模拟;④喇叭天线设计。

8.2 要求

(1)掌握使用 CST 软件仿真不同电磁结构的工作原理,初学者要求会安装 CST 软件,有安装 CST 的计算机环境。另外,学习 CST 软件的基本操作,可完成器件模型的建立。

(2)遵守仿真实验的规则及实验要求:①自学 CST 的基本操作;②建立器件模型,布置激励源,选择合适的求解器,求解,整理求解结果,改变初始条件重新仿真,得到实验结果;③能根据实验结果设计、制造相应电磁器件,分析计算可能导致仿真和实物实验之间的差异;④注意仿真文件的记录备份。

8.3　实验

实验 8-1　电磁场仿真软件——MATLAB 的使用入门

【实验目的】

（1）掌握 MATLAB 仿真的基本流程与步骤。

（2）掌握 MATLAB 中帮助命令的使用。

【实验原理】

1. MATLAB 运算

1）基本算术运算

MATLAB 的基本算术运算：+（加）、−（减）、*（乘）、/（右除）、\（左除）、^（乘方）。

注意：运算是在矩阵意义下进行的，单个数据的算术运算只是一种特例。

2）点运算

在 MATLAB 中，有一种特殊的运算，因为其运算符是在有关算术运算符前面加点，所以叫点运算。点运算符有 .*、./、.\和.^。两矩阵进行点运算是指它们的对应元素进行相关运算，要求两矩阵的维数相同。

例如：用简短命令计算并绘制在 $0 \leqslant x \leqslant 6$ 范围内的 $\sin(2x)$、$\sin x^2$、$\sin^2 x$。

程序如下：

```
x= linspace(0,6)
y1= sin(2* x),y2= sin(x.^2),y3= (sin(x)).^2;
plot(x,y1,x, y2,x, y3)
```

2. 几个绘图命令

（1）doc 命令：显示在线帮助主题。

调用格式

$$\text{doc 函数名}$$

例如：

$$\text{doc plot;}$$

则调用在线帮助，显示 plot 函数的使用方法。

（2）plot 函数：绘制线形图形。

$plot(y)$，当 y 是向量时，以该向量元素的下标为横坐标、元素值为纵坐标画出一条连续曲线，这实际上是绘制折线图。

$plot(x,y)$，若 x 和 y 为维度相同的向量，则以 x 为横坐标，y 为纵坐标绘制连线图。

（3）contour 函数：绘制等高线图形。

（4）ezplot 函数：对于显式函数 $f=f(x)$，在默认范围 $[-2\pi < x < 2\pi]$ 上绘制函数 $f(x)$ 的图形；对于隐式函数 $f=f(x,y)$，在默认的平面区域 $[-2\pi < x < 2\pi, -2\pi < y < 2\pi]$ 上绘制函数 $f(x,y)$ 的图形。

(5)plotyy 函数:绘制具有两个纵坐标标度的图形。

在 MATLAB 中,如果需要绘制出具有不同纵坐标标度的两个图形,可以使用 plotyy 绘图函数。其调用格式为

$$plotyy(x1,y1,x2,y2)$$

其中,$x1,y1$ 对应一条曲线;$x2,y2$ 对应另一条曲线。横坐标的标度相同,纵坐标标度有两个,左纵坐标用于 $x1,y1$ 数据对,右纵坐标用于 $x2,y2$ 数据对。

(6)plot3 函数:绘制三维曲线。

plot3 函数与 plot 函数用法十分相似,其调用格式为

$$plot3(x1,y1,z1,选项 1,x2,y2,z2,选项 2,\cdots,xn,yn,zn,选项 n)$$

其中,每一组 x,y,z 组成一组曲线的坐标参数,选项的定义和 plot 函数相同。当 x,y,z 是同维向量时,则 x,y,z 对应元素构成一条三维曲线;当 x,y,z 是同维矩阵时,则以 x,y,z 对应列元素绘制三维曲线,曲线条数等于矩阵列数。

(7)legend 命令:为绘制的图形加上图例。

legend 命令的调用格式为

$$legend('string1','string2',\cdots)$$

例如:

```
legend('电信161班','学号:05401111','张三','Location','best');
```

(8)xlabel 命令:给 X 轴加标题。

xlabel 命令的调用格式为

$$xlabel('string')$$

例如:

```
xlabel('x');
```

【实验装置】

计算机 1 台,MATLAB 仿真软件 1 套。

【实验内容与步骤】

1. 在命令窗口中运行一个加法程序

(1)点击桌面上 MATLAB 7.0 快捷方式图标,如图 8-1 所示,启动该软件。

图 8-1   MATLAB 7.0 快捷方式图标

(2)打开的界面右方是命令窗口(Command Windows),如图 8-2 所示,在光标处可以写入命令。

(3)在光标处写入如图 8-3 所示的命令(注意:前两个语句后面有分号,最后一个语句没有分号);按回车键,则得到运行结果为 50,如图 8-4 所示。

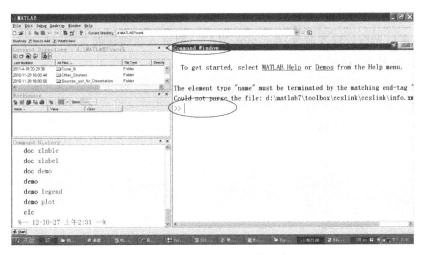

图 8-2　MATLAB 的命令窗口

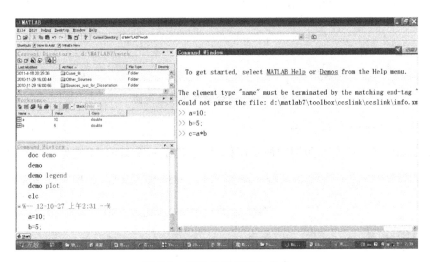

图 8-3　在命令窗口输入命令

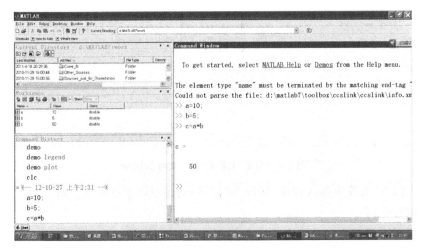

图 8-4　得到运行结果

2. 在命令窗口中练习 doc 命令

在命令窗口光标处输入命令：doc plot。回车，则进入在线帮助文件，显示 plot 命令的使用方法页面，如图 8-5 所示。

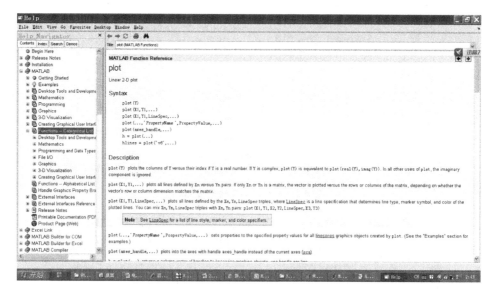

图 8-5　plot 命令的在线帮助页面

3. 建立并运行第一个 M 文件

（1）点击如图 8-6 中左上角圆圈所示图标，即创建了一个新的 M 文件，如图 8-7 所示。

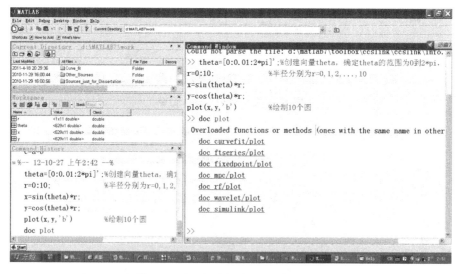

图 8-6　用于创建新的 M 文件的图标

（2）在空白 M 文件中输入程序，保存，运行，得到运行结果如图 8-8 所示。

特别说明两点：

（1）M 文件名及保存的路径名均应为英文，否则运行出错；

（2）程序中的所有字符均应为英文状态下输入，特别注意单引号、逗号、空格的输入，这些细节会导致运行报错，又极难发现。

图 8-7　创建的空白 M 文件

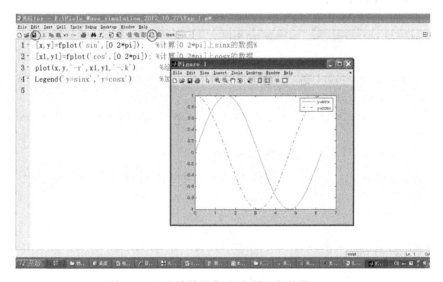

图 8-8　M 文件的保存、运行及运行结果

【实验报告要求】

（1）写出仿真程序源代码。

（2）在同一窗口用不同的线型绘制 $y=\sin x$，$y=\cos x$ 在 $0 \leqslant x \leqslant 2\pi$ 上的图像，并加标注。

（3）在同一窗口用不同的线型绘制 $y=\sin 2x$，$y=\cos 2x$ 在 $-2\pi \leqslant x \leqslant 2\pi$ 上的图像，并加标注（要在图中标注出姓名与学号）。

实验 8-2　绘制单电荷的场分布

【实验目的】

（1）掌握 MATLAB 仿真的基本流程与步骤。

（2）学会绘制单电荷的等位线和电力线分布图。

【实验原理】

1. 基本原理

单电荷的外部电位计算公式：

$$\varphi = \frac{q}{4\pi\varepsilon_0 r}$$

等位线就是连接距离电荷等距离的点所形成的线,在图上表示就是一圈一圈的圆,而电力线就是由点向外辐射的线,比较简单。

2. 参考程序

本实验参考程序如下。

```
theta= [0:0.01:2* pi]';% 创建向量 theta,确定 theta 的范围为 0 到 2* pi,步距为 0.01
r= 0:10;        % 半径分别为 r= 0,1,2,…,10
x=sin(theta)* r;
y=cos(theta)* r;
plot(x,y,'b')          % 绘制 10 个圆

x=linspace(-5,5,100);% 创建线性空间向量 x,从-5 到 5,等间距分为 100 个点
for theta=[-pi/4 0 pi/4]
    y=x* tan(theta);   % 分别绘制 y=x* tan(theta)的三条直线,其中 theta 分别取-pi/
4,0,pi/4
    hold on;          % 保留绘制的图形
    plot(x,y);          % 绘制 y=x* tan(theta)的三条直线
end
grid on

% axis tight
% legend('电信本 162 班','学号:16401111','张三','Location','best');
legend('boxoff');        % 加上图例
% xlabel('x');          % 加上横坐标标题
% ylabel('y');          % 加上纵坐标标题
% hold on;
```

3. 参考程序运行结果

运行上述参考程序,获得单电荷的等位线和电力线分布大致如图 8-9 所示。

【实验装置】

计算机 1 台,MATLAB 仿真软件 1 套。

【实验内容与步骤】

(1)在 E 盘建立新文件夹,命名为 File_Wave_simulation。

(2)打开 MATLAB 软件,新建一个空白的 M 文件,保存在 File_Wave_simulation 目录

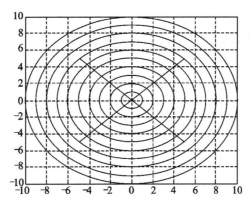

图 8-9　单电荷的等位线和电力线分布

下，命名为 Exp_2.m。

（3）将源程序拷贝到 M 文件中，保存。

（4）点击运行按钮，观察程序运行结果。

【实验报告要求】

（1）写出仿真程序源代码。

（2）绘制单电荷的等位线和电力线分布图（要在图中标注出姓名与学号）。

实验 8-3　绘制点电荷电场线的图像

【实验目的】

学会由解析表达式进行数值求解的方法。

【实验原理】

1. 基本原理

考虑一个由三点电荷构成的系统。其中一个点电荷 $-q$ 位于坐标原点，另一个点电荷 $-q$ 位于 y 轴的 $(0,1)$ 点，最后一个点电荷 $+2q$ 位于 y 轴的 $(0,-1)$ 点，则在 xOy 平面内，电场强度应满足

$$E(x,y)=\left\{\frac{2qx}{4\pi\varepsilon_0\left[(y+a)^2+x^2\right]^{\frac{3}{2}}}-\frac{qx}{4\pi\varepsilon_0\left(y^2+x^2\right)^{\frac{3}{2}}}-\frac{qx}{4\pi\varepsilon_0\left[(y-a)^2+x^2\right]^{\frac{3}{2}}}\right\}\mathbf{i}$$
$$+\left\{\frac{2q(y+a)}{4\pi\varepsilon_0\left[(y+a)^2+x^2\right]^{\frac{3}{2}}}-\frac{qx}{4\pi\varepsilon_0\left(y^2+x^2\right)^{\frac{3}{2}}}-\frac{q(y-a)}{4\pi\varepsilon_0\left[(y-a)^2+x^2\right]^{\frac{3}{2}}}\right\}\mathbf{j}$$

任意一条电场线应该满足方程：

$$\frac{\mathrm{d}y}{\mathrm{d}x}=\frac{E_y(x,y)}{E_x(x,y)} \tag{8-1}$$

求解式（8-1）可得：

$$\frac{2(y+a)}{\left[(y+a)^2+x^2\right]^{\frac{1}{2}}}-\frac{y}{\left(y^2+x^2\right)^{\frac{1}{2}}}-\frac{q(y-a)}{\left[(y-a)^2+x^2\right]^{\frac{1}{2}}}=C \tag{8-2}$$

这就是电场线满足的方程，常数 C 取不同值将得到不同的电场线。

2.参考程序

解出上述 $y=f(x)$ 的表达式再作图是不可能的,用 MATLAB 语言却能轻松做到这一点。其参考程序为

```
syms x y                    % 设置 x,y 变量;
for C=0:0.1:3.0
    ezplot(2*(y+1)/sqrt((y+1)^2+ x^2)-y/sqrt(y^2+ x^2)-
(y-1)/sqrt((y-1)^2+ x^2)-C, [-5,5,0.1]);
% 其中取 a=1,C=0,0.1,0.2,…,3.0
    hold on;
end
```

3.参考程序运行结果

运行程序,获得点电荷电场线的图像大致如图 8-10 所示。

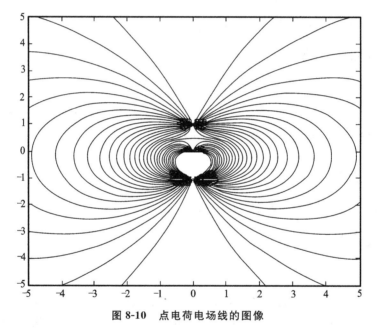

图 8-10　点电荷电场线的图像

【实验装置】

计算机 1 台,MATLAB 仿真软件 1 套。

【实验内容与步骤】

(1)在 E 盘建立新文件夹,命名为 File_Wave_simulation。

(2)打开 MATLAB 软件,新建一个空白的 M 文件,保存在 File_Wave_simulation 目录下,命名为 Exp_3.m。

(3)将源程序拷贝到 M 文件中,保存。

(4)点击运行按钮,观察程序运行结果。

【实验报告要求】

(1)写出仿真程序源代码。

(2)绘制由三点电荷构成的系统电场线的图像(要在图中标注出姓名与学号)。

实验 8-4　绘制线电荷产生的电位图像

【实验目的】

理解交互式程序运行的过程。

【实验原理】

1.基本原理

设电荷均匀分布在从 $z=-L$ 到 $z=L$ 且通过原点的线段上,其密度为 q(单位 C/m),求在 xOy 平面上的电位分布。

点电荷产生的电位可表示为

$$V=\frac{Q}{4\pi\varepsilon_0 r}$$

式中:r——电荷到测量点的距离;

　V——标量。

线电荷所产生的电位可用积分或叠加的方法来求得。为此把线电荷分为 N 段,每段长为 dL。每段上电荷为 qdL,看作集中在中点的点电荷,它产生的电位为

$$dV=\frac{qdL}{4\pi\varepsilon_0 r}$$

然后对全部电荷求和即可。

2.参考程序

把 xOy 平面分成网格,因为 xOy 平面上的电位仅取决于与原点的垂直距离 R,所以可以省略一维,只取 R 为自变量。把 R 从 0 到 10 m 分成 Nr+1 点,对每一点计算其电位。

参考程序如下:

```
clear all;
L=input('线电荷长度 L=:');
N=input('分段数 N=:');
Nr=input('分段数 Nr=:');
q=input('电荷密度 q=:');
E0=8.85e-12;
C0=1/4/pi/E0;
L0=linspace(-L,L,N+1);
L1=L0(1:N);L2=L0(2:N+1);
Lm=(L1+L2)/2;dL=2*L/N;
R=linspace(0,10,Nr+1);
for k=1:Nr+1
```

```
    Rk=sqrt(Lm.^2+ R(k)^2);
  Vk=C0* dL* q./Rk;
  V(k)=sum(Vk);
  end
  [max(V),min(V)]
  plot(R,V),grad
```

3.参考程序运行结果

输入如下参数值：

线电荷长度 $L=5$；

分段数 $N=50$；

分段数 $Nr=50$；

电荷密度 $q=1$。

可得最大值和最小值为

```
  ans =
    1.0e+010 * [9.3199    0.8654]
```

线电荷产生的电位图像大致如图 8-11 所示。

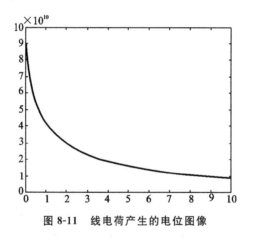

图 8-11　线电荷产生的电位图像

【实验装置】

计算机 1 台,MATLAB 仿真软件 1 套。

【实验内容与步骤】

(1)在 E 盘建立新文件夹,命名为 File_Wave_simulation。

(2)打开 Matlab 软件,新建一个空白的 M 文件,保存在 File_Wave_simulation 目录下,命名为 Exp_4.m。

(3)将源程序拷贝到 M 文件中,保存。

(4)点击运行按钮,观察程序运行结果。

【实验报告要求】

(1)写出仿真程序源代码。

（2）绘制线电荷产生的电位图像（要在图中标注出姓名与学号）。

实验 8-5　电容设计

【实验预习】

（1）单导体电容、多导体电容的计算。
（2）平板电容的电容定义。

【实验目的】

（1）巩固电场的基础知识。
（2）了解电容的本质。
（3）掌握改变电容量大小的方法。
（4）设计指定电容量的不规则形状电容。

【实验原理】

（1）平行板电容器的电容计算公式：$C=\dfrac{\varepsilon\pi r^2}{d}$，式中 ε 是两圆形平行板间填充的介质的介电常数，r 是圆形平行板的半径，d 是两板间的垂直距离。

（2）改变两平行板间的填充物、距离和圆形平行板的半径，找出电容的变化定性关系。

【实验装置】

计算机 1 台，CST 电磁工作室软件。

【实验内容与步骤】

（1）在 CST EM 环境下设计一个圆台双层电容。
（2）设定圆形平行板电容器的激励、单位，利用静电求解器求解圆台筒的电容；观察圆台内部电场。

【数据记录与处理】

（1）圆形平行板电容器的电容与两圆形平行板间距、两圆形平行板的相对倾斜角度有什么关系？
（2）本实验可进行哪些创新性的应用？ 设想一两个应用。

【问题思考】

简述实验过程（写出软件的使用步骤）。

实验 8-6　电感设计

【实验预习】

（1）电感的定义。

(2)螺线电感大小的计算方法。

【实验目的】

(1)巩固磁场的基础知识。

(2)了解电感的工作原理。

(3)掌握改变螺线电感大小的方法。

(4)设计指定电感量的不同形状电感。

【实验原理】

(1)长直螺线管的电感计算公式：$L = \dfrac{\mu N^2 \pi r^2}{h}$，式中的 μ 是管中填充物的磁导率，N 是其匝数，r 是螺线管横截面半径，h 是螺线管的高度。

(2)改变长直螺线管的匝数 N、螺线管横截面半径 r、螺线管中填充物的磁导率 μ 及螺线管的高度 h，找出其电感量与各参数之间的变化关系。

【实验装置】

计算机 1 台，CST 电磁工作室软件。

【实验内容与步骤】

(1)在 CST EM 环境下设计一个螺线电感。

(2)设定本实验使用的单位，设定螺线管的横截面半径、高度及匝数，使用静态磁场求解器求解螺线管的电感；观察螺线管周围和内部的磁场分布。

【数据记录与处理】

(1)找出电感与电流大小、螺线管横截面半径、螺线管高度之间的关系。

(2)螺线管中插入铁心以后，电感发生怎样的变化？

【问题思考】

(1)简述实验边界条件的设定过程。

(2)电感大小与通过电流的频率有什么关系？

实验 8-7　　波导管电磁场模拟

【实验预习】

(1)导行电磁波在导波系统中的传输规律。

(2)TE 模和 TM 模的电磁方程。

【实验目的】

(1)巩固电磁波的时间空间变换性质。

（2）了解电磁波在局域空间传播的过程。

（3）掌握波导管截止波长的概念。

【实验原理】

1. 矩形波导中的场分布

如图 8-12 所示，矩形波导的宽边尺寸为 a，窄边尺寸为 $b(a>b)$，波导内填充介电常数为 ε,μ 的理想媒质，波导壁为理想导体。

（1）TM 波的场分布表示式。

对于 TM 波，因为 $H_z=0$，可推得 TM 波的横向场分量表示式为

$$
\begin{cases}
E_x = -\dfrac{\gamma}{k_c^2}\dfrac{m\pi}{a}E_0\cos\left(\dfrac{m\pi}{a}x\right)\sin\left(\dfrac{n\pi}{b}y\right)e^{-\gamma z}\\[2mm]
E_y = -\dfrac{\gamma}{k_c^2}\dfrac{n\pi}{b}E_0\sin\left(\dfrac{m\pi}{a}x\right)\cos\left(\dfrac{n\pi}{b}y\right)e^{-\gamma z}\\[2mm]
E_z = E_0\sin\left(\dfrac{m\pi}{a}x\right)\sin\left(\dfrac{n\pi}{b}y\right)e^{-\gamma z}\\[2mm]
H_x = \mathrm{j}\dfrac{\omega\varepsilon}{k_c^2}\dfrac{n\pi}{b}E_0\sin\left(\dfrac{m\pi}{a}x\right)\cos\left(\dfrac{n\pi}{b}y\right)e^{-\gamma z}\\[2mm]
H_y = -\mathrm{j}\dfrac{\omega\varepsilon}{k_c^2}\dfrac{m\pi}{a}E_0\cos\left(\dfrac{m\pi}{a}x\right)\sin\left(\dfrac{n\pi}{b}y\right)e^{-\gamma z}
\end{cases}
$$

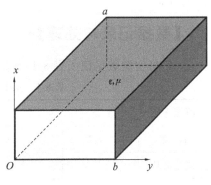

图 8-12　矩形波导

式中：k_c——截止波数，且

$$
k_c = \sqrt{\gamma^2+k^2} = \sqrt{\left(\dfrac{m\pi}{a}\right)^2+\left(\dfrac{n\pi}{b}\right)^2},(m=1,2,3,\cdots),(n=1,2,3,\cdots)
$$

（2）TE 波的场分布表示式。

对于 TE 波，因为 $E_z=0$，可推得 TE 波的横向场分量表示式为

$$
\begin{cases}
H_x = \dfrac{\gamma}{h^2}\dfrac{m\pi}{a}H_0\sin\left(\dfrac{m\pi}{a}x\right)\cos\left(\dfrac{n\pi}{b}y\right)e^{-\gamma z}\\[2mm]
H_y = \dfrac{\gamma}{h^2}\dfrac{n\pi}{b}H_0\cos\left(\dfrac{m\pi}{a}x\right)\sin\left(\dfrac{n\pi}{b}y\right)e^{-\gamma z}\\[2mm]
H_z = H_0\cos\left(\dfrac{m\pi}{a}x\right)\cos\left(\dfrac{n\pi}{b}y\right)e^{-\gamma z}\\[2mm]
E_x = \mathrm{j}\dfrac{\omega\mu}{h^2}\dfrac{n\pi}{b}H_0\cos\left(\dfrac{m\pi}{a}x\right)\sin\left(\dfrac{n\pi}{b}y\right)e^{-\gamma z}\\[2mm]
E_y = -\mathrm{j}\dfrac{\omega\mu}{h^2}\dfrac{m\pi}{a}H_0\sin\left(\dfrac{m\pi}{a}x\right)\cos\left(\dfrac{n\pi}{b}y\right)e^{-\gamma z}
\end{cases}
$$

2. 矩形波导管中 TM 波和 TE 波的传播特性

TM 波或者 TE 波的截止波长均可由下式计算：

$$
\lambda_c^{m,n} = \dfrac{2\pi}{\sqrt{\left(\dfrac{m\pi}{a}\right)^2+\left(\dfrac{n\pi}{b}\right)^2}}
$$

当 $\mathrm{TM}_{m,n}$ 模式或 $\mathrm{TE}_{m,n}$ 模式的工作波长小于该模式的截止波长 $\lambda_c^{m,n}$ 时，波导中可以传播相应的 $\mathrm{TM}_{m,n}$ 模式或 $\mathrm{TE}_{m,n}$ 模式的电磁波；当 $\mathrm{TM}_{m,n}$ 模式或 $\mathrm{TE}_{m,n}$ 模式的工作波长大于该模

式的截止波长 $\lambda_c^{m,n}$ 时，波导中不能传播相应的 $\mathrm{TM}_{m,n}$ 模式或 $\mathrm{TE}_{m,n}$ 模式的电磁波。

【实验装置】

计算机 1 台，CST 电磁工作室软件。

【实验内容与步骤】

(1)在 CST MICROWAVE 环境下设计一个矩形波导。

(2)设定本实验使用的单位，设定矩形波导的长、宽、高，以及波导管中间物的电磁性质，使用电磁场求解器求解矩形波导管的截止频率；观察矩形波导管内部的电磁场随时间和空间的分布。

【数据记录与处理】

(1)将实验数据填入表 8-1，找出矩形波导高、宽与截止波长的关系。

表 8-1　矩形波导高、宽与截止波长的关系数据表

填充介质	空气						油					
高、宽	8、2	10、2	8、4	10、4	8、6	10、6	8、2	10、2	8、4	10、4	8、6	10、6
截止波长												

(2)矩形波导中填充油以后，截止波长会怎样变化？

【问题思考】

(1)为什么 TEM 波不能在矩形波导管中传播？

(2)波导四个侧壁上的电流有什么特点？怎么开槽对波导中的电磁波影响最小？

实验 8-8　喇叭天线设计

【实验预习】

(1) 天线辐射的电磁方程。

(2) 喇叭天线的电磁规律。

【实验目的】

(1)巩固天线辐射的基础知识。

(2)了解喇叭天线的工作原理。

(3)掌握天线远场设置的方法。

(4)设计指定辐射频率的喇叭天线。

【实验原理】

(1)用 CST 仿真喇叭天线。

(2)改变喇叭天线的端口模式，由仿真 1 个端口模式到仿真 5 个端口模式，看各个模式

之间电磁场的区别。

(3)改变喇叭天线的喇叭张角,找到喇叭张角与半功率波瓣宽度的关系。

【实验装置】

计算机 1 台,CST 电磁工作室软件。

【实验内容与步骤】

(1)在 CST 微波工作室环境下设计一个喇叭天线。

(2)设定本实验使用的单位,设定喇叭天线的半径、高度、张角,使用瞬态场求解器求解喇叭天线的电磁场;观察喇叭天线的电磁波传播动画。

(3)设定不同的天线尺寸观察 S_{11} 参数的变化,设定不同的端口模式,观察远区天线辐射方向图的变化。

【数据记录与处理】

(1)当喇叭天线的喇叭张角不同时,其同一频率下的半功率波瓣宽度发生怎样的变化?请进行仿真实验并填写表 8-2。

表 8-2　喇叭天线张角与半功率波瓣宽度关系数据表

喇叭天线张角	半功率波瓣宽度	
	9 GHz	12 GHz
20°		
30°		
40°		
60°		

(2)9 GHz 时,天线的方向图是怎样的? 说明此方向图的含义(将方向图粘贴到实验报告空白处)。

【问题思考】

(1)喇叭天线上表面电流有什么特点? 直接粘贴 9 GHz 时的表面电流到实验报告空白处并进行说明。

(2)喇叭天线的张角与半功率波瓣宽度之间有什么关系?

第 2 篇

应 用 篇

本篇是光电信息技术综合实验的应用篇,包括第9~11章的内容。这3章内容主要涉及传感器技术实验、热辐射与红外扫描成像实验、光谱应用综合实验等专业实验。本篇通过这些综合实验,使学生掌握光电应用技术的基本实验方法与操作技能,使学生对常用激光技术和光电检测技术的工作原理、物理结构、测量光/电路和实际应用等形成感性认识;加深学生对几种常见的光电器件、设备等的选型、调光/电路设计方法的理解;培养学生的动手能力,并使学生能够根据实验目的、内容及设备条件开展相应的应用设计,确定实验步骤、测取所需数据,进行分析研究得出必要结论,从而具备运用激光技术和光电检测技术分析和解决基础问题的初步能力,为今后在工程实际中设计性能优良的光电器件或设备,实现创新设计制作等应用系统打下初步基础。

第 9 章　传感器技术实验

传感器是新技术革命和信息社会的重要技术基础,是当今世界极其重要的高科技,一切现代化仪器、设备几乎都离不开传感器。传感器原理及检测技术与实际应用结合得非常紧密,围绕它进行的实践教学对于提高学生综合素质、培养学生的创新精神和实践能力具有重要意义。

本章第 1 部分为传感器技术实验基础,简要介绍常用传感器的基本原理、基本测量电路、实验数据处理等方面的知识;第 2 部分为实验,主要包括传感器技术基础实验、综合设计实验及传感器应用课程设计等。

9.1　传感器及其应用概述

1. 传感器

传感器是一种能把物理量或化学量转变成便于利用的电信号的器件,通常由敏感元件和转换元件组成。国际电工委员会(IEC)对其的定义为:"传感器是测量系统中的一种前置部件,它将输入变量转换成可供测量的信号。"传感器是传感系统的一个组成部分,它是被测量信号输入的第一道关口。传感器可分为两类:有源的和无源的。

2. 传感器结构

在一段特制的弹性轴上粘贴上专用的测扭应片并组成变桥,即为基础扭矩传感器。在轴上固定着:①能源环形变压器的次级线圈;②信号环形变压器的初级线圈;③轴上印刷电路板,电路板上包含整流稳定电源、仪表放大电路、V/F 变换电路及信号输出电路。在传感器的外壳上固定着;①激磁电路;②能源环形变压器的初级线圈(输入);③信号环形变压器的次级线圈(输出);④信号处理电路。

3. 传感器工作原理

首先向基础扭矩传感器提供 ±15 V 电源,激磁电路中的晶体振荡器产生 400 Hz 的方波,经过功率放大器即产生交流激磁功率电源,通过能源环形变压器从静止的初级线圈传递至旋转的次级线圈。由基准电源与双运放组成的高精度稳压电源产生 ±4.5 V 的精密直流电源。当弹性轴受扭时,应变桥检测得到的毫伏级的应变信号,通过仪表放大器放大成 1.5 V±1 V 的强信号,再通过 V/F 变换电路变换成频率信号,通过信号环形变压器从旋转的初级线圈传递至静止次级线圈,再经过外壳上的信号处理电路滤波、整形即可得到与弹性轴承受的扭矩成正比的频率信号,既可提供给专用二次仪表或频率计显示,也可直接送计算机处理。

4. 传感器应用

传感器的应用领域涉及机械制造、工业过程控制、汽车电子、通信电子、消费电子和专用设备等。专用设备主要包括医疗、环保、气象等领域应用的专业电子设备。工业领域的应用如工艺控制、工业机械以及接近/定位传感器发展迅速。现代高级轿车的电子化控制系统水平的关键就在于采用压力传感器的数量和水平,目前一辆普通家用轿车上大约安装几十到近百只传感器,而豪华轿车上的传感器数量可多达两百余只,种类通常达三十余种,多则达百种。

9.2　实验

实验 9-1　金属箔式应变片性能——单臂电桥

【实验目的】

了解金属箔式应变片,单臂电桥的工作原理和工作情况。

【实验原理】

应变片是最常用的测力传感元件。当用应变片测试时,应变片要牢固地粘贴在测试体表面,一旦测试体受力发生形变,应变片的敏感栅随同变形,其电阻也随之发生相应的变化,并通过测量电路,转换成电信号输出显示。实验时,将金属箔式应变片贴在一个悬臂梁上,改变测微头,使应变电阻发生机械变形,通过放大器输出电信号的变化。电桥电路是最常用的非电量电测电路中的一种,当电桥平衡时,桥路对臂电阻乘积相等,电桥输出为零,在桥臂四个电阻 R_1、R_2、R_3、R_4 中,电阻的相对变化率分别为 $\Delta R_1/R_1$、$\Delta R_2/R_2$、$\Delta R_3/R_3$、$\Delta R_4/R_4$,当使用一个应变片时,电路中电阻的相对变化率 $\sum R = \Delta R/R$;当两个应变片组成差动状态工作时,则有 $\sum R = 2\Delta R/R$;用四个应变片组成两个差对工作,且 $R_1 = R_2 = R_3 = R_4$ 时,$\sum R = 4\Delta R/R$。由此可知,单臂、半桥、全桥电路的灵敏度依次增大。

【实验装置】

CSY 型-998A 传感器系统实验仪包括直流稳压电源、电桥、差动放大器、双平行梁、测微头、应变片、F/V 表、主电源、副电源。

旋钮初始位置:直流稳压电源打到 ±2 V 挡,F/V 表打到 2 V 挡,差动放大器打到增益最大处。

【实验内容及步骤】

(1)了解所需单元、部件在实验仪上的所在位置,观察梁上的应变片,应变片为棕色衬底箔式结构小方薄片。上下两梁的外表面各贴两片受力应变片和一片补偿应变片,测微头在双平行梁前面的支座上,可以上、下、前、后、左、右调节。

(2)差动放大器调零:用连线将差动放大器的正(+)、负(-)、地短接。将差动放大器的输出端与 F/V 表的输入插口 V_i 相连;开启主、副电源;调节差动放大器的增益到最大位置,然后调整差动放大器的调零旋钮使 F/V 表显示为零,关闭主、副电源。

(3)根据图 9-1 接线。R_1、R_2、R_3 为电桥单元的固定电阻;R_x(R_4)为应变片。将直流稳压电源的切换开关置 ±4 V 挡,F/V 表置 20 V 挡。调节测微头脱离双平行梁,开启主、副电源;调节电桥平衡网络中的 W_1,使 F/V 表显示为零;然后将 F/V 表置 2 V 挡,再调 W_1(慢慢地调),使 F/V 表显示为零。

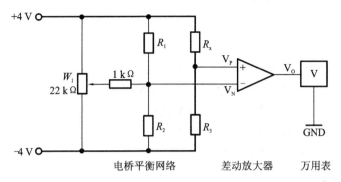

图 9-1　箔式应变片实验电路

(4)将测微头转动到 10 mm 刻度附近,并安装到双平等梁的自由端(与自由端磁钢吸合),调节测微头支柱的高度(梁的自由端跟随变化),使 F/V 表显示最小,再旋动测微头,使 F/V 表显示为 0(细调零),这时的测微头在 0 刻度处。

(5)往下或往上旋动测微头,使梁的自由端产生位移,记下 F/V 表显示的值。建议每旋动测微头一周(即 0.5 mm),记一个数值,填入表 9-1。

(6)据所得结果计算灵敏度 $S=\Delta V/\Delta x$(式中 Δx 为梁的自由端位移变化,ΔV 为相应 F/V 表显示的电压变化)。

(7)实验完毕,关闭主、副电源,所有旋钮转到初始位置。

【数据记录与处理】

金属箔式应变片实验数据记录表如表 9-1 所示。

表 9-1　金属箔式应变片实验数据记录表

位移/mm					
电压/mV					

【注意事项】

(1)电桥上端虚线所示的四个电阻实际上并不存在,仅作为一标记,以便学生组桥容易。

(2)为确保实验过程中输出指示不溢出,可先将砝码加至最大质量,如指示溢出,适当减小差动放大增益,此时差动放大器不必重调零。

(3)做此实验时应将低频振荡器的幅度关至最小,以减小其对直流电桥的影响。

【问题思考】

(1)本实验电路对直流稳压电源和差动放大器分别有何要求?

(2)根据差动放大器电路原理图,分析其工作原理,说明它既能作差动放大器,又可作同相或反相放大器。

实验 9-2　电涡流传感器特性分析

【实验目的】

(1)了解电涡流传感器的结构、原理、工作特性。
(2)通过实验说明不同的材料对电涡流传感器特性的影响。
(3)通过实验掌握用电涡流传感器测量振幅的原理和方法。
(4)了解电涡流传感器在静态测量中的应用。
(5)了解电涡流传感器的实际应用。

【实验原理】

电涡流传感器由传感器线圈和金属涡流片(被测导体)组成,如图 9-2 所示。根据法拉第定律,当传感器线圈通以正弦交变电流 I_1 时,线圈周围空间会产生正弦交变磁场 B_1,可使

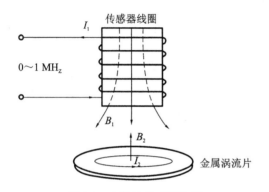

置于此磁场中的金属涡流片产生感应涡电流 I_2,I_2 又产生新的交变磁场 B_2。根据楞次定律,B_2 的作用将反抗原磁场 B_1,从而导致传感器线圈的阻抗 Z 发生变化。由上可知,传感器线圈的阻抗发生变化的原因是金属涡流片的电涡流效应。而电涡流效应又与金属涡流片的电阻率 ρ、磁导率 μ、厚度、温度以及传感器线圈和金属涡流片的距离 x 有关。

图 9-2　电涡流传感器的组

当传感器线圈、金属涡流片以及激励源确定后,保持环境温度不变,则阻抗 Z 只与距离 x 有关。将阻抗变化经涡流变换器变换成电压 U 输出,则输出电压 U 是距离 x 的单值函数,确定 U 和 x 的关系称为标定。当传感器线圈与金属涡流片的相对位置发生周期性变化时,电涡流量及线圈阻抗的变化经涡流变换器转换为周期性的电压信号。

【实验装置】

传感器线圈,涡流变换器,电压/频率表,直流稳压电源,电桥,差动放大器,激振器Ⅰ,低频振荡器,测速电动机及转盘,测微头,铁、铜、铝质金属涡流片,砝码等。

【实验内容及步骤】

1.电涡流传感器的静态标定及被测材料对电涡流传感器特性的影响

(1)安装好传感器线圈和铁质金属涡流片,注意两者必须保持平行。安装好测微头,按图 9-3(部分图)接线,将传感器线圈接入涡流变换器输入端,涡流变换器输出端接电压表 20 V 挡。

(2)开启仪器电源,用测微头将传感器线圈与涡流片分开一定距离,此时输出端有一电压值输出。

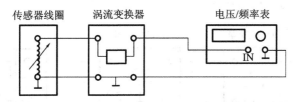

图 9-3 电涡流传感器特性分析实验接线图(1)

(3)用测微头带动振动平台使传感器线圈完全贴紧金属涡流片,此时涡流变换器中的振荡电路停振,涡流变换器输出电压为 0。

(4)旋动测微头使传感器线圈离开金属涡流片,并逐渐增大传感器线圈与金属涡流片之间的距离,每移动 0.25 mm 记录测微头的读数 x 和相应的涡流变换器输出电压 U(注意:x 是测微头的直接读数,可看成金属涡流片的位置坐标,不必从 0 开始),将数据填入表 9-2。以 U 为纵坐标、x 为横坐标作出 U_1-x 曲线。

(5)分别换上铜和铝两种金属涡流片进行测量,从传感器线圈完全贴紧金属涡流片开始增大二者之间的距离(由于材料不同,对于铜和铝两种金属涡流片,涡流变换器初始输出电压不为 0),每移动 0.25 mm 记录测微头的读数 x 和相应的涡流变换器输出电压 U,将数据分别填入表 9-3 和表 9-4 中,在 U_1-x 曲线的坐标系内再作出 U_2-x 曲线和 U_3-x 曲线。

(6)分析三种不同材料被测体的线性范围、最佳工作点,并进行比较。从实验得出结论:被测材料不同时线性范围也不同,必须分别进行标定。

2.电涡流传感器电动机测速实验

(1)将传感器线圈支架转一角度,安装于电动机转盘上方,尽量靠外,但不得超出转盘,使线圈与转盘面平行,在不碰擦的情况下相距越近越好。

(2)在图 9-3 电路的基础上,涡流变换器的输出端改接示波器,开启转盘的开关,调节转速,调整传感器线圈在转盘上方的位置,用示波器观察,使涡流变换器输出的波形较为对称,从示波器读出波形的周期 T,算出频率 ν,则转盘的转速 $n = \nu/2$。

3.电涡流传感器的振幅测量

(1)卸下测微头,换上铁质涡流片,使传感器线圈与涡流片分开一定距离(约 1 mm)。

(2)按图 9-4 接线,直流稳压电源置±10 V 挡,差动放大器在这里仅作为一个电平移动电路,增益置最小处(1 倍)。调节电桥 W_A,使系统输出为零。用导线接通低频振荡器和激振器 I,此时可以看到振动圆台振动了起来,调节低频振荡器的频率,使其在 15~30 Hz 范围内变化,用示波器观察涡流变换器输出的波形,再用示波器读出波形电压的峰峰值 U_{p-p}。

(3)变化低频振荡器的频率和幅值,提高振动圆盘的振幅,用示波器可以看到涡流变换器输出的波形有失真现象,这说明电涡流传感器的振幅测量范围是很小的。

4.电涡流传感器的称重实验

(1)在图 9-4 电路的基础上,差动放大器的输出端改接电压表 20 V 挡。

(2)调整电桥 W_A,使系统输出为零。

(3)把测物平台放置于振动圆台上,在平台中间逐步加上砝码,记录砝码的质量 W 和相应的差动放大器输出电压 U,数据填入表 9-5。以 U 为纵坐标、W 为横坐标作出 U-W 曲线。

(4)取下砝码,分别放上两个待测质量的物体,记录其对应的电压,根据上一步绘制的

$U\text{-}W$ 曲线大致求出待测物体的质量。

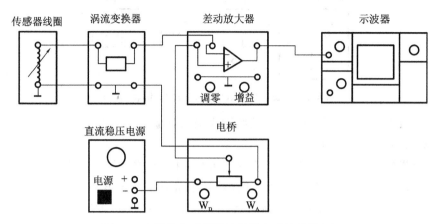

图 9-4　电涡流传感器特性分析实验接线图(2)

【数据记录与处理】

电涡流传感器特性分析实验数据如表 9-2 至表 9-5 所示。

表 9-2　电涡流传感器特性分析实验数据(1)

位置 x/mm									
铁 U_1/V									

表 9-3　电涡流传感器特性分析实验数据(2)

位置 x/mm									
铜 U_2/V									

表 9-4　电涡流传感器特性分析实验数据(3)

位置 x/mm									
铝 U_3/V									

表 9-5　电涡流传感器特性分析实验数据(4)

砝码质量 W/g	10	20	30	40	50	60	70	80
输出电压 U/V								

【注意事项】

(1)直流稳压电源的−10 V 和接地端接电桥直流调平衡电位器 W_A 两端。

(2)连接线端头插入连接孔时应稍加旋转,以保证接触良好,拔线时要捏住端头拔出,不要生拉硬拽。

【问题思考】

(1)电涡流传感器是把什么物理量转换为什么物理量的装置?

（2）电涡流传感器为什么可以测量电动机的转速？

（3）电涡流传感器可以用来称重是什么原理？

【相关知识】

1. 用示波器测量信号的周期

（1）调整示波器的有关旋钮，使波形稳定（即不左右移动），显示 1～2 个周期，高度不要超出刻度区域。

（2）检查水平偏转旋钮，将旋钮向右边旋转到校正（cal）的位置（听到"喀"的一声即可），此时读出的时间值是显示屏上横向一个大格所表示的时间 t，读出波形一个周期所占的大格数 n，则周期 $T = nt$。

2. 用示波器测量信号的峰峰值 U_{p-p}

（1）调整示波器的有关旋钮，使波形稳定（即不左右移动），显示 1～2 个周期；高度不要超出刻度区域。

（2）将水平偏转旋钮旋转到 $X-Y$ 的位置，此时显示屏上显示一条短斜线，将示波器触发信号源选择拨动到另一挡位，短斜线将变为短竖线。

（3）检查竖直偏转旋钮，将旋钮向右边旋转到校正（cal）的位置（听到"喀"的一声即可），此时读出的电压值是显示屏上竖向一个大格所表示的电压 U，读出显示屏上短竖线所占的大格数 n，则峰峰值 $U_{p-p} = nU$。

实验 9-3 差动变面积式电容传感器特性分析

【实验目的】

了解差动变面积式电容传感器的原理及其特性。

【实验原理】

电容传感器有多种形式，本实验采用差动平行变面积式。传感器由两片定片和一组动片组成。当安装于振动台上的动片上、下改变位置，与两组静片之间的重叠面积发生变化，极间电容也发生相应变化，成为差动电容。如将上层定片与动片形成的电容定为 C_{x_1}，下层定片与动片形成的电容定为 C_{x_2}，当将 C_{x_1} 和 C_{x_2} 接入双 T 型桥路作为相邻两臂时，桥路的输出电压量与电容量的变化有关，即与振动台的位移有关。

【实验装置】

电容传感器，差动放大器，低通滤波器，F/V 表。

【实验内容与步骤】

（1）按图 9-5 将差动放大器"－"输入端对地短接，旋动放大器调零电位器，使低通滤波器输出为 0。电容变换器增益处于最大位置（顺时针旋到顶）。

（2）将差动放大器增益旋钮旋到中间，F/V 表打到 2 V 挡，调节测微头，使输出为 0。

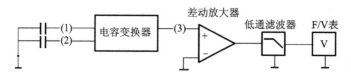

图 9-5　差动变面积式电容传感器特性分析实验原理

（3）旋动测微头，改变振动台位置，每次改变 0.5 mm，在表 9-6 中，记下此时测微器的读数及 F/V 表的读数，直至电容动片与上（或下）静片覆盖面积最大为止。

（4）测微器退回至初始位置，从相反方向旋动。同上法在表 9-7 中记下 x/mm 及 U/V 的值。

（5）作出 U-x 曲线，求出系统灵敏度 $S=U/x$，找出 3 mm 的线性范围。（与霍尔传感器、电涡流传感器比较在相同区间内的线性度。）

【数据记录与处理】

差动变面积式电容传感器特性分析实验数据记录表如表 9-6 和表 9-7 所示。

表 9-6　差动变面积式电容传感器特性分析实验数据记录表（1）

x/mm									
U/V									

表 9-7　差动变面积式电容传感器特性分析实验数据记录表（2）

x/mm									
U/V									

【注意事项】

电容变换器 C_{x_1}、C_{x_2} 为差动电容输入，C_{x_3} 为输出。

【问题思考】

（1）为什么要采用差动电容结构？

（2）观察差动电容传感器，试推导覆盖面积变化的表达式。（设差动电容分别为 C_1、C_2。）

实验 9-4　热电偶工作原理及分度表的应用

【实验目的】

了解热电偶的工作原理及分度表的应用。

【实验原理】

热电偶的基本工作原理是热电效应，两种不同的导体互相焊接成闭合回路，当两个接点温度不同时回路中就会产生电流，这一现象称为热电效应，产生电流的电动势叫作热电动势,通常把两种不同导体的这种组合称为热电偶(具体热电偶原理参考相关教材)。当热电偶热端和冷端的温度不同时,通过测量热电动势即可知道两端温差。

【实验装置】

一15 V 不可调直流稳压电源,差动放大器,F/V 表,加热器,铜-康铜热电偶,水银温度计(自备),主、副电源。

旋钮初始位置:F/V 表切换开关置 2 V 挡,差动放大器增益最大。

【实验内容与步骤】

(1)了解热电偶工作原理。

(2)了解热电偶在实验仪上的位置及符号,实验仪所配的热电偶是由铜-康铜组成的简易热电偶,分度号为 T。实验仪有两个热电偶装在双平行梁的上片梁的上表面(在梁表面中间两根细金属丝焊成的一点,就是热电偶)和下片梁的下表面,两个热电偶串联在一起产生的热电动势为二者的总和。

(3)按图 9-6 接线,开启主、副电源,调节差动放大器调零旋钮,使 F/V 表显示为零,记录下自备温度计的室温。

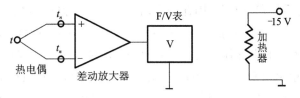

图 9-6　热电偶实验接线图

(4)将一15 V 不可调直流电源接入加热器的一端,加热器的另一端接地,观察 F/V 表显示值的变化,待显示值稳定不变时记录下 F/V 表显示的读数 E。

(5)用自备温度计测出上梁表面热电偶处的温度 t 并记录下来。(注意:温度计的测温探头不要触到应变片,只要触及热电偶处附近的梁体即可。)

(6)热电偶的热电势与温度之间的关系式:

$$E_{ab}(t,t_0) = E_{ab}(t,t_n) + E_{ab}(t_n,t_0)$$

式中:t——热电偶的热端(工作端或称测温端)温度;

　　　t_n——热电偶的冷端(自由端)温度,也就是室温;

　　　t_0——0 ℃。

①热端温度为 t,冷端温度为室温时,铜-康铜的热电势:$E_{ab}(t,t_n) = E/100 \times 2$(100 为差动放大器的放大倍数,2 表示两个热电偶串联)。

②热端温度为室温,冷端温度为 0 ℃时,铜-康铜的热电势:$E_{ab}(t_n,t_0)$ 查热电偶自由端为 0 ℃时的热电势和温度的关系即铜-康铜热电偶分度表得到。

③计算:热端温度为 t,冷端温度为 0 ℃时的铜-康铜的热电势为 $E_{ab}(t,t_0)$,根据计算结果,查分度表得到热端温度 t。

(7)将热电偶测得温度值与自备温度计测得温度值相比较。(注意:本实验仪所配的热电偶为简易热电偶,并非标准热电偶,实验只是用来了解热电动势现象。)

(8)实验完毕关闭主、副电源,尤其是加热器—15 V 电源(自备温度计测出温度后马上拆去—15 V 电源连接线),其他旋钮置原始位置。

【数据记录与处理】

请自行设计表格并进行相关数据处理。

【问题思考】

(1)为什么差动放大器接入热电偶后需再调节使 F/V 表显示为零?

(2)即使采用标准热电偶按本实验方法测量温度也会产生较大误差,为什么?

实验 9-5　热敏电阻测温

【实验目的】

了解热敏电阻工作现象。

【实验原理】

热敏电阻的温度系数有正有负,因此分成两类:PTC(正温度系数)热敏电阻与 NTC(负温度系数)热敏电阻。NTC 是 negative temperature coefficient 的缩写,意思是负的温度系数,泛指负温度系数很大的半导体材料或元器件,所谓 NTC 热敏电阻就是负温度系数热敏电阻。一般 NTC 热敏电阻测量范围较宽,主要用于温度测量;而 PTC 突变型热敏电阻的温度范围较窄,一般用于恒温加热控制或温度开关,也用于彩电中作自动消磁元件;PTC 缓变型热敏电阻可用作温度补偿或温度测量。

一般的 NTC 热敏电阻测温范围为—50~300 ℃。热敏电阻具有体积小、重量轻、热惯性小、工作寿命长、价格便宜,并且本身阻值大,不需考虑引线长度带来的误差,适用于远距离传输等优点。但热敏电阻也有非线性大、稳定性差、易老化、误差较大、一致性差等缺点,一般只适用于低精度的温度测量。

【实验仪器】

加热器,热敏电阻,可调直流稳压电源,—15 V 稳压电源,F/V 表,主、副电源。

【实验内容与步骤】

(1)了解热敏电阻在实验仪上的位置及符号(它是一个蓝色或棕色元件,封装在双平行振动梁上片梁的表面)。

(2)将 F/V 表切换开关置 2 V 挡,可调直流稳压电源切换开关置±2 V 挡,按图 9-7 接线,开启主、副电源,调整 W_1(RD)电位器,使 F/V 表指示在 100 mV 左右,即室温时的 U_s。

(3)将—15 V 稳压电源接入加热器,观察电压表的读数变化,F/V 表的输入电压:

$$U_i = \frac{W_{1L}}{R_T + (W_{1H} + W_{1L})} \cdot U_s$$

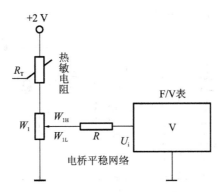

图 9-7 热敏电阻测温实验电路

【数据记录与处理】

由此可见,当温度 ＝ _____ 时,R_T ＝ _____ ,U_i ＝ _____ 。

【问题思考】

如何将此热敏电阻用于 0～50 ℃ 的温度测量电路?

实验 9-6 传感器应用制作——水沸报警器电路

【实验目的】

(1)学会应用热电式传感器设计功能电路。
(2)进一步掌握热敏电阻的特性。
(3)掌握传感器的选用规则。
(4)掌握利用热电式传感器进行功能电路设计的能力。

【实验原理】

1. 负温度系数(NTC)热敏电阻工作原理

如前所述,NTC 热敏电阻就是负温度系数热敏电阻。它是以锰、钴、镍和铜等金属氧化物为主要材料,采用陶瓷工艺制造而成的。这些金属氧化物材料都具有半导体性质,因为在导电方式上完全类似锗、硅等半导体材料。温度低时,这些氧化物材料的载流子(电子和孔穴)数目少,所以其电阻值较高;随着温度的升高,载流子数目增加,所以电阻值降低。NTC 热敏电阻在室温下的变化范围为 10 Ω～1000 kΩ,温度系数变化范围为－6.5％～－2％。NTC 热敏电阻器可广泛用于测温、控温、温度补偿和温度监测等方面。

2. 水沸报警器的参考电路

报警器的电路可以根据热敏电阻的特性自行设计。在此给出一个参考电路,其原理如图 9-8 所示。

在图 9-8 中,由 555 型时基集成电路构成电压比较器,输入端(6 脚)通过电阻 R_2 接电源正极,故此端始终保持高电平。于是输出端(3 脚)电平高低完全取决于触发输入端(2 脚)的电位,当 2 脚的电位高于 1/3 电源电压时,IC555 复位,输出为低电平;当 2 脚电位低于 1/3

电源电压时,IC555置位,输出为高电平。

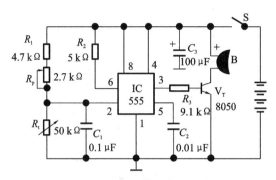

图9-8　水沸报警器电路原理

热敏电阻R_t与电位器R_p、电阻R_1串联后构成分压器。因为R_t是负温度系数的热敏电阻,故当温度较低时其阻值较大,因而触发输入端(2脚)电位高于1/3电源电压,IC555复位,输出为低电平,三极管V_T截止,讯响器B无声音。随着温度升高,R_t阻值逐渐下降,触发输入端(2脚)电位也随之下降,当温度上升至报警设定值(水沸点)时,我们可以适当调节电位器R_p的阻值,使此时输入端(2脚)电位等于1/3电源电压,IC555为置位状态,输出为高电平,三极管V_T导通,讯响器B发出报警声。由于电路报警阈值取决于IC555的触发输入端(2脚)的比较电压,与电源电压高低基本无关,所以电路的报警精度较高,不会受电池电压的影响。

3.元器件选择

IC可用NE555或CA555、5G1555、HA7555、LM1555C等。

V_T可用8050或9013型硅NPN三极管,$h_{FE}\geqslant 150$。

R_t选用常温阻值50 kΩ左右的负温度系数热敏电阻。R_p可用WH7型微调电阻器。$R_1\sim R_3$用1/8 W金属膜或碳膜电阻。C_1、C_2用独石电容或瓷介电容。C_3用耐压$\geqslant 10$ V的普通电解电容。S为普通小型开关。电源用4节5号干电池串联。555芯片引脚、8050型和9013型三极管的引脚如图9-9(a)、图9-9(b)所示。B用直径为12 mm的讯响器(带共振腔的微型蜂鸣器),如图9-9(c)所示。

555芯片的各个引脚功能如下。

1脚:外接电源负端V_{ss}或接地,一般情况下接地。

2脚:低触发端。

3脚:输出端U_o。

4脚:直接清零端。该端接低电平时,时基电路不工作,此时不论6脚处于何电平,时基电路输出为0,该端不用时应接高电平。

5脚:V_C为控制电压端。若此端外接电压,则可改变内部两个比较器的基准电压,当该端不用时,应将该端串入一只0.01 μF电容接地,以防引入干扰。

6脚:高触发端TH。

7脚:放电端。该端与放电管集电极相连,用作定时器时电容的放电。

8脚:外接电源V_{CC},双极型时基电路V_{CC}的范围是4.5 ~ 16 V,CMOS型时基电路V_{CC}的范围为3 ~ 18 V;一般用5 V。

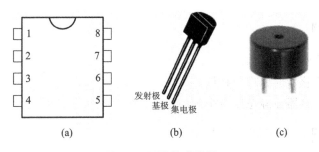

图 9-9　元器件说明图

(a) 555 芯片引脚；(b) 8050 型和 9013 型三极管引脚；(c)讯响器

【实验装置】

示波器，面包板，热敏电阻，电阻、电容若干，CD4011 一块，讯响器一只，示波器，万用表一台，电焊铁一个。

【设计性实验报告】

本实验需学生进行创新性设计，实验内容与步骤需学生自行设计并写入实验报告。要求如下：

(1)要求有明确的设计性实验目的、原理和方法。

(2)要有设计结果，必须给出功能电路图。

(3)对功能电路进行调试。

(4)总结本次实验的心得、体会。

【实验小技巧】

热敏电阻 R_t 可以封装在饮料用的无毒塑料吸管内。将 $\phi 4$ mm 无毒塑料管一端剪平，用尖嘴钳或镊子将其钳位压扁，用烧热的干净电焊铁将露出 $2\sim 3$ mm 的塑料管口熔封，待冷却后将事先焊好引出线的热敏电阻置于塑料管内，然后将塑料管入口处封固即可。最好是将热敏电阻 R_t 用环氧树脂封装在 $\phi 6$ mm 左右的铜管内，铜管可取自废旧的天线，并事先用铜皮将铜管的一端用焊锡牢封口。

报警器印制电路板可自制。报警电路焊接完成后，首先将电位器 R_p 调到阻值最大位置，合上电源开关 S，这时讯响器 B 应无声。将自制感温探头插入水壶嘴中，把壶水烧沸，然后用小起子缓慢调小电位器 R_p 的阻值，到某位置时 B 就会发出报警声，此时可固定 R_p 不动（最好用火漆封固）。

在实验室做实验时，也可以用面包板代替印制电路板。使用水沸报警器时，只要将感温探头插入壶嘴中，然后接通报警器电源即可。当水烧沸时，它就会发出报警声。

实验 9-7　霍尔传感器特性分析

【实验预习】

(1)霍尔传感器的特性。

(2)霍尔传感器在静态测量中的应用——电子秤。

【实验目的】

(1)了解霍尔传感器的结构。

(2)了解霍尔传感器的原理与特性。

(3)了解霍尔传感器在静态测量中的应用。

【实验原理】

霍尔传感器是根据霍尔效应制作的一种磁场传感器。霍尔效应是磁电效应的一种,这一现象是霍尔(A. H. Hall,1855—1938)于1879年在研究金属的导电机构时发现的。后来人们发现半导体、导电流体等也有这种效应,而半导体的霍尔效应比金属的强得多。利用这一现象制成的各种霍尔元件,广泛地应用于工业自动化技术、检测技术及信息处理等方面。霍尔效应是研究半导体材料性能的基本方法。通过霍尔效应实验测定的霍尔系数,能够判断半导体材料的导电类型、载流子浓度及载流子迁移率等重要参数。

由霍尔效应的原理知,霍尔电势U_H的大小取决于:霍尔常数R_H,它与半导体材质有关;霍尔元件的偏置电流I;磁场强度B;半导体材料的厚度d。对于一个给定的霍尔元件,当偏置电流I固定时,U_H将完全取决于被测的磁场强度B。图9-10所示为霍尔效应原理。霍尔电势为

$$U_H = R_H \frac{IB}{d}$$

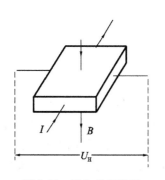

图 9-10　霍尔效应原理

一个霍尔元件一般有四个引出端,其中两个是霍尔元件的偏置电流I的输入端,另两个是霍尔电压的输出端。如果两输出端构成外回路,就会产生霍尔电流。一般地说,偏置电流的设定通常由外部的基准电压源给出;若精度要求高,则基准电压源均用恒流源代替。在半导体薄片两端通以偏置电流I,并在薄片的垂直方向施加磁感应强度为B的匀强磁场,则在垂直于电流和磁场的方向上,将产生电势差为U_H的霍尔电压。霍尔电压随磁场强度的变化而变化,磁场越强,电压越高;磁场越弱,电压越低。霍尔电压值很小,通常只有几毫伏,但经集成电路中的放大器放大,就能使该电压放大到足以输出较强的信号。若使霍尔集成电路起传感作用,需要用机械的方法来改变磁感应强度。霍尔效应传感器属于被动型传感器,它要有外加电源才能工作。霍尔式传感器是由两个环形磁钢组成梯度磁场和位于梯度磁场中的霍尔元件组成。

【实验装置】

霍尔片,磁路系统,电桥,差动放大器,F/V表,直流稳压电源,测微头,振动平台,主、副电源。

旋钮初始位置:差动放大器增益旋钮打到最小,电压表置20 V挡,直流稳压电源置2 V挡,主、副电源关闭。

【实验内容与步骤】

（1）了解霍尔传感器的结构及实验仪上的安装位置,熟悉实验面板上霍尔片的符号。

（2）霍尔片安装在实验仪的振动圆盘上,两个半圆永久磁钢固定在实验仪的顶板上,二者组合成霍尔传感器。

（3）装好测微头,调节测微头使之与振动平台吸合并使霍尔片置于半圆磁钢上下正中位置。

（4）按照图 9-11 连接电路,开启主、副电源,调整 W_1 使 F/V 表指示为零。

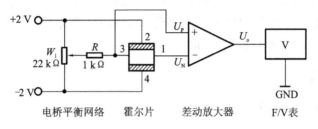

图 9-11　霍尔传感器特性分析实验接线

（5）上下旋动测微头,记下 F/V 表的读数,建议每 0.5 mm 读一个数,将读数填入表 9-8。

（6）实验完结,关闭主、副电源,各旋钮置初始位置。

可见,本实验测出的实际上是磁场情况,磁场分布为梯度磁场,位移测量的线性度、灵敏度与磁场分布有很大关系。

【数据记录与处理】

霍尔传感器特性分析实验数据记录表如表 9-8 所示。

表 9-8　霍尔传感器特性分析实验数据记录表

x/mm				
U/V				

作出 U-x 曲线,指出线性范围,求出灵敏度,关闭主、副电源。

【问题思考】

（1）为什么应使霍尔片尽量靠近磁铁的磁极附近?

（2）霍尔传感器特性分析实验中差动放大器的作用是什么?

（3）利用霍尔元件测量位移和振动时,使用上有何限制?

实验 9-8　光电传感器测转速

【实验目的】

（1）了解光电传感器测转速的基本原理。

（2）掌握光电传感器测转速的应用电路。

【实验原理】

1.对射式光电开关测速

传感器端有发光管和接收管,发光管发出的光通过转盘上的孔透射到接收管上,并转换成电信号,由于转盘上有等间距的 6 个透射孔,转动时将获得与转速及透射孔数有关的脉冲,将脉冲计数处理即可得到转速值。

2.反射式光电开关测速

传感器端有发光管和接收管,发光管发出的光被转盘上的圆形金属片反射至接收管,并转换成电信号,由于转盘上有等间距的 6 个金属片,转动时将获得与转速及金属片个数有关的脉冲,将脉冲计数处理即可得到转速值。

【实验装置】

光电传感器,JK-19 型直流恒压电源,示波器,差动放大器,电压放大器,频率计和九孔实验板接口平台。

【实验内容与步骤】

(1)将对射式光电开关、光电传感器安装在转动源上,如图 9-12 所示。

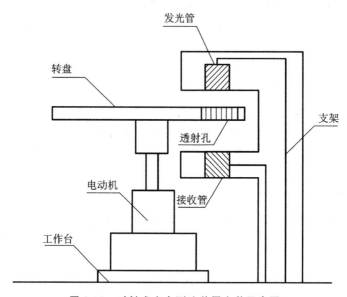

图 9-12 对射式光电测速装置安装示意图

(2)先将差动放大器调零,按图 9-13 接线。

(3)光电传感器＋、一端分别接至直流恒压电源 0～12 V 的＋、一端。

(4)U_i+,U_i-分别接直流恒压电源的＋6 V 和 GND,并与±15 V 处的 GND 相连。

(5)打开实验台电源开关,调节电压粗调旋钮使电动机转动;用不同的电源驱动转动源转动,记录不同驱动电压对应的转速,填入表 9-9。

(6)根据测到的频率及电动机上反射面的数目算出不同时刻的电动机转速:

$$N = P \times 60 \div 6(\text{r/min})$$

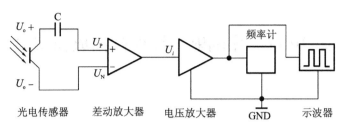

图 9-13 光电传感器测转速实验接线

式中: P——频率计显示值(r/6 s)。

(7)实验完毕,先关闭直流恒压电源再拆线。

【数据记录与处理】

电动机驱动电压-转速关系测量数据记录表如表 9-9 所示。

表 9-9 电动机驱动电压-转速关系测量数据记录表

驱动电压/V	4	6	8	10	12
转速/(r/min)					

根据测到的频率及电动机上反射面的数目算出不同时刻的电动机转速。

【问题思考】

(1)光电传感器测转速产生较大误差和稳定性差的原因是什么? 主要有哪些因素?

(2)通过本实验的学习,是否能够实现对家用电风扇测速? 如果可行,如何实现? 需要注意哪些问题? 请给出方案和必要的电路图及文字说明。

第10章 热辐射与红外扫描成像实验

10.1 概述

自然界任何物体均具有一定温度,它们都是"热"的,所不同的只是热的程度有差异而已。在物理学中,热是用绝对温度(以 K 表示)来描述的。因此,上述现象又可表述为:自然界不存在绝对温度为零的物体。

热辐射(包括黑体和红外辐射)探测技术及相关的定律在现代国防、科研、航天、天体的演化、医学、考古、环保、工农业生产等各个领域中均有广泛应用。例如利用红外线成像技术,在建筑上有红外无损探伤仪和多种红外线测温仪,在军事上有各种红外夜视仪和红外制导技术,在医疗上有医用红外成像仪和红外医疗诊断仪等。红外线在波谱中的位置如图10-1所示。

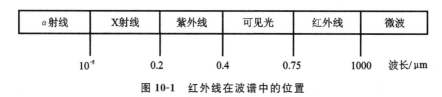

图 10-1 红外线在波谱中的位置

目前所说的红外测距仪指的就是激光红外线测距仪,也就是激光测距仪。红外测距仪——用调制的红外光进行精密测距的仪器,测程一般为 $1\sim5$ km。红外测距仪利用的是红外线传播时的不扩散原理;因为红外线在穿越其他物质时折射率很小,所以长距离的测距仪都会考虑红外线,而红外线的传播是需要时间的。首先,外线从测距仪发出碰到反射物被反射回来而被测距仪接收到,再根据红外线从发出到被接收到的时间及红外线的传播速度就可以算出距离。红外测距仪广泛用于地形测量,战场测量,坦克、飞机、舰艇和火炮对目标的测距,测量云层、飞机、导弹以及人造卫星的高度等。它是提高坦克、飞机、舰艇和火炮精度的重要技术装备。由于激光红外线测距仪价格不断下调,工业上也逐渐开始使用激光红外线测距仪,将它广泛应用于工业测控、矿山、港口等领域。

10.2 实验

实验 10-1 热辐射与红外扫描成像

热辐射的研究具有悠久的历史。1790 年皮克泰(M. A. Pictet)认识到了热辐射问题,把它从热传导中区别开来,并认识到它的直线传播性质,热辐射作为物理学研究的对象被明确提出来。1800 年赫谢耳(F. W. Herschel)发现了红外线。1850 年,梅隆尼(M. Melloni)提出在热辐射中存在可见光部分。热辐射的真正研究是从基尔霍夫(G. R. Kirchhoff)开始的。1860 年他从理论上导入了辐射本领、吸收本领和黑体概念,他利用热力学第二定律证明了一切物体的热辐射本领和吸收本领之比等于同一温度下黑体的辐射本领,黑体的辐射本领只由温度决定。在 1861 年他进一步指出,在一定温度下用不透光的壁包围起来的空腔中的热辐射等同于黑体的热辐射。1879 年,斯特藩(J. Stefan)从实验中总结出了物体热辐射的总能量与物体绝对温度四次方成正比的结论。1884 年,玻耳兹曼对上述结论给出了严格的理论证明。1888 年,韦伯(H. F. Weber)提出了波长与绝对温度之积是一定的,维恩(W. Wien)从理论上进行了证明。后来的科学家们试图找到热辐射能量的分布公式,维恩由热力学的讨论,并加上一些特殊假设得出一个分布公式——维恩公式。这个公式在短波部分与实验结果符合,而在长波部分则显著不一致。

瑞利(L. Rayleigh)和金斯(J. H. Jeans)根据经典电动力学和统计物理学也得出黑体辐射能量分布公式,他们得出的公式在长波部分与实验结果较符合,而在短波部分则完全不符。

普朗克(M. Planck)在维恩公式和瑞利-金斯公式的基础上进一步分析实验结果,在电磁理论的基础上试图弄清楚热辐射过程的本质,引入了谐振子的概念,首次提出能量"量子"的假设,得到与实验符合得很好的普朗克黑体辐射公式。1905 年爱因斯坦(A. Einstein)用普朗克的量子假设成功地解释了光电效应的问题,1913 年尼尔斯·玻尔在他的原子结构学说中也使用了这一概念,因此普朗克的能量不连续性概念才被人们所接受,普朗克于 1918 年荣获诺贝尔物理学奖。

【实验预习】

(1)热辐射的定义,热辐射的传播规律,热辐射和其他形式的电磁波辐射之间的异同。

(2)在大致相同的温度下,不同物体的辐射量差异。

(3)利用物体辐射量与温度之间的关系来测量温度的方法及其优缺点。

(4)对于相同材料的物体,相同的温度,表面粗糙度的不同,对辐射发射量的影响。

(5)红外扫描成像的原理。提高红外扫描成像质量的方法。

(6)红外技术的实际应用。

【实验目的】

(1)学习热辐射的背景知识及相关定律,学习科学家们创造性的思维方法和相关实验技术。

(2)学习用虚拟仪器研究热辐射基本定律,测量普朗克常数。

(3)了解红外扫描成像的基本原理,掌握扫描成像的实验方法和技术。

(4)掌握运用热辐射的基本原理和相关技术进行基础研究和应用设计的能力。

【实验原理】

1. 热辐射的基本概念和定律

当物体的温度高于绝对零度时,均有红外光向周围空间辐射出去。红外辐射的物理本质是热辐射,微观机理是物体内部带电粒子不停的运动。热辐射与电磁波一样具有反射、透射和吸收等性质。设辐射到物体上的能量为 Q,被物体吸收的能量为 Q_a,透过物体的能量为 Q_τ,被反射的能量为 Q_ρ。

由能量守恒定律可得：

$$Q = Q_\alpha + Q_\tau + Q_\rho$$

归一化后可得：

$$\frac{Q_\alpha}{Q} + \frac{Q_\tau}{Q} + \frac{Q_\rho}{Q} = \alpha + \tau + \rho = 1 \tag{10-1}$$

式中：α——吸收率；

τ——透射率；

ρ——反射率。

1）基尔霍夫定律

基尔霍夫指出：物体的辐射发射量 M 和吸收率 α 的比值 M/α 与物体的性质无关，都等同于在同一温度下的黑体的辐射发射量 M_B。这就是著名的基尔霍夫定律。

$$\frac{M_1}{\alpha_1} = \frac{M_2}{\alpha_2} = \cdots = M_B = f(t) \tag{10-2}$$

基尔霍夫定律不仅对所有波长的全辐射（或称总辐射）而言是正确的，而且对任意单色波长 λ 也是正确的。

2）绝对黑体

能完全吸收入射辐射，并具有最大辐射率的物体叫做绝对黑体。实验室中人工制作绝对黑体的条件是：①腔壁近似等温；②开孔面积≪腔体。

本实验中我们利用红外传感器测量辐射方盒表面的总辐射发射量 M。M 是所有波长的电磁波的光谱辐射发射量的总和，数学表达式为

$$M = \int_0^{+\infty} M_\lambda \, \mathrm{d}\lambda \tag{10-3}$$

可知，不同的物体，处于不同的温度，辐射发射量都不同，但有一定的规律。

3）比辐射率

比辐射率 ε 定义为物体的辐射发射量与黑体的辐射发射量之比，即

$$\varepsilon = \left(\frac{物体辐射发射量}{黑体辐射发射量} \right)_T = \frac{M}{M_B} = \frac{\int_0^{+\infty} \varepsilon_\lambda M_{B\lambda} \, \mathrm{d}\lambda}{\int_0^{+\infty} M_{B\lambda} \, \mathrm{d}\lambda} \tag{10-4}$$

由基尔霍夫定律可知，辐射发射量 M 与吸收率 α 的关系：$M = \alpha M_B$。根据能量守恒定律和基尔霍夫定律，即公式（10-1）和公式（10-2）联立，有

$$\begin{cases} \alpha + \tau + \rho = 1 \\ \alpha = \dfrac{M}{M_B} \end{cases}$$

可得

$$M = M_B(1 - \tau - \rho) \tag{10-5}$$

由上述知识可知，若我们测出物体的辐射发射量和黑体的辐射发射量，便可求出物体的吸收率，还可以获得物体反射率和透射率的有关信息。

2. 空气中热辐射的传播规律研究

我们知道，许多物理量都与距离 r 的反平方成正比。现代物理学认为，这很大程度上是

由空间的几何结构决定的。以天体辐射为例,如果距离 r 的指数比 2 大或者比 2 小,就会影响太阳的辐射场,使地球温度过低或者过高,从而不适合碳基生命形式的存在。那么热源的辐射量与距离的关系是否也遵循这一规律呢? 对于球形均值热源和各种不同形状、不同材料构成的热源,其辐射量在空气中的衰减规律及分布是否都遵循反平方定律呢?

首先引进几个概念。

辐射功率 P:单位时间内传递的辐射能 W,即

$$P = \frac{dW}{dt} \tag{10-6}$$

辐射发射量 M:单位面积的辐射源向半球空间发射的辐射功率,即

$$M = \frac{dP}{dA} \tag{10-7}$$

辐射强度 I:点源在单位立体角内发射的辐射功率,即

$$I = \frac{dP}{d\Omega} \tag{10-8}$$

面积微元 dA 与立体角微元 $d\Omega$ 有关系:$dA = r^2 d\Omega$。可以得到:

$$M = \frac{I}{r^2} \tag{10-9}$$

辐射传感器测量的是辐射发射量 M。如果光源的辐射功率恒定,那么辐射强度为常量,就可以得到辐射发射量与距离的二次方成反比的结论。

3. 黑体辐射基本特性

我们知道黑体辐射实验是量子论得以建立的关键性实验之一。回顾热辐射的研究史,我们从科学家们研究热辐射的问题中领悟到普朗克是如何运用创造性思维在前人实验结果的基础上提出"量子"假设 $E = h\nu$。重温这些经典实验和深刻理解科学家们的创造性思维方法对我们今天的实验研究和设计均有重要的指导意义。

1888 年,韦伯提出了波长与绝对温度之积是一定的。维恩从理论上进行了证明,其数学表达式为

$$\lambda_{max} = \frac{A}{T} \tag{10-10}$$

式中:A——常数,$A = 2.896 \times 10^{-3}$ (m・K)。

随着温度的升高,绝对黑体光谱亮度的最大值的波长向短波方向移动,即维恩位移定律。

黑体光谱辐射亮度由下式给出:

$$L_{\lambda T} = \frac{E_{\lambda T}}{\pi} \tag{10-11}$$

图 10-2 显示了黑体的频谱亮度随波长的变化曲线。每一条曲线上都标出了黑体的绝对温度与频谱亮度曲线峰值的相交点,这些相交点的连线表示光谱亮度的峰值波长 λ_{max} 与它的绝对温度 T 成反比,即维恩位移定律。

普朗克在总结和分析维恩、瑞利-金斯的研究成果的基础上,从电磁理论的基础上试图弄清楚热辐射过程的本质,为此他引入了谐振子的概念。1900 年 12 月,普朗克公布了与实验符合得很好的普朗克黑体辐射公式:

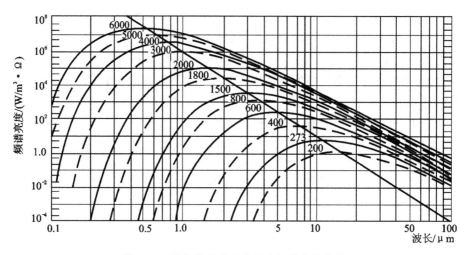

图 10-2　黑体的频谱亮度随波长的变化曲线

$$M_\lambda = \frac{2\pi h c^2}{\lambda^5} \cdot \frac{1}{e^{hc/k\lambda T} - 1} \tag{10-12}$$

式中：M_λ——光谱辐射发射量，代表的是单位面积的辐射源在某波长附近单位波长间隔内向空间发射的辐射功率。

这一研究的结果促使他进一步去探索该公式所蕴含的更深刻的物理本质。他发现，如果作如下"量子"假设：对一定频率 ν 的电磁辐射，物体只能以 $h\nu$ 为单位吸收或发射它。也就是说，吸收或发射电磁辐射只能以"量子"的方式进行，每个"量子"的能量为 $E = h\nu$，式中 h 是普朗克常数，它的数值是 $6.62606896(33) \times 10^{-31}$ J·S。

黑体辐射和光电效应等现象引导人们发现了光的波粒二重性，人们正是在光的波粒二重性的启发下，开始认识到微观粒子的波粒二重性，才开辟了建立量子力学的途径。

4. 斯特藩-波尔兹曼定律

1879 年，斯特藩（J. Stefan）从实验中总结出了物体热辐射的总能量与物体绝对温度四次方成正比的结论；1884 年，玻耳兹曼对上述结论给出了严格的理论证明，其数学表达式为

$$M = \int_0^{+\infty} M_\lambda \mathrm{d}\lambda = \sigma T^4 \tag{10-13}$$

故被称为斯特藩-玻尔兹曼定律。式中 $\sigma = 5.673 \times 10^{-8}$ W/(m² K⁴)，称为斯特藩-玻尔兹曼常数。可知，不同的物体，处于不同的温度，辐射发射量都不同（但还是有规律的）。而实验的目的，就是要我们认识到这种不同，并试着发现实验的规律性。

【实验装置】

热辐射与红外扫描成像综合实验仪 GCRFS-A，电动二维扫描平台，热辐射盒，红外探测器等。

【实验内容与步骤】

1. 虚拟实验

1）实验一：验证普朗克辐射定律

（1）打开虚拟实验软件，依次点击"开始"→"程序"→"热辐射与红外扫描成像综合实验

仪"→"热辐射虚拟实验",得到如图 10-3 所示界面。

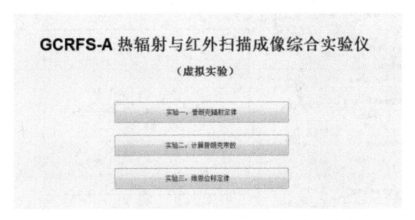

图 10-3　GCRFS-A 热辐射与红外扫描成像综合实验仪开始界面

（2）在"GCRFS-A 热辐射与红外扫描成像综合实验仪（虚拟实验）"界面中,点击"实验一:普朗克辐射定律",将得到如图 10-4 所示界面。

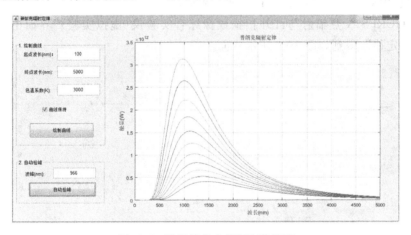

图 10-4　验证普朗克辐射定律界面

（3）输入"起点波长""终点波长"和"色温系数"的数据后,点击"绘制曲线",程序自动生成一条波长范围内的辐射曲线。

（4）点击"自动检峰",得出辐射最强处的波长,记录数据供"实验三:维恩位移定律"使用。

2）实验二:求普朗克常数

（1）打开虚拟实验软件,依次点击"开始"→"程序"→"热辐射与红外扫描成像综合实验仪"→"热辐射虚拟实验",得到如图 10-3 所示界面。

（2）在"GCRFS-A 热辐射与红外扫描成像综合实验仪（虚拟实验）"界面中,点击"实验二:计算普朗克常数",得到如图 10-5 所示界面。

（3）输入光速 c、玻尔兹曼常数 k 和维恩位移定律常数 A 的数据后,点击"计算普朗克常数"。

3）实验三:验证维恩位移定律

（1）打开虚拟实验软件,依次点击"开始"→"程序"→"热辐射与红外扫描成像综合实验

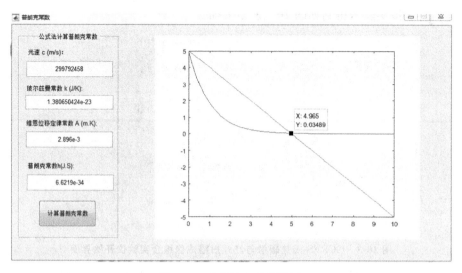

图 10-5　求普朗克常数界面

仪"→"热辐射虚拟实验",得到如图 10-3 所示界面。

（2）在"GCRFS-A 热辐射与红外扫描成像综合实验仪（虚拟实验）"界面中,点击"实验三:维恩位移定律",得到如图 10-6 所示界面。

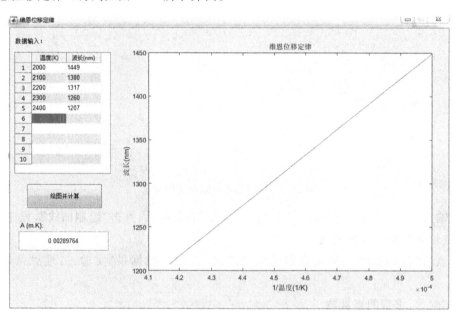

图 10-6　验证维恩位移定律界面

（3）输入至少 4 组温度和波长数据,点击"绘图并计算"。

2. 实测实验

1）实验一:红外扫描成像

（1）装配好实验装置。

注意:热辐射盒待测样品的表面与红外传感器的敏感面的距离小于 2 mm,同时需要无风的环境,并且在扫描过程中不要用手踫电动平移台和辐射盒。

①串口交叉线(两头孔),连接计算机串口与仪器的前面板的 RS232 接口。

②串口直连线(一头孔,一头针)共 2 条,一条连接水平电动平移台与仪器的后面板的水平电动机接口,另一条连接垂直电动平移台与仪器的后面板的垂直电动机接口。

③5 芯线,连接红外传感器与仪器的前面板的探测器接口。

④4 芯线,连接辐射盒与仪器的前面板的黑体接口。

注意:仪器的前面板的 USB 接口,用来升级下位机程序,在仪器的正常使用过程中不要连接;否则有可能会导致仪器自动复位重启。

(2)打开热辐射与红外扫描成像综合实验仪,设定热辐射盒的温度(一般取热辐射盒表面温度小于 70 ℃,如 50 ℃),等待约 20 min(温度稳定),并保证热辐射盒表面温度的误差小于 1 ℃时,使热辐射盒待测样品的表面与红外传感器的敏感面平行(当测量曲线显示几乎是一条水平直线时,就表示平行了)。调试二维电动扫描系统确保待测样品全部落入所扫描的区间之内。

(3)打开热辐射与红外扫描成像综合实验仪的上位机软件:依次点击"开始"→"程序"→"热辐射与红外扫描成像综合实验仪"→"热辐射实测实验"。

(4)连接仪器:通过菜单"操作(O)"→"连接仪器"进行,此时只有"连接仪器"菜单项可用,其他相关菜单项禁用,如图 10-7 所示。

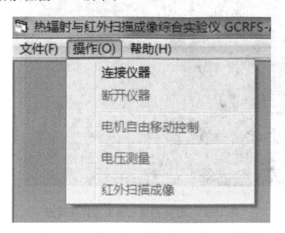

图 10-7　"连接仪器"菜单项

未连接仪器前,状态栏会显示"仪器连接状态:未连接",显示如图 10-8 所示。

图 10-8　仪器连接状态栏显示未连接

(5)在"连接仪器"对话框中,根据实际情况选择串口号,如图 10-9 所示。

在所选的串口成功打开后,会在状态栏显示"仪器连接状态:已连接",显示如图 10-10 所示。

(6)打开红外扫描成像实验界面:单击菜单"操作"→"红外扫描成像",得到如图10-11所示界面。

软件操作步骤如下。

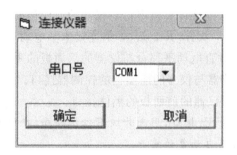

图 10-9　串口号选择

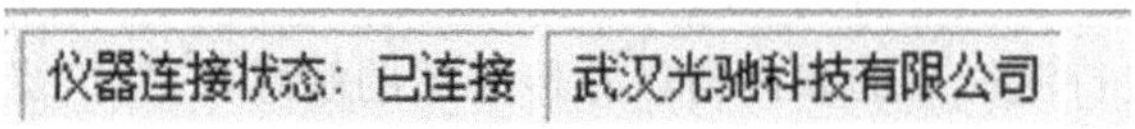

仪器连接状态：已连接　武汉光驰科技有限公司

图 10-10　仪器连接状态栏显示已连接

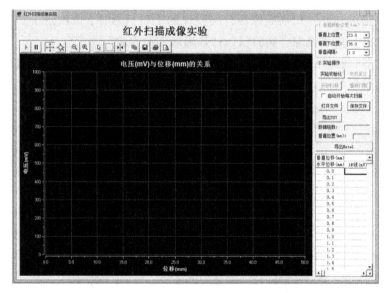

图 10-11　红外扫描成像实验打开界面

①点击"实验初始化"，弹出如图 10-12 所示界面即表示实验初始化成功。

②设置垂直方向的电动平移台的扫描范围。在图 10-11 中，"垂直参数设置"用于设置垂直方向的电动平移台的扫描范围；"垂直上位置"表示垂直扫描的开始位置；"垂直下位置"表示垂直扫描的结束位置；"垂直间隔"表示每次扫描时，垂直方向的电动平移台移动的距离。如图 10-11 所示，垂直方向的电动平移台从 23 mm 的位置，每次扫描移动 1 mm，到 35 mm 的位置结束，一共 13 条扫描曲线。

注意：只有在"实验初始化"之后，在电动机复位之前，才允许设置垂直方向的电动平移台的扫描范围，扫描过程中，不允许设置。

③点击电动机复位按键，使水平方向与垂直方向的电动平移台回到初始位置。弹出如图 10-13 所示界面即表示电动机复位成功。

图 10-12 实验初始化成功   图 10-13 电动机复位成功

④点击"开始扫描",开始第一组曲线的扫描。本次扫描完成后,可以再点击"开始扫描"进行一次新的扫描,如果对此次扫描的曲线不满意,点击"重新扫描"再在同一垂直位置扫描。"数据组数"表示当前正在扫描的第几条曲线。"垂直位置(mm)"表示垂直方向的电动平移台所在的位置。

⑤如果用户想在设置好垂直参数后,不想每次都点击"开始扫描",可以勾选"自动开始每次扫描",就可以在扫描完本组曲线后,自动开始下一组曲线的扫描。

⑥达到扫描结束条件,垂直方向的电动平移台移到垂直下位置,出现如图 10-14 所示对话框。

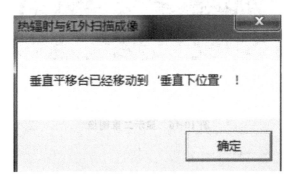

图 10-14 扫描结束

⑦保存数据或导出 txt 数据文件。

(7)扫描数据的成像处理。

①打开"GCRFS-A 热辐射与红外扫描成像综合实验仪(数据处理)"软件:依次点击"开始"→"程序"→"热辐射与红外扫描成像综合实验仪"→"热辐射数据处理",程序界面如图 10-15 所示。

②单击菜单"文件"→"导入实测数据",选择刚刚导出的 txt 数据文件,系统会自动调用二维图像菜单项,显示二维图像,如图 10-16 所示。

③通过菜单"图像"→"三维表面图",显示三维图像,如图 10-17 所示。

2)实验二:物体辐射量与温度之间的关系

(1)组装实验装置。辐射盒提供了四种颜色和表面粗糙度,辐射盒温度可调范围为室温至 70 ℃之间,通过控温仪控制辐射盒的温度,此实验不能使用带小圆孔面,因为小圆孔面温

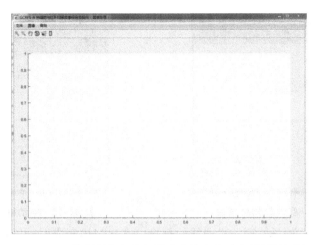

图 10-15 GCRFS-A 热辐射与红外扫描成像综合实验仪(数据处理)开始界面

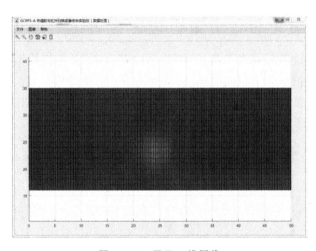

图 10-16 显示二维图像

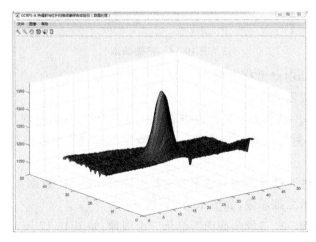

图 10-17 显示三维图像

度波动大。

(2)打开温控仪并设定辐射盒的控温温度,等待,当辐射盒达到热平衡时,恒温 5 min,注意观察辐射盒的温度变化,并记录下温度波动范围,作为分析实验结果的依据。

(3)打开电压测量界面:单击菜单"操作"→"电压测量",得到如图 10-18 所示界面。

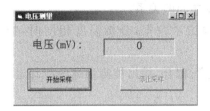

图 10-18　电压测量界面

(4)辐射盒温度稳定后,单击界面上的"开始采样",多次测量取平均值,并记录相应的测量结果于表 10-1 中。从室温开始,每隔 5 ℃测量一次,最高温度一般设置为 50 ℃。

表 10-1　辐射量测量值记录表(1)

温度/℃	20	25	30	35	40	45	50
辐射值/mV							

3)实验三:材料热辐射特性和规律的研究

(1)将辐射盒的温度设定在 50 ℃,测量光滑面的辐射量。

(2)打开电压测量界面:单击菜单"操作"→"电压测量"。

(3)待温度稳定后,设置温控仪表到环境温度以下。单击图 10-18 所示界面上的"开始采样",多次测量,取平均值。(注意:要保证每次测量时,传感器与待测样品的距离相同。)

(4)保持辐射盒温度不变,依次测量粗糙面和黑面的辐射量,记录数据于表 10-2 中。

表 10-2　辐射量测量值记录表(2)

材料类型	光滑面	粗糙面	黑面
辐射值/mV			

4)实验四:用红外探测法研究物体冷却定律

(1)测量时记录环境温度 T_0,将待测物体加热至 50 ℃(最高不超过 70 ℃)。

(2)打开电压测量界面:单击菜单"操作"→"电压测量"。

(3)待温度稳定后,单击"开始采样",(一般使用辐射盒的黑色面)将传感器对准待测物体中部位置,放置在使用电压不饱和处。

(4)记录此刻的检测电压值;用秒表计时,每过 2 min,记录当时的检测电压值。

(5)重复步骤(4)记录时间与辐射量,填入表 10-3,偏差较大的数据删去。

表 10-3　辐射量测量值记录表(3)

时间/min	0	2	4	6	8
辐射值/mV					

(6)当温控仪显示待测物体温度与室温相近时,不再测试。根据测试的数据得到被测物体的辐射量的冷却曲线。

【数据记录与处理】

(1)结合扫描成像时的实验温度和测量范围数据,对红外扫描成像的图像结果进行分析。

(2)根据光滑面的辐射量与相应温度的记录数据,拟合物体辐射量与温度之间的关系曲线,并总结物体辐射量与温度之间的关系。

(3)查阅资料,根据实验记录数据,分析温度相同时,物体表面粗糙度对辐射量的影响。

(4)对物体的冷却曲线进行拟合,得出被测物体的冷却定律。查阅资料,根据牛顿冷却定律,对实验结果进行分析。

【扩展设计内容】

(1)根据物体辐射量与温度之间的关系,设计热辐射温度计。

(2)利用红外扫描成像原理,进行红外无损检测的实验设计。

(3)设计实验,进行非接触材料的热性质研究。

【问题思考】

(1)温度相同的物体的辐射能力是否相同?

(2)试比较红外温度计与其他温敏传感器的优缺点和应用范围。

(3)简述三种红外传感器的特点,总结在设计红外温度计时应该注意的主要问题。

(4)通过查阅文献参考书等是否可以为本实验装置——红外扫描成像仪设计一个新的实验项目? 如果能,请简述设计方案。

实验 10-2 红外测距

【实验预习】

查阅相关文献,了解红外测距的三角测距原理。

【实验目的】

(1)掌握红外测距的三角测距原理。

(2)掌握红外测距仪的光学通路结构。

(3)学会分析红外测距三角结构中各元件的作用。

【实验原理】

红外测距仪是一种光电传感器,它通过发射红外线并测量红外线被反射回来的时间或相位来计算被测物体和测距模块之间的距离,以电压大小的形式输出给主控制器,得出测量距离。

1. 红外测距原理

红外测距主要通过三种原理来实现。其中最直接的方法是往返测时法,它通过测量红外线发射到红外线接收的时间间隔 t,得到测量距离 D 为

$$D = \frac{ct}{2}$$

(10-14)

　　这种方法快速直接,且距离 D 与时间 t 成线性关系,理论上可测出任意范围的距离。但由于光速 c 很大,时间间隔 t 将很小,受电子技术及电子器件速度的限制,实际上无法测量无穷小的时间,故该方法仅适合远距离测量(大于 1 km)。

　　三角测距利用发射光源、被测物体与接收器形成的三角关系,来计算被测物体的距离。该方法简单易行,造价低,测量范围在几厘米到几米之间,适合于近距离测量,主要用于机器人障碍识别、汽车避障等。本实验即采用三角测距法来实现红外测距模块,为学生提供组装、测试、调试红外测距的实验平台,帮助学生牢固掌握红外测距的基本原理与实现方法。

　　还有一种是相位测距,此处略去。

　　2.三角测距原理

　　红外三角测距法的结构原理如图 10-19 所示,包括准直透镜、滤光片及光电位置检测器 PSD 元件等。

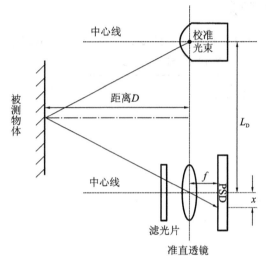

图 10-19　红外三角测距结构原理

　　校准光束为发射光源,采用红外传感器,并按照一定的角度发射红外光束。当校准光束遇到被测物体时,光束会反射回来,如图 10-19 所示。反射回来的红外光束被光电位置检测器件 PSD 检测到以后,会获得一个偏移值 x。由三角关系可知,在知道了中心距 L_D、凸透镜的焦距 f 以后,测量出偏移距 x,则传感器到物体的距离 D 即可通过几何关系

$$\frac{D}{L_D/2}=\frac{f}{x} \tag{10-15}$$

得到:

$$D=\frac{1}{2}\frac{fL_D}{x} \tag{10-16}$$

【实验装置】

　　光电技术创新综合实验平台 1 台,红外测距实验模块 1 块,连接导线若干,挡板 1 块,卷尺 1 把。

【实验内容与步骤】

(1)检查实验模块是否断电,应在断电情况下开始实验。

(2)用 2♯ 连接导线将 PSD_V。端口与数据采集与处理单元中的 A/D 端口相连。

(3)打开实验模块电源,观察液晶屏是否工作正常、是否有示数。

(4)将挡板放置在结构件探测前端 10~80 cm 范围内,且使挡板与传感器垂直;在 10~80 cm 的距离范围内,水平移动挡板,观察液晶屏显示的电压数值与距离数据是否变化。

(5)将挡板垂直放置在距传感器 10 cm 处,由近到远水平移动挡板,5 cm 为间距,记录相应位置的电压、液晶屏显示距离 D 于表 10-4 中。

(6)重复实验步骤(5)。

(7)关闭实验仪电源,拆除实验连线,还原实验平台。

【数据记录与处理】

(1)根据实验数据得出电压与距离间的变化关系,并画出电压-测量距离曲线。

表 10-4　红外测距实验数据记录表

实际距离/cm	电压/V	测量距离 D/cm	相　对　误　差
10			
15			
20			
25			
30			
35			
40			
45			
50			
55			
60			
65			
70			
75			
80			

(2)计算测量距离与实际距离间的相对误差。

(3)分析产生误差的可能原因。

【问题思考】

(1)红外测距对校准光束的发散角有什么要求,为什么?

(2)红外测距结构中的滤光片、准直透镜的作用,去掉它们是否可行?为什么?

【注意事项】

(1)在实验之前,实验人员必须阅读本实验指导书中所要求的实验准备内容,并查阅必要的参考资料,明确实验目的,了解实验内容的详细步骤后方能进行实验。

(2)实验进行过程中,必须严格按照指导老师制定的步骤进行,不得自行随意进行实验,否则可能造成实验仪器不可逆的损坏以及不必要的严重后果。

(3)要爱护实验仪器和示波器等实验设备,不允许将其他与实验无关的仪器设备在未经许可的情况下与本实验仪连接。

(4)所有与本实验仪相关的线缆必须在断电的情况下正确连接好,严禁带电插拔所有电缆线、连接线。

(5)实验要集中精力,认真实验。遇到问题及时找指导老师解决,不得自作主张。

(6)一旦发生意外事故或者实验时出现可能对人体或者实验设备造成伤害或损毁的异常时,应立即切断电源,并如实向指导老师汇报情况。待故障排除之后方可继续进行实验。

第11章 光谱应用综合实验

光谱学是应用广泛的光学测量技术,在农业、医药、环保、化工、印刷、纺织、新能源和半导体工业中,均可见到光谱学的应用。特别是随着微型电子电路和网络技术的发展,过去只能在实验室内完成的光谱学检测手段,变得可以工业在线和现场检测,拓展了新的应用领域。

光纤光谱仪作为一种成本低、小型化、稳定性高的分析仪器,具有其他技术难以比拟的优势,成为我国民生与工业领域不可或缺的重要设备。

11.1 目的与要求

(1)学习光源、探测器与光纤间的耦合连接方法。

(2)了解光纤光谱仪的工作原理,加深对光度学基本概念的理解,并熟悉常见的光度学测量设备、了解光度学的相关标准与算法。

(3)通过搭建光路测量多种材料的透射比,理解透射/损耗测量的基本光路几何条件。

(4)通过搭建和使用荧光光度计,熟悉荧光现象的原理和应用。

(5)通过搭建薄膜测厚的光路,了解和理解光谱预处理方法、回归算法和傅里叶变换信号处理等处理方法。

(6)通过对典型的原子发射光谱的测量,了解原子发射光谱测量的特点,熟悉物质成分分析的过程。

(7)通过训练,熟悉拉曼光谱测量的基本器件、测试光路、光谱分析等基本知识,为应用拉曼光谱测量打下良好的基础。

11.2 实验

实验 11-1 LED 光源色度学测量

【实验原理】

光度学是 1760 年由朗伯建立的,他定义了光通量、发光强度、照度、亮度等主要光度学参量,并用数学公式阐明了它们之间的关系和光度学几个重要定律,如照度的叠加性定律、距离平方比定律、余弦定律等,这些定律一直沿用至今,实践已证明它们是正确的。在可见光波段内,考虑到人眼的主观因素后的相应计量学科称为光度学。

光度学除了要定义一些物理量并确定相应的测量单位外,还要研究测量仪器的设计、制造和测量方法。对各种光源进行光度的特性测量广泛应用于光学工业、照明工业、遥感遥测、色度学和大气光学等领域。对各种光敏和热敏探测器也需要运用光度的测量技术来确定其灵敏度及响应特性。

光度学通常引进下述物理量进行描述:光通量、发光强度、照度、亮度。

(1)光通量 Φ:辐射通量以光谱光视函数 $V(\lambda)$ 为权重因子的对应量。

设波长为 λ 的光的辐射通量为 $\Phi_e(\lambda)$,则对应波长的光通量为

$$\Phi(\lambda)=K_m \cdot V(\lambda) \cdot \Phi_e(\lambda) \tag{11-1}$$

式中:K_m——比例系数,是波长为 555 nm 的光谱光视效能,也叫最大光谱光视效能,由 Φ_e 和 Φ 的单位决定。光通量的国际单位为流明(lm),$K_m=683$ lm/W。

(2)发光强度 I:表征光源在一定方向范围内发出的光通量的空间分布的物理量。如图 11-1 所示,它可用点光源在单位立体角中发出的光通量的数值来度量,可表达为

$$I=\frac{d\Phi}{d\Omega} \tag{11-2}$$

式中:$d\Omega$——点光源在某一方向上所张的立体角元。一般来说,发光强度随方向而异,用极坐标 (θ, φ) 来描述选定的方向时,$I(\theta, \varphi)$ 表示沿该方向的发光强度。在国际单位制中,发光强度的单位为坎德拉(candela),单位符号为 cd。

(3)照度 E:表征受照面被照明程度的物理量。如图 11-2 所示,它可用落在受照物体单位面积上的光通量数值来量度,如果照射在物体面元 dA 上的光通量为 $d\Phi$,则照度 E 可表达为

$$E=\frac{d\Phi}{dA} \tag{11-3}$$

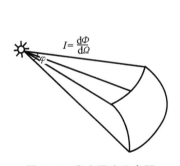

图 11-1　发光强度示意图

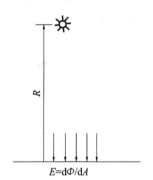

图 11-2　照度示意图

照度的单位称为勒克斯(lux),单位符号为 lx。对点光源来说 $d\Phi=Id\Omega$,因而其照度为

$$E=\frac{Id\Omega}{dA}=\frac{I\cos\alpha}{R^2} \tag{11-4}$$

式中:R——点光源距受光物体元面积 dA 中心的距离。

由此可见,点光源所造成的照度反比于点光源到受照面的距离的平方,而正比于光束的轴线方向与受照面法线间夹角 α 的余弦 。此即在光度测量中十分重要的照度的距离平方反比定律、余弦定律。

(4)亮度 L:单位表面上在某一方向的光强密度等于该方向上的发光强度和此表面在该方向上的投影面积之比,即被视物体在视线方向单位投影面积上的发光强度,如图 11-3 所示。

$$L=\frac{d\Phi}{d\Omega \cdot dA \cdot \cos\theta} \tag{11-5}$$

式中:dA——被视物体的面积元;

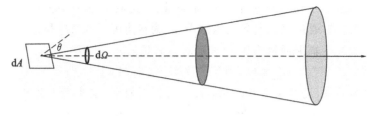

图 11-3　亮度示意图

θ——面元法线与观察方向间的夹角;

dΩ——面元在某一方向上所张的立体角元;

dΦ——面元在观察方向的立体角元内的光通量;

光亮度的国际单位为 cd/m²。

光度学是度量光的强弱和方向的一门学科,作为照明科学的基础,本实验可加深学生对光度学基本概念的理解,并熟悉常见的光度学测量设备、了解光度学的相关标准与计算。此外,学生还能借此机会熟悉常见的光源。

【实验装置】

直流稳压电源、光谱仪、积分球、测量支架,直通光纤,高亮度白光/三色 LED 光源(功率 >1 W,亮度连续可调),光电探测模组(光照度计)。

实验装置简图如图 11-4 所示。

图 11-4　实验装置简图

【实验内容与步骤】

1.测量 LED 光源的相对照度

(1)将直流稳压电源(见图 11-5)连接到 LED 光源(见图 11-6),将光纤一端与光源固定,另一端与光谱仪固定,打开直流稳压电源,默认先调节电压,通过按键"←""→",选择需要调节电压的位置,通过右侧旋钮,可快速设置电压值,小功率 LED 电压设置为 3.3 V,按键"U/I",可切换到电流调节,通过按键"←""→",设置合适的电流值,如 3 mA。小功率 LED 电流不能超过 20 mA,以防烧坏 LED。按键"Stop/Run",即可输出电压电流值,LED 就会发光(以绿光为例)。

图 11-5　直流稳压电源

图 11-6　LED 光源结构件(大、小功率)

（2）打开光谱仪软件，点击菜单栏"Start"→"Control"中的"Continue"，即可看到绿光 LED 光谱图，如图 11-7 所示。

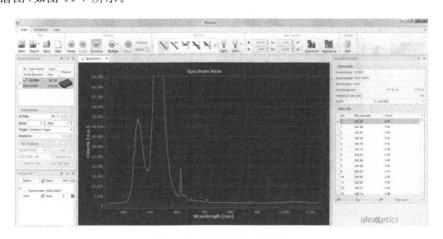

图 11-7　绿光 LED 光谱图

图中光谱曲线饱和，在窗口左侧"Parameters"中，可调节积分时间"Int Time"，选择下拉列表中固定值，也可手动输入数值，让光谱完全显示在画面中，最高峰约占纵坐标的 80%（也可通过调节电流大小来改变光谱峰值），如图 11-8 所示。

（3）点击窗口左下角"Series Set"，点击"Add"（图 11-7 中未显示出来），可将当前光谱保存下来，自动命名 001，也可重命名。同时在窗口右侧显示光谱每个横坐标所对应的纵坐标的相对光强值。

若不小心拖动鼠标，使窗口局部放大了，造成光谱显示不全，此时可在窗口中点击鼠标右键，在弹出窗口中选择"ResetXY"即可显示全部光谱曲线，如图 11-9 所示。

（4）光谱曲线保存。

①点击菜单栏"Start"→"Save"，将当前所有的光谱曲线及数据列表以 XML 格式保存，方便以后调用。

②点击菜单栏"Start"，点击右侧"Sketch"→"Plot"，则会弹出一个窗口，勾选"Legend"和"Information"，点击窗口中的"Export"，如图 11-10 所示，可将光谱曲线导出三种格式，即 JPG/PNG/Bitmap。

③点击菜单栏"Start"，点击下方的"Export"，可将光谱数据以 txt 格式保存。

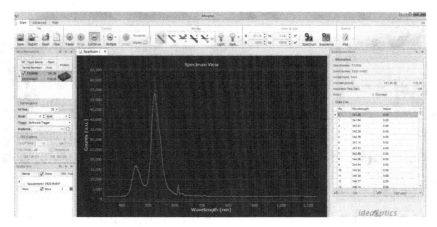

图 11-8　调节积分时间

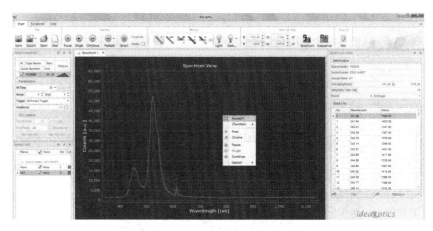

图 11-9　选择 ResetXY

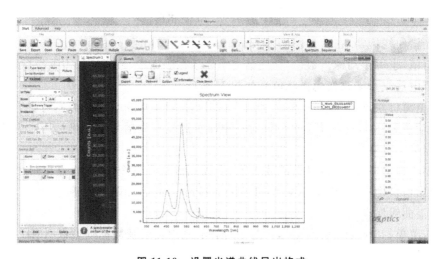

图 11-10　设置光谱曲线导出格式

（5）点击菜单栏"Advanced"，在右侧"Expand"窗口中，选择"Chroma"，可测量 LED 色度光谱。再点击菜单栏"Start"→"Control"中的"Continue"，调节积分时间"Int Time"，让光谱峰值占纵坐标约 80%，通过右侧色谱图，可看出 LED 位于绿光区，如图 11-11 所示。

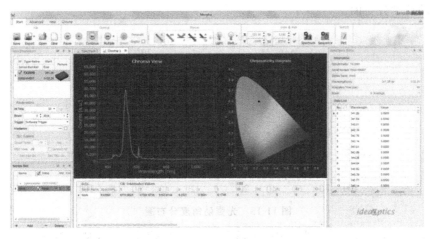

图 11-11　LED 位于绿光区

(6)关闭直流稳压电源,此时光谱仪测得光谱为背景光谱,单击"Start"→"Modes"中的"Dark……ALL BK",采集背景光谱,此时光谱仪界面自动跳转到 ＢＫ 模式。软件左下角自动生成 001 背景光谱。

(7)打开直流稳压电源,单击 进入辐射模式,此时可测量 LED 光源的相对照度。点击窗口左下角"Add",保存当前色谱图,在中间窗口显示三刺激值、色温与显色指数、LED 主波长、色品坐标等信息,如图 11-12 所示。

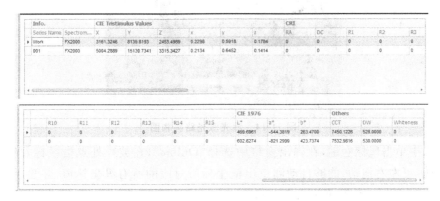

图 11-12　保存光谱曲线信息

选择所需要的光谱曲线信息,单击"Save"可保存数据。

更换不同的光源,观测光源的光谱、做记录并对比。

2. LED 角度特性测试实验

不同的 LED 有着不同的角度特性,特别是对于不同封装的 LED,其角度特性更是各有差异。根据不同的应用要求及角度特性,LED 种类可分为普通型、指向型、发散型等。发光强度(法向光强)是表征发光器件发光强弱的重要性能。LED 大量应用要求是圆柱、圆球封装,由于凸透镜的作用,故都具有很强指向性:位于法向方向光强最大,其与水平面交角为 $90°$。偏离正法向 θ 角度不同,光强也随之不同。

发光强度随着不同封装形状而不同。通过探测器可以测量出 LED 在一定电流驱动条件下的不同角度的光强。通过角度与光强的关系可以分析 LED 的角度特性。图 11-13 所示为光强随角度分布图。

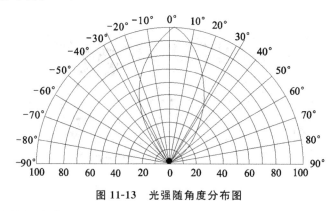

图 11-13　光强随角度分布图

按图 11-14 安装好光路。取下小功率 LED 光源前端连接头,左侧用迭插头对转 BNC 线连接,让 LED 对准光纤连接头,打开光谱仪软件,点击菜单栏"Start"→"Control"中的"Continue",即可看到绿光 LED 光谱图。调整光谱,点击窗口左下角"Add",重命名为 0;顺时针旋转角度台到 1°,点击窗口左下角"Add",重命名为 1;同理,添加 2°、3°…10°、350°、…359°时的光谱曲线。在窗口左下角点击每条曲线,在右侧记录每个角度对应的最大相对光强值。

图 11-14　测光源光路实物图

在窗口中单击鼠标右键,在弹出窗口中选择"Online",在波峰处点击鼠标左键,则会出来一条竖线,可左右拖动,能够自动测量出横坐标所对应的所有纵坐标值,并显示在窗口下方,如图 11-15 所示。将数据填入表 11-1。

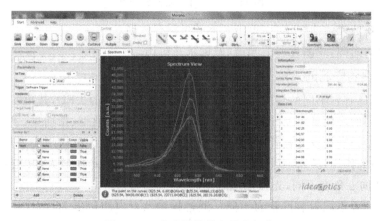

图 11-15　自动测量所有纵坐标值

3. LED 电流与照度测试实验

如图 11-16 所示,用 BNC 线转迭插头对连接 LED 光源和直流稳压电源,将照度计固定在支架上,将光源对准照度计,改变驱动电流,观察并记录照度计数值变化。将数据填入表 11-2 和表 11-3 中。

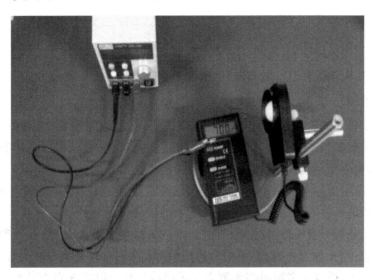

图 11-16　LED 电流与照度测试实物图

【数据记录与处理】

表 11-1　偏转角度与相对光强测量数据记录表

偏转角度	0°	1°	2°	⋯	10°	350°	⋯	358°	359°
相对光强									

表 11-2　小功率 LED 测量数据表

LED 电流/mA	0	2	4	6	8	10	12	14	16	18
照度/lx										

表 11-3　大功率 LED 测量数据表

LED 电流/mA	0	5	10	20	30	40	50	60	70	80
照度/lx										
LED 电流/mA	90	100	110	120	130	140	150	160	170	180
照度/lx										

实验 11-2　透射测量与滤光片测量

透射率(透射比)是光学镜片和材料的基本参数。搭建光路测量多种材料的透射比,可使学生理解透射/损耗测量的基本光路几何条件。同时,通过这个实验,学生可了解常用的滤光片及其基本性能与应用。

【实验原理】

1.透射率

光通过任何物质时都会被不同程度地吸收。定义单色光透过一定厚度的物质时的百分透射率为

$$T=\frac{I}{I_0}\times100\%$$

式中:I_0,I——光从该物质的入射光强,出射光强。

2.滤光片的原理

滤光片是塑料或玻璃片再加入特种染料做成的,红色滤光片只能让红光通过,如此类推。玻璃片的透射率原本与空气差不多,所有有色光都可以通过,所以是透明的,但是染了染料后,分子结构变化,折射率也发生变化,对某些色光的通过就有变化了。比如一束白光通过蓝色滤光片,射出的是一束蓝光,而绿光、红光极少,大多被滤光片吸收了。金属-介质膜滤光片的峰值透射率不如全介质膜高,但后者的次峰问题较严重。薄膜干涉滤光片中还有一种圆形或长条形可变干涉滤光片,适宜于空间天文测量。此外,还有一种双色滤光片,它与入射光束成45°角放置,能以高而均匀的反射率和透射率将光束分解为方向互相垂直的两种不同颜色的光,适合于多通道多色测光。干涉滤光片一般要求光束垂直入射,当入射角增大时,向光束短波方向移动。

3.滤光片的种类

滤光片的分类:滤光片产品主要按光谱波段、光谱特性、膜层材料、应用特点等方式分类。滤光片按光谱波段可分为紫外滤光片、可见滤光片、红外滤光片;按光谱特性可分为带通滤光片、截止滤光片、分光滤光片、中性密度滤光片、反射滤光片;按膜层材料可分为软膜滤光片、硬膜滤光片。

硬膜滤光片不仅指薄膜硬度方面,更重要的是它的激光损伤阈值,所以它广泛应用于激光系统中;软膜滤光片则主要应用于生化分析仪中。

带通滤光片:选定波段的光通过,通带以外的光截止。其光学指标主要是中心波长(CWL),半带宽(FWHM)。分为窄带和宽带,比如窄带808滤光片NBF－808。

短波通(又叫低波通)截止滤光片:短于选定波长的光通过,长于该波长的光截止。比如红外截止滤光片IBG-650。

长波通(又叫高波通)截止滤光片:长于选定波长的光通过,短于该波长的光截止。比如红外透过滤光片IPG-800。

【实验装置】

实验装置(部分)如图11-17所示,包括光谱仪、积分球、卤素光源、直通光纤、测量支架各2个。

【实验内容】

(1)学习和掌握光谱透射率的定义。

(2)学习和掌握滤光玻璃的种类、命名及光谱指标。

(3)搭建透射光谱测量光路。

(4)测量多种类型滤光玻璃的透射光谱。

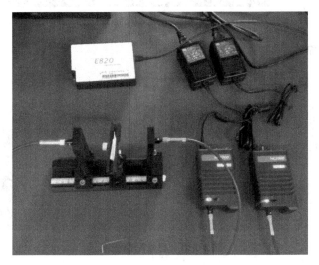

图 11-17　实验装置(部分)

【实验内容与步骤】

(1)将两个准直镜分别固定在两个支架的最上方,分别连接光纤到两个光源上。将干板架放在两个支架的中间,待测物片先用白纸代替。

(2)打开左侧光源,为了便于调节光路,把光源调节到最亮,此时会在白纸上看到一个光斑,调节左侧滑块的位置,让光斑最小,也可适当调整准直镜上的内六角螺丝,微调光纤固定头的位置,让光斑最小。关闭左侧光源。

同理,调整好右侧光斑,再打开左、右侧光源,让左右两侧光斑在白纸上重合,光路调整完毕。

(3)把光谱仪连接到计算机上,打开光谱软件,点击菜单栏"Start"→"Control"中的"Continue",软件进入光谱测量模式,用手指按住光谱仪进光孔,点击"Start"→"Modes"中的"Dark……ALL BK",采集背景光谱,此时光谱仪窗口自动跳转到 模式,如图 11-18 所示。窗口左下角自动生成 001 背景光谱,如图 11-19 所示。

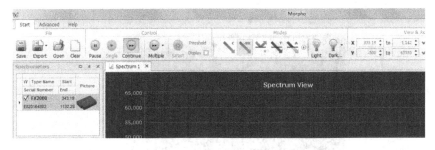

图 11-18　采集背景光谱

(4)关闭右侧光源,取下光源上的光纤接头,连接到光谱仪上,去掉干板架上的白纸,此

图 11-19　自动生成 001 背景光谱

时测量的是左侧光源的光谱,如图 11-20 所示。

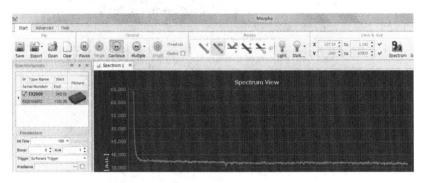

图 11-20　测量光源光谱

　　此时光谱曲线饱和,需把左侧光源调到最弱,同时将积分时间"Int Time"值调小,如图 11-21 所示。

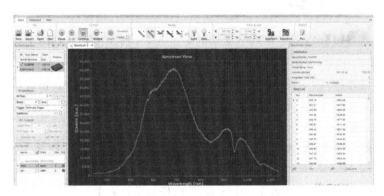

图 11-21　调小积分时间"Int Time"值

　　(5)此时点击"Start"→"Modes"中的"Light",采集光源光谱,软件左下角自动生成 002 光源光谱,如图 11-22 所示。

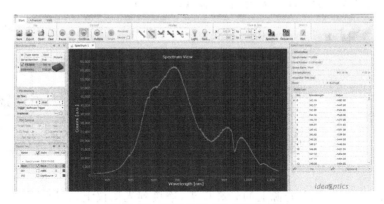

图 11-22　自动生成 002 光源光谱

（6）然后点击"Start"→"Modes"中的 ⤡ 按钮，进入透射测量模式，如图 11-23 所示。

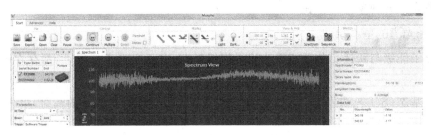

图 11-23　透射测量模式

（7）在干板架上放入待测样品，即可测量待测样品透过率，如图 11-24 所示。

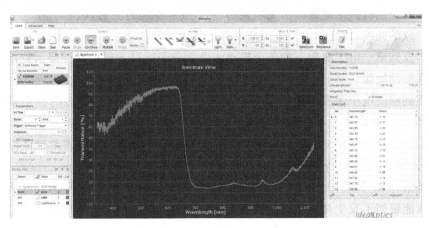

图 11-24　测量待测样品透过率

【数据记录与处理】

保存数据并进行分析。

实验 11-3　荧光光谱测量

荧光不仅仅被用来照明，还被广泛地应用于其他多种领域中，如生化与医药、印刷防伪、宝石与矿物学等。特别是对于化学计量学的应用，荧光光度法对比于紫外可见吸光光度法，有其独有的特点和优势。本实验将通过实际操作，特别是搭建和使用荧光光度计介绍荧光现象的原理和应用。

【实验原理】

1. 荧光的定义

荧光是指一种光致发光的冷发光现象。当某种常温物质经某种波长的入射光（通常是紫外线）照射，吸收光能后进入激发态，并且立即退激发并发出比入射光波长长的出射光（通常波长在可见光波段）；很多荧光物质一旦停止入射光照射，发光现象也随之立即消失；具有这种性质的出射光就被称为荧光。

荧光与磷光不一样。磷光是一种缓慢发光的光致冷发光现象。当某种常温物质经某种波长的入射光（通常是紫外线）照射，吸收光能后进入激发态（具有和基态不同的自旋多重度),然后缓慢退激发并发出比入射光波长长的出射光;而且与荧光过程不同,当入射光停止照射后,磷光发光现象持续存在。

2. 荧光光谱的基本原理

(1)分子能级与跃迁。分子能级比原子能级复杂,在每个电子能级上,都存在振动、转动能级。

激发:基态(S_0)→ 激发态(S_1、S_2激发态振动能级),吸收特定频率的辐射,量子化跃迁一次到位。

失活:激发态→基态,多种途径和方式,其中速度最快、激发态寿命最短的途径占优势。

(2)荧光产生的过程。

①处于基态最低振动能级的荧光物质分子受到紫外线的照射,吸收了和它所具有的特征频率相一致的光线,跃迁到第一电子激发态的各个振动能级。

②被激发到第一电子激发态的各个振动能级的分子通过无辐射跃迁降落到第一电子激发态的最低振动能级。

③降落到第一电子激发态的最低振动能级的分子继续降落到基态的各个不同振动能级,同时发射出相应的光量子,也就是荧光。

④基态的各个不同振动能级的分子再通过无辐射跃迁最后回到基态的最低振动能级。

(3)荧光光谱。

荧光光谱:固定激发光波长物质发射的荧光强度与发射光波长关系曲线,荧光本身则是由电子在两能级间不发生自旋反转的辐射跃迁过程中所产生的光。

3. 荧光分析法

荧光分析法根据物质的荧光谱线位置及其强度进行物质鉴定和含量测定的方法。这种方法灵敏度高、选择性好、试样量少、方法简单,只是应用范围较小。

(1)荧光的激发光谱和荧光光谱。

激发光谱:将激发光的光源用激发单色器分光,使不同波长的入射光激发荧光体,然后让所产生的荧光通过固定波长的发射单色器而照到检测器上,测定不同波长光照射下荧光强度的变化。以激发波长为横坐标、荧光强度为纵坐标,可得荧光物质的激发光谱。

注意:激发光谱与其吸收光谱极为相似,但激发光谱曲线是荧光强度与波长的关系曲线,吸收光谱曲线则是吸光度与波长的关系曲线,两者性质不同。

荧光光谱:固定激发光波长为最大激发波长,而让荧光物质发射的荧光通过发射单色器分光扫描并检测不同波长下的荧光强度。以发射波长为横坐标,荧光强度为纵坐标作图,得到物质的荧光光谱。

荧光物质的最大激发波长和最大发射波长是鉴定物质的根据,也是定量测定最为灵敏的条件。

荧光光谱的普遍特性如下。

①斯托克斯位移:激发光谱与发射光谱之间的波长差值,荧光发射波长总是大于激发波长。

②荧光光谱的形状与激发波长无关:电子跃迁到不同激发态能级,吸收不同波长的能量,产生不同吸收带,但均回到第一激发单重态的最低振动能级再跃迁回到基态,因此荧光

发射光谱只有一个发射带,且荧光光谱的形状与激发波长无关。

③荧光光谱与激发光谱的镜像关系:激发光谱与荧光光谱成对称镜像关系。

(2)荧光分光光度计。其主要部件有光源、激发单色器、发射波长单色器、样品池、检测器等,如图 11-25 所示。

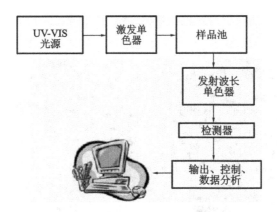

图 11-25　荧光分光光度计主要部件

【实验装置】

实验装置实物图如图 11-26 所示。

图 11-26　荧光光谱测量实验装置实物图

所需设备包括光谱仪 1 台,直通光纤 2 根,卤素光源等。

行业典型被测:维生素 B2 科研实验试剂,CCl_4 液体封样,乙醇液体封样。

多功能测试平台组件:可调棱镜支架、比色皿底座机械件等。

制备工装:天平 1 台,单道可调移液器 1 个,线性移液器支架 1 个,搅拌器 1 个。

化学实验器具:石英比色皿、荧光比色皿、烧杯、洗瓶、药勺、吸头各 1 个。

【实验内容】

(1)学习和掌握荧光光度分析法的基本原理。

(2)定性检测乙醇液体的荧光光谱。

(3)搭建荧光分光光度计。

(4)定性检测 CCl_4 液体的荧光光谱。

(5)荧光分光光度分析法用于浓度测量。

【实验步骤】

本实验主要进行乙醇液体和 CCl_4 液体的荧光光谱的测量,主要步骤如下。

（1）将比色皿透明两侧顺着光纤连接口放入比色皿底座，再将卤素光源通过光纤连接到比色皿底座机械件，另外一侧通过光纤连接到光谱仪。

打开光源，打开光谱仪软件，调节光源强度和积分时间，让光谱曲线峰值占纵坐标约80％。点击窗口左下角的"Add"，保存当前光谱曲线，如图 11-27 所示。

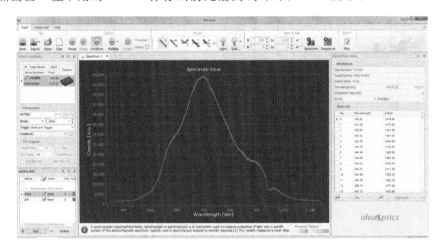

图 11-27　保存当前光谱曲线

（2）取下光谱仪上连接的光纤，用手遮挡进光孔，点击菜单栏"Start"→"Control"中的"Continue"，软件进入光谱测量模式，用手指按住光谱仪进光孔，点击"Start"→"Modes"中的"Dark……ALL BK"，采集背景光谱，此时光谱仪界面自动跳转到 模式。窗口左下角自动生成 001 背景光谱。（参考实验 11-2 相关内容）

（3）接上光纤。取一个吸液嘴，装在线性移液器上，转动计数轴，调整到 1000 μL，打开乙醇瓶，按下移液器按钮，将吸液嘴插入瓶中，轻放按钮，等待 1～2 s，从瓶中取出。将比色皿插入比色皿底座机械件，打开上盖，将吸液嘴插入比色皿中，缓慢地把按钮按到第一停止点，等待 1～2 s，再把按钮完全按下去，排尽后，移出吸液嘴，再松开按钮。同样，再操作一次，抽取 2000 μL。抽取完毕后推出吸液嘴。

在光谱仪软件窗口中，可看到峰值较低的一条新曲线，即为乙醇的光谱曲线，如图 11-28 所示。

（4）同样的方法再取 2000 μL 的 CCl_4，得到的光谱曲线如图 11-29 所示。

【数据记录与处理】

保存好各项数据并进行分析。

【问题思考】

查阅相关文献，回答下面问题。

（1）分子失活的途径有哪些？

（2）影响荧光的主要因素有哪些？

（3）荧光的应用有哪些？

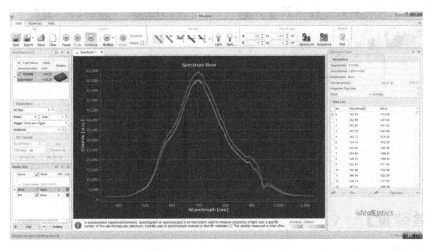

图 11-28 乙醇的光谱曲线

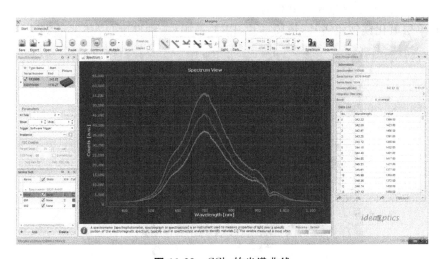

图 11-29 CCl₄ 的光谱曲线

实验 11-4 薄膜测厚

在薄膜材料、玻璃制造等多个行业里,薄膜的在线测量必不可少。薄膜测厚是光电技术中"算法密集型"的应用,应用了光谱预处理方法、回归算法和傅里叶变换信号处理等处理方法。学生在此实验中通过搭建薄膜测厚的光路,跟随流程,可了解如何从大量的数据中去除干扰,得到所需要测量的关键值的方法。

【实验原理】

基于反射谱的薄膜厚度测量方法,是基于白光干涉的原理来测定薄膜的厚度和光学常数(如折射率、消光系数等),适用于介质、半导体、液晶和薄膜滤波器等薄膜和涂层的厚度测量。它是通过分析薄膜表面的反射光和薄膜与基底界面的反射光相干形成的反射谱,用相应的软件来拟合运算,得到单层或多层膜系各层的厚度、折射率和消光系数。

如图 11-30 所示,由白光光源发出的光,经由光纤,通过光纤探头,入射到样品表面;样品薄膜上表面和下表面反射光相干涉形成的干涉谱,由光纤探头接收,再由光纤传送到光谱仪,通过 USB 线将测量数据传输到计算机;再通过专门的分析软件处理,分析实验数据,最终通过拟合运算得到结果。

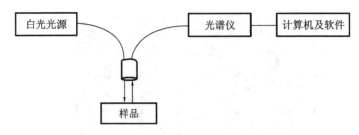

图 11-30　光纤光谱仪测薄膜厚度原理

【实验装置】

实验装置实物图如图 11-31 所示。所需设备有光谱仪 1 台,Y 形光纤 1 根,直通光纤 1 根,测量支架 1 套,薄膜测量系统软件等。

待测:单层氟化镁镀膜镜片,镀膜硅片,PET 薄膜(三种厚度:12.5 μm,25 μm,38 μm)。

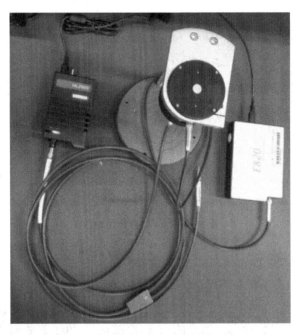

图 11-31　薄膜测厚实验装置实物图

【实验内容】

(1)搭建薄膜测厚的光路。

(2)测量标准薄膜样品的厚度。

(3)测量实际样品的厚度。

【实验步骤】

(1)为了加大通光量,选用一根 Y 形光纤,反射端接在光源上,6 芯端接在积分球下方,积分球另一孔用一根直通光纤接到光谱仪上,如图 11-31 所示。

(2)在积分球上方放置一个标准白板作为参考,打开光谱软件,点击菜单栏"Start"→"Control"中的"Continue",调整积分时间,使得波形图中的纵坐标数据"Counts"值在 50000～60000 之间,"Boxer"的参数值填写为"3","Ave"填写为"1",如图 11-32 所示。

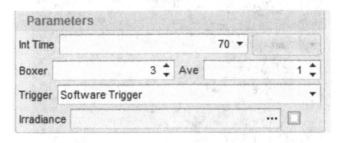

图 11-32　调整参数设置

点击"Start"→"Modes"中的"Light",采集白板光谱曲线,窗口左下角自动生成 001 背景光谱,如图 11-33 所示。(注意:如果不设置背景光谱则无法进入反射模式进行测量。)

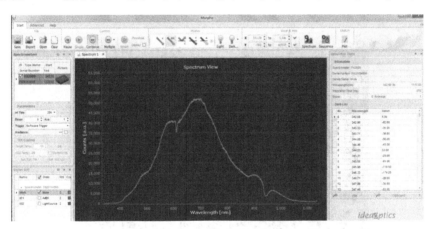

图 11-33　001 背景光谱

(3)去除暗背景。遮挡光源或者取下光谱仪端光纤,用手指按住光谱仪进光孔,点击"Start"→"Modes"中的"Dark……ALL BK",采集背景光谱,窗口左下角自动生成 002 光源光谱,此时光谱仪软件窗口自动跳转到 ^{-BK} 模式。

(4)连接好光源,点击"Start"→"Modes"中的 R,切换到反射模式,波形如图 11-34 所示。

(5)去掉标准白板,放上待测薄膜,用白板盖子盖住,避免外界光线干扰,出现如图 11-35 所示光谱曲线,点击左下角"Add"添加曲线。

(6)点击菜单栏"Start",点击下方的"Export",可将光谱数据以 txt 格式保存。

(7)更换不同样品,观测各样品的反射谱并记录、对比。

(8)将存储的反射率数据导入薄膜厚度测量软件,获取最终薄膜厚度信息。

【数据记录与处理】

保存各项数据并进行分析。

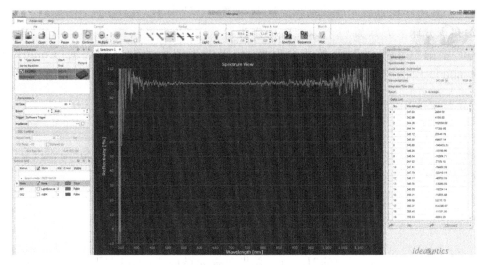

图 11-34　反射模式波形

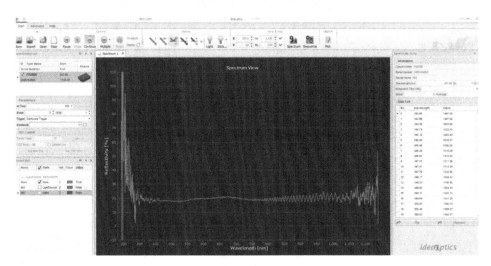

图 11-35　待测薄膜光谱曲线

【问题思考】

查阅文献，试着推导出膜层反射比与膜厚度之间的关系表达式。

实验 11-5　原子发射光谱测量

激光的光谱特性是激光的关键特性，对激光的波长、线宽、模式的观察，有助于加深学生对激光原理与实际应用的理解。通过测量多种激光器（如半导体、固体和气体激光器），学生也可以了解常用的激光器的特点。

原子发射光谱是很多工业用光谱检测方法的基础，例如电感耦合等离子体（ICP）光谱、火花光谱（spark spectrum）、火焰光谱、等离子体光谱、化学中的摄谱法等一系列方法均与原子发射光谱有关。通过对典型的原子发射光谱的测量，学生能了解原子发射光谱测量的特点，并通过对原子发射光谱的测量，实践物质成分分析的过程。

【实验原理】

1.原子发射光谱法过程

原子发射光谱法(AES)是根据处于激发态的待测元素原子回到基态时发射的特征谱线对待测元素进行分析的方法。在正常状态下,原子处于基态,原子在受到热(火焰)或电(电火花)激发时,由基态跃迁到激发态,返回到基态时,发射出特征光谱(线状光谱)。原子发射光谱法包括了三个主要的过程:

(1)光源提供能量使样品蒸发,形成气态原子,并进一步使气态原子激发而产生光辐射;

(2)将光源发出的复合光经单色器分解成按波长顺序排列的谱线,形成光谱;

(3)用检测器检测光谱中谱线的波长和强度。

由于待测元素原子的能级结构不同,因此发射谱线的特征不同,据此可对样品进行定性分析,常用的有铁光谱比较法和标准试样光谱比较法;根据待测元素原子的浓度不同,导致发射强度不同,可实现元素的定量测定,常用的有标准曲线法和标准加入法。原子发射光谱是由于物质内部运动的原子和分子受到外界能量影响后发生变化而得到的。

2.原子发射光谱法类型与优点

根据激发机理不同,原子发射光谱有 3 种类型。

(1)原子的核外光学电子在受热能和电能激发而发射的光谱,即通常所称的原子发射光谱法,以电弧、电火花和电火焰等为激发光源得到原子光谱的分析方法。其中以化学火焰为激发光源得到原子发射光谱的,专称为火焰光度法。

(2)原子核外光学电子受到光能激发而发射的光谱,称为原子荧光。

(3)原子受到 X 射线光子或其他微观粒子激发使内层电子电离而出现空穴,较外层的电子跃迁到空穴,同时产生次级 X 射线即 X 射线荧光。

原子发射光谱法的优点:①灵敏度高,许多元素绝对灵敏度为 $10^{-13} \sim 10^{-11}$ g;②选择性好,许多化学性质相近而用化学方法难以分别测定的元素(如铌和钽、锆和铪、稀土元素等),其光谱性质有较大差异,用原子发射光谱法则容易进行各元素的单独测定;③分析速度快,可进行多元素同时测定;④试样消耗少(毫克级),适用于微量样品和痕量无机物组分分析,广泛用于金属、矿石、合金和各种材料的分析检验。

**图 11-36　原子发射光谱
测量实验装置**

【实验装置】

实验装置如图 11-36 所示,其中所需设备:光谱仪、积分球、测量支架、直通光纤各 1 套。特征谱线模组:原子发射多光谱光源,氢气、氦气、汞气、氖气和氩气低气压(1009～2000 Pa)放电管,管两端装有电极,管内抽真空至不高于 10^{-3} Pa。直形光谱管的管中部制成窄的管道。

【实验内容】

(1)学习和掌握原子发射光谱分析的基本原理。

(2)测量多种气体的发射光谱。

(3)利用原子发射光谱对光谱仪进行波长校准。

【实验步骤】

(1)把光谱仪连接到计算机,打开光谱仪软件,点击菜单栏"Start"→"Control"中的"Continue",软件进入光谱测量模式,用手指按住光谱仪进光孔,点击"Start"→"Modes"中的"Dark……ALL BK",采集背景光谱,此时光谱仪界面自动跳转到 ![]BK 模式。窗口左下角自动生成 001 背景光谱。(参考实验 11-2 相关内容。)

(2)用直通光纤,一端连接光谱仪,另一端连接测量支架,对准光源,如图 11-36 所示。

(3)适当调整光纤头与光源的距离,调节积分时间。点击"Add",保存当前曲线,可修改名称为"低压汞灯",如图 11-37 所示。

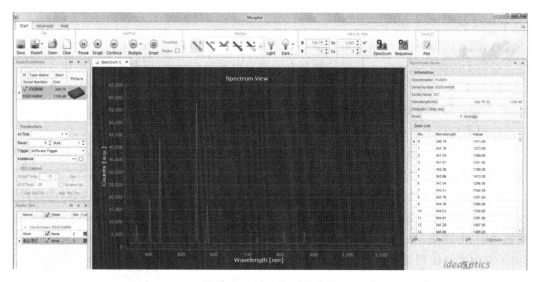

图 11-37　汞灯的光谱曲线

【数据记录与处理】

更换不同原子发射光源,观测各原子发射光源的光谱并记录、对比。

实验 11-6　拉曼光谱测量及物质鉴别

拉曼光谱分析是检测分子成分和结构的主流方法之一,被广泛地应用于药品、安全、食品、分析化学和生物学等诸多领域。随着小型化、低功耗的激光器、光谱仪和光纤光路的出现,拉曼光谱也被广泛地应用于现场检测,应用领域层出不穷。学生通过训练,可以熟悉拉曼光谱测量的基本器件、测试光路、光谱分析等基本知识,为应用拉曼光谱测量打下良好的基础。

【实验原理】

1.拉曼光谱定义

拉曼光谱(见图 11-38)是一种散射光谱,光照射到物质上发生弹性散射和非弹性散射,弹性散射的散射光与激发光波长的成分相同,非弹性散射的散射光有比激发光波长长的和短的成分,统称为拉曼效应。

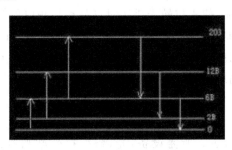

图 11-38　拉曼光谱

2.拉曼光谱特征

(1)拉曼散射谱线的波数虽然随入射光的波数不同而不同,但对同一样品,同一拉曼谱线的位移与入射光的波长无关,只和样品的振动、转动能级有关。

(2)在以波数为变量的拉曼光谱图上,斯托克斯线和反斯托克斯线对称地分布在瑞利散射线两侧,这是由于在上述两种情况下分别相应于得到或失去了一个振动量子的能量。

(3)一般情况下,斯托克斯线比反斯托克斯线的强度大。这是由于玻尔兹曼分布,处于振动基态上的粒子数远大于处于振动激发态上的粒子数。

3.拉曼光谱分析法

拉曼光谱分析法是基于印度科学家 C. V. Raman 所发现的拉曼散射效应,对与入射光频率不同的散射光谱进行分析以得到分子振动、转动方面信息,并应用于分子结构研究的一种分析方法。

几种重要的拉曼光谱分析技术如下:

(1)单通道检测的拉曼光谱分析技术;

(2)以 CCD 为代表的多通道探测器的拉曼光谱分析技术;

(3)采用傅里叶变换技术的 FT-Raman 光谱分析技术;

(4)共振拉曼光谱分析技术;

(5)表面增强拉曼效应分析技术。

4.拉曼光谱用于分析的优点和缺点

(1)拉曼光谱用于分析的优点:拉曼光谱分析方法不需要对样品进行前处理,也没有样品的制备过程,避免了一些误差的产生,并且在分析过程中操作简便,测定时间短,灵敏度高等。

(2)拉曼光谱用于分析的缺点:

①拉曼散射面积大;

②不同振动峰重叠和拉曼散射强度容易受光学系统参数等因素的影响;

③荧光现象对傅里叶变换拉曼光谱分析有干扰；

④在进行傅里叶变换光谱分析时，常出现曲线的非线性问题；

⑤任何一物质的引入都会对被测体体系带来某种程度的污染，这等于引入了一些误差，会对分析的结果产生一定的影响。

5.拉曼光谱的应用

（1）通过对拉曼光谱的分析可以知道物质的振动、转动能级情况，从而可以鉴别物质，分析物质的性质。如鉴别毒品：使用拉曼光谱法对毒品和某些白色粉末进行分析。另外，利用拉曼光谱可以监测物质的制备；拉曼光谱可以监测水果表面残留的农药等。

（2）激光拉曼光谱法的应用：在有机化学上的应用，在高聚物上的应用，在生物方面上的应用，在表面和薄膜方面的应用。

【实验装置】

实验装置如图 11-39 所示。所需设备：光谱仪、拉曼激光器、拉曼探头、测量支架各 1 个，拉曼检测实验软件等。待测：聚对苯二甲酸乙二醇酯、高密度聚乙烯、聚氯乙烯、聚乙烯、聚丙烯、聚苯乙烯。

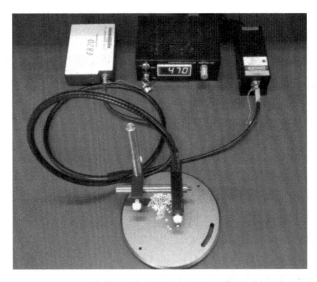

图 11-39　拉曼光谱测量实验装置

【实验内容】

（1）拉曼激光器测试实验。

（2）拉曼探头原理与使用实验。

（3）拉曼测试系统搭建实验。

（4）聚对苯二甲酸乙二醇酯、高密度聚乙烯、聚氯乙烯、聚乙烯、聚丙烯、聚苯乙烯拉曼光谱测量实验。

（5）标样数据库匹配与鉴别实验。

【实验步骤】

（1）拉曼光谱探头通过 Y 形光纤的两个输出端分别输出波长为 100 μm 和 200 μm 的拉曼光,其中输出波长为 100 μm 拉曼光的端口连接 785 激光器,输出波长为 200 μm 拉曼光的端口连接光谱仪,拉曼探头固定在支架上。打开激光器电源,调节右边旋钮,把数值调到 470 左右。在支架盘上放上待测样品,调整拉曼探头与待测样品的位置,让光斑打在样品上,形成一个又小又亮的点。

（2）打开光谱仪软件,可看到如图 11-40 所示的光谱曲线。

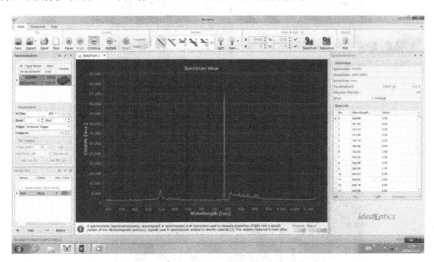

图 11-40　待测样品的光谱曲线

（3）将光谱仪一端光纤取下,用手挡住光谱仪接口,去除暗背景。

（4）将光纤接入光谱仪。然后点击菜单栏中的"Raman",进入如图 11-41 所示的窗口界面。

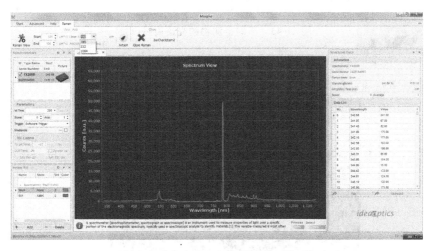

图 11-41　点击"Raman"后窗口界面

（5）点击左上角"Raman View",进入 Raman View 模式,如图 11-42 所示。

（6）点击菜单栏"Start"→"Control"中的"Continue",调整积分时间,得到图 11-43 至图 11-45。

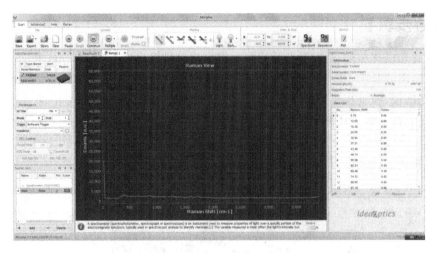

图 11-42　Raman View 模式

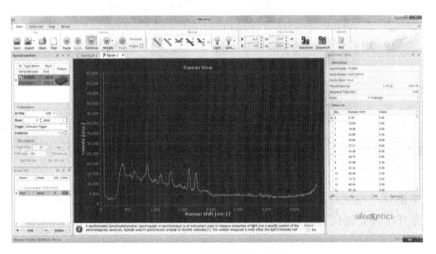

图 11-43　不同待测物的光谱曲线(1)

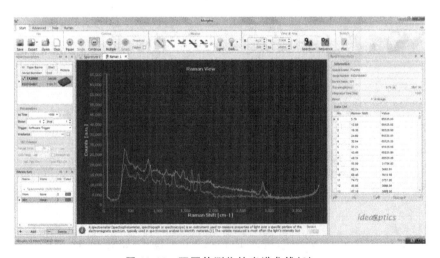

图 11-44　不同待测物的光谱曲线(2)

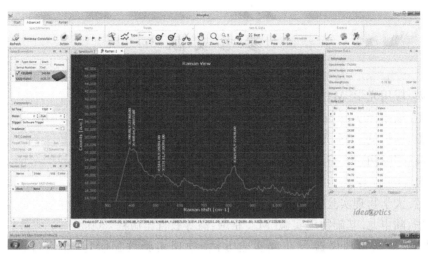

图 11-45　不同待测物的光谱曲线(3)

【数据记录与处理】

保存各项数据并进行分析。

参 考 文 献

[1] 张以谟.应用光学[M].3 版.北京:电子工业出版社,2008.

[2] 王文生.应用光学:Applied optics[M].武汉:华中科技大学出版社,2010.

[3] 郁道银,谈恒英.工程光学[M].4 版.北京:机械工业出版社,2016.

[4] 苏显渝,李继陶,等.信息光学[M].2 版.北京:科学出版社,2011.

[5] 贺顺忠.工程光学实验教程[M].北京:机械工业出版社,2007.

[6] 李学慧.大学物理实验[M].北京:高等教育出版社,2012.

[7] 沈元华,陆申龙.基础物理实验[M].北京:高等教育出版社,2003.

[8] 孙晶华.操纵物理仪器 获取实验方法:物理实验教程[M].北京:国防工业出版社,2009.

[9] 周炳琨.激光原理[M].7 版.北京:国防工业出版社,2014.

[10] 熊永红,任忠明,张炯,等.21 世纪高等学校用书 大学物理实验[M].武汉:华中科技大学出版社,2004.

[11] 姚启钧.光学教程[M].3 版.北京:高等教育出版社,2012.

[12] 王庆有.光电技术[M].3 版.北京:电子工业出版社,2013.

[13] 江文杰.光电技术[M].2 版.北京:科学出版社,2014.

[14] 江月松,阎平,刘振玉.光电技术与实验[M].北京:北京理工大学出版社,2007.

[15] 苏显渝,吕乃光,陈家壁.信息光学原理[M].北京:电子工业出版社,2010.

[16] 罗元,胡章芳,郑培超.信息光学实验教程[M].哈尔滨:哈尔滨工业大学出版社,2011.

[17] 吕乃光.傅里叶光学[M].3 版.北京:机械工业出版社,2016.

[18] 陈家壁,苏显渝.光学信息技术原理及应用[M].北京:高等教育出版社,2009.

[19] 王庆有.光电信息综合实验与设计教程[M].北京:电子工业出版社,2010.

[20] 顾畹仪.光纤通信[M].2 版.北京:人民邮电出版社,2011.

[21] 刘增基.光纤通信[M].2 版.西安:西安电子科技大学出版社,2009.

[22] 邢峰.电磁场数值计算与仿真分析[M].北京:国防工业出版社,2014.

[23] 赵彦珍.电磁场实验、演示及仿真[M].西安:西安交通大学出版社,2013.

[24] 邓勃.实用原子光谱分析[M].北京:化学工业出版社,2013.

[25] 李志刚.光谱数据处理与定量分析技术[M].北京:北京邮电大学出版社,2017.